Grip op ICS Security

Een introductie in de beveiligingsaspecten van industriële controle systemen en netwerken

Erwin van der Zwan

QDMsecurity⌋

Grip op ICS Security

Grip op ICS Security: Een introductie in de beveiligingsaspecten van industriële controle systemen en netwerken, Zwan E. van der, 2012

ir Erwin van der Zwan CISSP CISA CISM

4de druk, december 2012
ISBN/EAN 978-90-820245-0-0

Gepubliceerd door QDMsecurity
internet: www.qdmsecurity.nl
e-mail: info@qdmsecurity.nl

Geprint door Lulu, www.lulu.nl
Omslagfoto door Eric Middelkoop, www.lightandmagicphotography.nl

Vooraf

Eén van de meest aansprekende terreinen waar cyberdreigingen steeds meer van zich laten horen, is het gebied van de industriële controle systemen (ICS): de ICT voor fabricage- en productieprocessen en voor het bedienen van allerlei technische voorzieningen en vitale infrastructuur in onze moderne maatschappij. Dit is het werkterrein van ICS security.

Van oudsher een eigen wereld, zowel in cultuur als in techniek, staat de sterk gedigitaliseerde ICS ondertussen in een brede wereldwijde belangstelling. En terecht. Deze ICS zijn verantwoordelijk voor de besturing van bijvoorbeeld onze elektriciteit-, gas-, en drinkwatervoorzieningen en de bedieningen van sluizen, gemalen, bruggen en nog veel meer. Anders dan bij een verstoring van een kantoorapplicatie of een webwinkel, heeft een verstoring bij een ICS vaak verstrekkende gevolgen. Kwaadwillende opponenten hebben dit ook door. Vandaag de dag heeft de bescherming van ICS daarom absoluut prioriteit.

Hoewel het vakgebied van industriële automatisering (procesautomatisering) misschien wel ouder is dan die van de kantoorautomatisering, zien we wel dat door de ontwikkelingen van de laatste 20 jaar op het algemene ICT vlak, er veel is geëvolueerd op het bredere werkveld van informatiebeveiliging. Veel van deze kennis en ervaring is nog onvoldoende doorgedrongen binnen de wereld van de procesautomatisering. Met dit boek wil de auteur kennis en inzichten over het omgaan met beveiligingsrisico's borgen en delen en daarbij een brug slaan tussen deze twee werelden. Managers van ICT afdelingen en informatiebeveiligers missen vaak de kennis en speciale omgeving waarbinnen ICS opereren. Omgekeerd ontbreekt het bij proces engineers en bedrijfsvoerders aan kennis over de moderne cyberbedreigingen en de technieken om zich daartegen te wapenen.

Dit boek is een algemene eerste introductie op het terrein van ICS security en risicomanagement voor mensen met één van beide achtergronden. Hopelijk draagt het bij om de lezer meer inzicht te geven in ICS, hun beveiligingsaspecten en manieren om beter grip te krijgen op security, om ons zo allemaal te beschermen tegen de alsmaar geavanceerder wordende cyberaanvallen.

Dankwoord

Het schrijven van een boek over de combinatie van informatiebeveiliging en ICS security stond al lang op mijn verlanglijst. Echter, pas recent kon er voldoende tijd worden gestoken in het afronden van deze uitdaging. In de tussenliggende tijd – ergens vanaf 2008 tot nu - zijn er de nodige spraakmakende incidenten geweest als het gaat om de beveiliging van informatie en industriële omgevingen. Dit benadrukt nog maar eens de noodzaak voor dit boek.

Graag wil ik Robert, Remco en uiteraard Manuela bedanken voor het nalezen en aanvullen van dit boek. Emile en Roderick bij TSTC wil ik bedanken voor hun vertrouwen en het mogelijk maken van de aansluitende introductiecursus op dit terrein. Daarnaast wil ik Tony Bosma bedanken voor het mogen delen van zijn visie op onze wereld in transitie en het gebruiken van zijn beschrijvingen over hedendaagse trends.

Ondanks alle zorgvuldigheid blijven vergissingen en onvolkomenheden mogelijk en zijn de verantwoordelijkheid van de auteur. Alle reacties, opmerkingen en aanvullingen die dit boek kunnen helpen verbeteren zijn natuurlijk van harte welkom.

Erwin van der Zwan
september 2012

Auteur

Erwin van der Zwan is een zelfstandig security consultant - oprichter van QDMsecurity – op het terrein van informatiebeveiliging, bescherming van vitale infrastructuren en de security van industriële controle systemen.

Erwin heeft sinds 1995 gewerkt bij werkgevers zoals Siemens, Fox-IT en Ordina. Zijn brede kennis en ervaring met security past hij toe in uiteenlopende – vaak strategische – trajecten. Hij heeft onder meer opdrachten gedaan voor het Nationaal Cyber Security Centrum (NCSC) en het ministerie van EL&I. Van 2008 tot 2010 was hij verbonden aan het toenmalige Nationaal Adviescentrum Vitale Infrastructuur (NAVI) van het ministerie van Binnenlandse Zaken en Koninkrijksrelaties. Hier voerde hij risicoanalyses uit en adviseerde hij op het gebied van cyber security, beveiliging van industriële processen en de bescherming van vitale infrastructuur tegen cybercrime, extremisme en terrorisme.

Daarnaast heeft de auteur een risicoanalyse en rapportagetool ontwikkeld die o.a. de generieke risicoanalysemethodieken en de in dit boek besproken deelanalyses ondersteunt.

Erwin is afgestudeerd aan de Lucht- en Ruimtevaart faculteit van de Technische Universiteit van Delft. Daarnaast is hij een Certified Information Systems Security Professional, een Certified Information Systems Auditor, en een Certified Information Security Manager.

Grip op ICS Security

Inhoudsopgave

Figuren

Tabellen

1 Introductie

Het belang van informatie en de verwevenheid van informatie- en communicatietechnologie (ICT) met bedrijfsprocessen, industriële omgevingen en het maatschappelijke leven is de laatste jaren explosief toegenomen. Ernstige ICT verstoringen, schendingen in de persoonlijke levenssfeer (privacy) en cybercriminaliteit zijn helaas enkele negatieve aspecten die daarmee gepaard gaan. Daarbij komt dat diverse bedrijven diensten of producten leveren die vitaal zijn voor het functioneren van de samenleving, zoals elektriciteit, gas, olie, drinkwater, en - specifiek voor Nederland - de beheersingssystemen voor ons oppervlaktewater en waterkeringen. Deze voorzieningen maken deel uit van de vitale infrastructuur van Nederland. Veel industriële processen en vitale infrastructuur zijn daarbij sterk afhankelijk van industriële controle systemen (ICS). Deze industriële omgevingen gaan qua ICT technologie steeds meer lijken op gewone ICT omgevingen met alle gevaren van dien. Vanwege de belangstelling en de aantrekkingskracht van vitale infrastructuur voor kwaadwillende opponenten, is het noodzakelijk om de digitale beveiliging van de industriële omgevingen serieus ter hand te nemen. Dit boek wil daar een bijdrage aanleveren om door een security bril naar ICS en vitale infrastructuren te leren kijken.

1.1 Beveiliging versus veiligheid

Incidenten kunnen allerlei oorzaken hebben. Menselijke fouten of technische falen kunnen leiden tot een ongeluk. Brand of natuurgeweld zoals bliksem of overstromingen kunnen grote verstoringen veroorzaken. En daarnaast zijn er natuurlijk de incidenten die bewust moedwillig en kwaadwillend worden veroorzaakt. In industriële omgevingen, waar de gevaren voor slachtoffers of grote schade aan installaties of de omgeving kan ontstaan bij een ongeluk of calamiteit, is hierbij altijd een sterke focus geweest op veiligheid. Dit is echter niet hetzelfde als beveiliging. Dit verschil kan als volgt worden verwoord:

- Beveiliging (*security*) is het beschermen en het onttrekken aan geweld, bedreiging, gevaar of schade als gevolg van moedwillig kwaadwillend handelen door het treffen van maatregelen.

- Veiligheid (*safety*) is het beschermen en het vrijwaren van iemand of iets van gevaar of schade als gevolg van (niet-moedwillige kwaadwillende) gebeurtenissen, zoals falen, ongelukken of externe invloeden, door het treffen van maatregelen.

In de praktijk lopen deze twee termen nogal eens door elkaar heen. Dit boek gaat over de bescherming van ICS omgevingen tegen moedwillig veroorzaakte incidenten: *beveiliging*.

We kunnen hierbij drie verschillende relevante stromingen herkennen: integrale veiligheid, informatiebeveiliging en ICS security.

Integrale veiligheid

Integrale veiligheid omvat het gehele proces van vaststellen, treffen, onderhouden en controleren van een samenhangend pakket van maatregelen op het terrein van zowel fysieke, personele, informatie, en technische (ICT en ICS) beveiliging waarbij over alle relevante aandachtsgebieden (waaronder economische, ecologische, maatschappelijke invloeden) de risico's in ogenschouw worden genomen en meegewogen.

Informatiebeveiliging

Informatiebeveiliging omvat het proces van vaststellen van de vereiste kwaliteit van informatie(systemen) in termen van vertrouwelijkheid, beschikbaarheid, integriteit, onweerlegbaarheid en controleerbaarheid evenals het treffen, onderhouden en controleren van een samenhangend pakket van (fysieke, personele, organisatorische en technische) beveiligingsmaatregelen. Hierbij gaat het niet alleen om digitale informatie maar om alle vormen van informatie, ongeacht of deze nu wordt bewaard, verwerkt of getransporteerd op bijvoorbeeld papier, een harde schijf, e-mail of alleen bekend is bij een persoon.

ICS security

ICS security is het vakgebied dat zich richt op het beschermen van ICS technologie tegen kwaadwillend misbruik. Parallel aan de omgang gericht op informatie kan ICS security worden omschreven als: "het proces van vaststellen van de vereiste kwaliteit van industriële controle systemen in termen van beschikbaarheid, integriteit en vertrouwelijkheid evenals het treffen, onderhouden en controleren van een samenhangend pakket van bijbehorende (technische) beveiligingsmaatregelen."

1.2   Een kijk op ICS security

Uitval of verstoring van vitale infrastructuur veroorzaakt economische of maatschappelijke ontwrichting op (inter)nationale schaal. De uitval van vitale infrastructuur kan direct of indirect leiden tot veel slachtoffers of grote schade. De bescherming van de vitale infrastructuur en de noodzakelijke industriële controle systemen is daarom gericht op het vergroten van de weerbaarheid en veerkracht van deze infrastructuur, zodat de continuïteit van de dienstverlening zo lang mogelijk kan worden gegarandeerd. De ontwikkelingen, toenemende complexiteit en afhankelijkheid van ICT stellen ons hierbij voor extra uitdagingen. Beveiliging van informatie en kritische systemen behoort ondertussen een vast aspect te zijn van iedere normale bedrijfsvoering. Enerzijds is weerstand nodig om preventief (proactief) gericht te werken. Anderzijds is veerkracht nodig. Maatregelen moeten, om hier op afgestemd te zijn, een samenspel vormen van fysieke, technische (ICT), personele, organisatorische en juridische elementen. Maar waartegen moeten we ons beschermen? Welke risico's lopen we? Hoeveel risico kan ik accepteren? Waar moeten we en kunnen we het beste maatregelen treffen?

> *Risico's zijn - en gaan over de omgang met - onzekerheden. Zo niet dan zijn incidenten een speling van het lot. Gebeurtenissen die we maar lijdzaam moeten ondergaan.*

Incidenten kunnen nooit 100% worden uitgesloten. Beveiliging is een continu en complex proces, zonder absolute zekerheden en garantie. Informatiebeveiliging, privacy vraagstukken, cybersecurity en de beveiliging van industriële omgevingen vragen om specialistische kennis en vaardigheden maar ook om een proactieve omgang met de kwetsbaarheid van mensen, samenleving en de (natuurlijke en digitale) omgeving. Hierbij stelt de auteur een risico-gedreven aanpak, met aandacht voor zowel fysieke, organisatie, personele en ICT/ICS beveiliging, centraal. Een dergelijke holistische benadering waarbij deze elementen samenkomen en waarbij gedifferentieerde maatregelen weerstand en veerkracht creëren voor de beveiliging van objecten, middelen én informatie, zijn essentieel.

1.3   Informatiebeveiliging als integraal raamwerk

Een manier om naar de beveiliging van industriële systemen te kijken, is vanuit de informatiebeveiliging (IB). Als we het over informatie hebben, bedoelen we alle vormen van gegevens die op de één of andere manier een betekenis kan worden toegekend waardoor het informatie wordt. Het doet er hierbij niet toe of deze informatie vervolgens bestaat uit enen en nullen in een computerbestand of ergens op een computernetwerk, of dat deze informatie op papier staat of alleen maar ergens tussen de oren van een persoon. Het is evenmin relevant of de nullen en enen hun weg vervolgen binnen een administratief proces of dienen voor de besturing van een industrieel apparaat.

ICS security legt sterk de nadruk op de – vaak technische - bescherming van de ICS systemen, en de beschikbaarheid en integriteit van deze systemen en de gegevens. Daarbij komen vakgebieden als informatie-, personele- en fysieke beveiliging, ICT security en bedrijfscontinuïteit (BCM), samen met ICS security.

Het vakgebied van informatiebeveiliging houdt zich bezig met alle vormen van informatie maar focust vooral op de aspecten beschikbaarheid, integriteit en vertrouwelijkheid en op de bescherming tegen kwaadwillend en moedwillig misbruik. Als zodanig kan informatiebeveiliging het strategisch uitgangspunt zijn om deelgebieden zoals de aanpak van bedrijfscontinuïteit (BCM) bij calamiteiten of de implementatie van beveiligingsmaatregelen vorm te geven.[1] Omdat informatiebeveiliging zich meestal beperkt tot de bescherming tegen kwaadaardige bedreigingen, kan natuurlijk beargumenteerd worden om deze indeling om te draaien en BCM als leidend uitgangspunt te nemen. Dit kan een aanpak zijn die goed aansluit bij bedrijven waarbij de beschikbaarheid van de geleverde diensten, zoals bij vitale infrastructuur, voorop staat.

Of het bereik van informatiebeveiliging ook niet-moedwillige bedreigingen omvat, zoals technisch falen en externe invloeden, of dat wordt gekozen om BCM als ankerpunt te kiezen, in beide gevallen zal de uitwerking in maatregelen zowel organisatorische, personele, fysieke en technologische elementen bevatten. Technische maatregelen die gaan over de bescherming van systemen die informatie opslaan, verwerken of transporteren, is het domein van de ICT security. Dit aandachtsgebied is de afgelopen 20 jaar uitgegroeid tot een grote branche van aanbieders van allerlei hardware en software beveiligingsproducten. Overeenkomst is het vakgebied dat zich richt op het beschermen van industriële systemen tegen kwaadwillend misbruik, het domein van ICS security.

De auteur kiest er voor om alle beveiligingsaspecten gerelateerd aan data, informatie, ICT of ICS te hangen onder een overkoepelend *integraal informatiebeveiligingsraamwerk*.

Het vakgebied van industriële automatisering is misschien wel ouder dan die van de kantoorautomatisering. Echter door de ontwikkelingen op het terrein van ICT van de laatste decennia, is eveneens het bredere werkveld van informatiebeveiliging geëvolueerd. Veel van deze beveiligingskennis en ervaring mist nog binnen de wereld van de procesautomatisering. Een integraal informatiebeveiligingsraamwerk sluit naar de mening van de auteur daarom beter aan op andere bestaande standaarden, organisatieprocessen, beleidsvraagstukken en risicomanagement. Daarnaast kent dit vakgebied een breed scala aan bijvoorbeeld methodieken, opleidingen, certificering, wetenschappelijk onderzoek en wet- en regelgeving. Al met al is het vakgebied van informatiebeveiliging daarmee in korte tijd een breed en volwassen expertisegebied geworden en een goede keuze als ankerpunt voor onze ICS security problematiek.

---

[1] De bekende BCM standaard BS 25999 definieert BCM overigens eveneens als aanvullend op een totaal risicomanagement raamwerk.

1.4   Voor wie

Dit boek is vooral gericht op personen die verantwoordelijk zijn voor primaire industriële- en kritische bedrijfsprocessen of vitale infrastructuur en het beheersen van de daaraan verbonden security aspecten. Dit zijn directieleden en management maar ook de Chief Information Officer, de ICT-manager of de Chief Information Security Officer van bijvoorbeeld energiebedrijven, chemische installatie, fabrieken of drinkwatervoorzieningen. Uiteraard is dit boek daarnaast geschikt voor proces engineers, bedrijfsvoerders, en verantwoordelijke managers en beheerders van industriële apparatuur, installaties, procesbesturingssystemen en –netwerken om door een beveiligingsbril heen naar ICS omgevingen te kijken. Omgekeerd is het zeker ook een leerzaam boek voor vakgenoten die nog niet zo bekend zijn met de beveiliging van industriële controle systemen.

Dit boek is een eerste kennismaking met ICS security op het snijvlak waarbij informatiebeveiliging, ICT en procesautomatisering bij elkaar komen. De auteur heeft er daarom voor gekozen om dit boek in het Nederlands te schrijven hoewel veel vaktermen beter niet vertaald kunnen worden om de aansluiting met andere literatuur niet te missen. Het boek beschrijft ICS security vanuit verschillende invalshoeken en vereist vooraf geen kennis van procesautomatisering of beveiliging. Het vermijdt uitgebreide technische verhandelingen.

1.5   Wat dit boek wil bereiken

Er is veel geschreven over ICT en informatiebeveiliging. Ook over ICS security wordt ondertussen veel gepubliceerd. Soms zijn dit verkorte controlelijsten van bekende informatiebeveiligingsstandaarden, soms zijn het uitgebreide technische verhandelingen, bijna altijd zijn ze in het Engels.

Dit boek wil een laagdrempelige introductie zijn op het gebied van ICS security. Centraal staan het onderkennen van trends, de bijzondere ICS (procesautomatisering) aspecten versus ICT (kantoorautomatisering), het creëren van meer begrip van cyber dreigingen en kwetsbaarheden, en het versterken van risicomanagement strategieën. Daarbij helpt dit boek de lezer met doorverwijzingen naar aanvullende literatuur en standaarden. Uiteraard draagt het hele boek bij aan het creëren van bewustzijn en dient het boek om de taal van security professionals en industriële automatiseerders te leren spreken.

Dit boek is dus geen handleiding voor het uitvoeren van bijvoorbeeld risicoanalyse binnen industriële omgevingen of voor het opstellen van een beveiligingsbeleid. Hoewel dit essentiële zaken zijn om grip te krijgen op ICS security, gaat het de auteur in eerste instantie om het overbrengen van kennis en inzichten op het gebied van beveiliging voordat we er aan toe zijn om risicomanagement methodieken, beveiligingsoplossingen of specifieke industriële proces technische aspecten te kunnen gaan uitdiepen.

1.6   Hoe dit boek is opgedeeld

Dit boek is verdeeld in negen hoofdstukken die zoveel mogelijk onafhankelijk van elkaar kunnen worden gelezen. Daarnaast bevat dit boek een aantal uitgebreide bijlagen om de lezer te helpen zich de taal, afkortingen en begrippen eigen te maken en om aanvullende literatuur en standaarden te vinden.

Hoofdstuk 2 beschrijft ter inleiding trends in zowel ICT als ICS omgevingen. Deze ontwikkelingen worden kort beschreven om een idee te krijgen van de tijdgeest waarbinnen we leven.

Hoofdstuk 3 geeft een inleiding in de belangrijkste termen en componenten die deel uitmaken van een industriële ICT omgeving en duidt het begrip ICS en de relatie met ICT. Daarnaast worden kort de belangrijkste stromen van onderlinge communicatie tussen de verschillende componenten toegelicht.

Hoofdstuk 4 geeft een overzicht van verschillende algemene actoren die een bedreiging kunnen vormen.

Hoofdstuk 5 geeft een overzicht van mogelijke kwetsbaarheden die kunnen worden misbruikt of kunnen leiden tot incidenten. Daarnaast wordt in gegaan op de specifieke problematiek bij de beveiliging van industriële controle systemen.

Hoofdstuk 6 beschrijft summier verschillende security principes en begrippen die iedereen betrokken bij ICS security een keer moet hebben gehoord. Omdat dit boek alleen een introductie en een eerste kennismaking tot het vakgebied wil zijn, worden geen complexe technologische concepten uitgewerkt.

Hoofdstuk 7 geeft een opsomming van enkele bekende beveiligingsnormen en richtlijnen. Daarnaast wordt ingegaan op de Nationale Risicobeoordeling welke relevant is voor ICS omgevingen binnen vitale infrastructuren.

Hoofdstuk 8 verbindt de verschillende beveiligingsaspecten door ze te plaatsen binnen het geheel van risicomanagement. Het hoofdstuk beperkt zich tot het toelichten van essentiële elementen die met risicomanagement, risicoanalyses en maatregelenselectie samenhangen.

Hoofdstuk 9 beschrijft de hoofdlijnen om structureel en cyclisch om te gaan met risicomanagement en incidentopvolging en dit te borgen in de bedrijfsvoering door middel van een Security Management Systeem.

2 Trends in ICT en ICS

Industriële controle systemen worden als vanzelfsprekend geassocieerd met een zeer technisch vakgebied, wat natuurlijk het geval is. Vanuit het perspectief van security is het interessant om in een bredere context te begrijpen waarom en welke verschillende ontwikkelingen plaatsvinden. Per slot van rekening werken in industriële omgevingen net zo goed mensen die door de (on)mogelijkheden van techniek en maatschappelijke invloeden worden gedreven. Industriële omgevingen kunnen zich niet onttrekken aan nieuwe ontwikkelingen. Security, en – in mindere mate van toepassing voor de meeste industriële omgevingen – privacy, blijven meestal onderbelicht of worden onvoldoende begrepen. Managers, security officers en ICS architecten hebben daarom baat bij begrip voor wat er in de wereld om hen heen gebeurt en voor de bijdrage die security kan leveren. Er is inzicht nodig in huidige ontwikkelingen om het heden te kunnen koppelen aan toekomstige bedreigingen.

> *Beveiliging is dynamisch en tijdgebonden. Het gaat om het heden te koppelen aan de toekomst, rekening houdend met actuele en relevante trends.*

Dit hoofdstuk beschrijft ter inleiding verschillende trends in zowel ICT als ICS. Dit overzicht van ontwikkelingen is uiteraard niet uitputtend maar dient om een idee te krijgen van de tijdgeest waarbinnen we leven.[2]

2.1 Trends in ICT

Diginormalisering

Digitaal wordt normaal, gevoed door de menselijke drang naar vooruitgang. De mensheid staat pas aan het begin van zijn digitaliseringsproces en zal alles, waar mogelijk, digitaliseren en/of verbinden met de digitale wereld. In de nieuwe online wereld zijn 'digitaal' en 'verbonden' gemeengoed. Steeds meer aspecten van het fysieke leven worden gedigitaliseerd en/of verbonden met de virtuele wereld. De digitale wereld krijgt hierdoor in toenemende mate een onmisbare en dominante rol in ons leven. Digitaal en virtueel leveren een duidelijke toegevoegde waarde

---

[2] Bron van trends in ICT: *www.extendlimits.nl (Tony Bosma)*

11

aan de fysieke wereld. Steeds meer mensen ervaren een verrijking van de leefwereld door technologie, bijvoorbeeld door slimmere huishoudelijke apparaten, digitale leersystemen of in het omgaan met een handicap.

Data als brandstof

Data is de nieuwe brandstof' voor economie en maatschappij. In een 'connected wereld' is alles meetbaar en realtime te interpreteren. Hierdoor wordt data een essentiële productiefactor voor iedere organisatie.[3] We zijn steeds actiever in de virtuele wereld waar data eenvoudig kan worden vastgelegd en geanalyseerd. Deze enorme hoeveelheid aan data wordt voor organisaties, overheden en instituten een essentieel middel voor succes. In een realtime wereld waarin communicatie en productie tot op individueel niveau gepersonaliseerd worden en contextueel zijn, is juiste informatie onmisbaar.

Men gaat steeds meer data gaat verzamelen. Daarbij komt dat de technologische mogelijkheden voldoende zijn om in de databehoefte van menig manager te voorzien. Met de technologische mogelijkheden is de veranderende vraag van de markt een belangrijke aanjager voor de gegevensverzamelwoede. Consumenten verwachten van overheden en organisaties dat zij op persoonlijk niveau dienstverlening leveren. Data is hierin onmisbaar. Een ontwikkeling die daarbij meespeelt, is het aanwezige onveiligheidsgevoel wat binnen de maatschappij lijkt te heersen. Onder de noemer veiligheid wordt steeds meer data verzameld en persoonlijke gegevens gedeeld. Gegevens die in eerste instantie beperkt en afgeschermd zijn, kunnen door het leggen van verbanden tussen verschillende informatiebronnen een inbreuk betekenen op de persoonlijke levenssfeer en misbruik in de hand werken. Er ontstaan onoverzichtelijke grote en onderling gekoppelde dataverzamelingen (*Big data*). De hernieuwde belangstelling voor niet-relationele database systemen (non-RDBMS) kan hiermee worden verklaard.

Virtualisering intelligentie

Technologie en apparaten waren 'dom' en emotieloos, maar onze omgeving wordt in snel tempo volledig interactief en intelligent. Op het terrein van kunstmatige intelligentie worden grote vorderingen gemaakt, waardoor er steeds meer verbondenheid ontstaat met de alledaagse praktijk. ICT raakt steeds verder geïntegreerd in allerlei andere apparatuur. Hierdoor ontstaan nieuwe geïntegreerde systemen (*embedded devices*). Ze worden door de toenemende integratie met ICT autonoom en bieden meer functionaliteit met eigen foutdetectie en correctiemethoden.

---

[3] De mens genereerde meer data in 2009 dan in de voorafgaande 5000 jaar gezamenlijk.
Bron: *Internet World Stats, 2010*

Het terrein van geïntegreerde systemen is zeer breed. Het raakt alle vormen van geautomatiseerde apparatuur, zoals huishoudelijke apparaten, televisie en multimedia-apparatuur, telefonie- en videoconferentiesystemen, kassasystemen, camerasystemen, bouwkundige installaties, luchtbehandelingsinstallaties, procesautomatisering etcetera. Geïntegreerde systemen zullen we steeds meer gaan aantreffen in de leefomgeving, auto's, kantoorpanden maar ook binnen industriële installaties zoals olieraffinaderijen, elektriciteitscentrales en fabrieken. Zo zien we dat elektronica steeds meer taken van de bestuurder van voertuigen overneemt of ondersteunt met bijvoorbeeld de automatische detectie van overstekende voetgangers. Positiebepalingsystemen (GPS) zijn daarbij standaard aanwezig en ook voorzieningen als het geautomatiseerd oproepen van hulpdiensten wordt gemeengoed. Een ander voorbeeld is de domotica wat staat voor de automatisering en integratie van ICT-technologieën in onze privé sfeer, voornamelijk in de woonomgeving. Door het automatiseren ontstaan er intelligente gebouwen die zich aanpassen en meebewegen met de bewoners. Ook in de zorg wordt meer en meer gebruik gemaakt van domotica, waardoor senioren langer zelfstandig kunnen wonen.

Virtuele intelligentie en geïntegreerde systemen worden mogelijk door onder andere:
- compacter wordende hardware en energiezuinigere chips;
- toenemende rekenkracht en opslagcapaciteit;
- integratie met draadloze netwerken zoals GSM/UMTS, 4G LTE, NFC, WiFi, en Bluetooth;
- combinatie met andere technologieën zoals automobiel-, nano- en biotechnologie;
- ontwikkeling van accu technologie (langere levensduur, krachtiger en kleiner) en alternatieve energiebronnen (zoals lichaamsbeweging of stem);
- beschikbaarheid van volwaardige geïntegreerde besturingssystemen waaronder Windows en Linux.

Al omvattend netwerk

De wereld transformeert naar een dynamisch en alomvattend netwerk waarin mens, machine en omgeving continu met elkaar verbonden zijn. Vrijwel ieder nieuw elektronisch of IT-apparaat heeft een aansluiting die verbinding met een computernetwerk mogelijk maakt. De mogelijkheid om over informatie te kunnen beschikken wordt door iedereen aangegrepen en als zodanig normaal ervaren dat we op elk moment en op elke plaats over die informatie willen beschikken. Deze trend zet zich voort naar allerlei niet-standaard (ICT) apparaten. Door de voortgang van geïntegreerde technologie ontstaat een *future internet* waarbij overal om ons heen en bij alles wat we doen internet aanwezig zal zijn. Veel producten om ons heen zijn al voorzien van een (RFID) chip, zoals artikelen in winkels, smartphones of huishoudelijke systemen. Zo kan bijvoorbeeld een kopieerapparaat automatisch een storing doorgegeven aan een storingsdienst, of kan een kassa- of uitgiftesysteem nieuwe bestellingen plaatsen als de voorraad opraakt. Er ontstaat een integratie van functies in traditioneel gescheiden en weinig intelligente apparatuur waarbij ieder apparaat een connectie tot het internet en een eigen IP-adres heeft.

Door het aansluiten van geïntegreerde apparaten op het internet ontstaat: '*The Internet of Things*'. Dit internet van dingen maakt een brede waaier van nieuwe toepassingen en diensten mogelijk maar zorgt tevens voor nieuwe beveiligingsuitdagingen. Zo zullen apparaten steeds meer fungeren als 'gebruikers' van andere systemen. Apparaten communiceren zelfstandig via het internet. Er ontstaat een onbegrensd netwerk van machines, informatie, mensen en dingen. Dit heeft een grote impact op de manier waarop we communiceren, werken, produceren, leren enzovoort. Uiteindelijk ontstaat door een toenemende verbondenheid tussen mens en machine een 'intelligent' en realtime netwerk wat adaptief op menselijke behoeften kan acteren. Door het alomvattend netwerk en de steeds verdergaande verwerking van microchips en sensoren in alledaagse producten en omgevingen wordt bovendien overal data verzameld.

Uit deze ontwikkelingen ontstaan toepassingen die kunnen worden samengevat onder de naam '*Cloud Computing*', een architectuurmodel waarbij gebruikte ICT-infrastructuren, platformen, software services of data niet langer lokaal, maar via en op het internet benaderd en gebruikt worden. De toename van Cloud-toepassingen leidt, of wordt onder meer gestimuleerd door:
- de mogelijkheid eenvoudig data te delen of om telewerken te ondersteunen;
- flexibiliteit en lagere ICT (ontwikkel- en beheer)kosten;
- toenemende integratie met standaard kantoorautomatiseringssoftware;
- de beschikbaarheid en dalende kosten van snelle (mobiele) internettoegang;
- groei van draadloze (WiFi) communicatie tussen allerlei apparatuur en computers;
- groei van de hoeveelheid data (foto's, video, muziek, e.d.);
- vertrouwen in externe data opslag door het toenemend gebruik van online diensten;
- sterke prijsdaling harde schijfgeheugen gedurende de afgelopen vijf jaar;
- vervlechting van allerhande (meer traditionele) infrastructuren met het internet;
- toename van net-centrisch werken tussen verschillende organisaties;
- snelle gebruikersacceptatie als het gaat om nieuwe technologieën. Wat gisteren is geïntroduceerd, is vandaag als gemeengoed geaccepteerd. Gebruikers die niet meegaan 'missen de boot.

Mobiele samenleving

Steeds meer aspecten in ons leven worden beïnvloed door mobiele technologie. Ons functioneren wordt afhankelijker van mobiele technologie en verrijkt door mobiele dienstverlening die contextueel en persoonlijk is. Toenemende mobiliteit is een van de grote drijfveren achter nieuwe toepassingen en sociaal-maatschappelijke transities. Mobiele toepassingen worden gezien als één van de belangrijkste toekomstige ontwikkelingen. Niet langer bestaat het internet uit 'netwerken', 'servers' en 'PC clients'. De diversiteit aan mobiele apparaten vormen de nieuwe 'uiteinden van het internet'.

De belevingswereld van mobiele toepassingen zorgt dat bestaande interfaces niet geschikt zijn. Een groot beeldscherm, toetsenbord, muis of randapparatuur ontbreken. Men eist snelle en gemakkelijke gebruikerservaring zonder de noodzaak om extra apparatuur mee te moeten nemen, zoals authenticatie tokens. Een mobiele samenleving is een relatief nieuw en nog nauwelijks ontgonnen terrein. Bestaande websites en toepassingen worden steeds geschikter voor mobiele apparatuur. De smartphone en tablets bevatten een opeenstapeling van digitale identiteiten, toegangscodes, bankgegevens, elektronische betaalmiddelen, agenda en contacten. Met de opkomst van allerlei mobiele toepassingen verschuift de aandacht van criminelen daarom mee naar de kwetsbare mobiele apparaten. Mobiele gebruikers zijn het nieuwe doelwit voor criminelen.

De voornaamste mobiele ontwikkelingen zijn:
* de snelle toename en expansie van smartphones en tablets gebruik;
* integratie in dagelijks leven en een toenemende vraag naar online mobiele diensten;
* grote beschikbaarheid van mobiele applicaties (Apps) en Cloud toepassingen om functionaliteit naar keuze uit te breiden;
* ontwikkeling van specifieke besturingssystemen voor mobiele platformen zoals iOS, Android, Windows Phone, Blackberry OS;
* ontwikkeling van kleinere en snellere energiezuinige chips;
* de ontwikkeling van touchscreens;
* inbouwen GPS-ontvanger in smartphones en tablets;
* inbouwen fotocamera in smartphones en tablets;
* ontwikkeling van 4G-netwerktechnologie (Long Term Evolution);
* mobile Instant Messaging (MIM);
* location based services;
* geïntegreerd gebruik met online sociale netwerken.

Nieuw communicatiegedrag

Communicatie is door nieuwe media verworden tot een bi-directionele activiteit op basis van gelijkwaardigheid. We delen hierdoor steeds meer met elkaar en communicatie dringt in ieder aspect van het leven door. We zijn continu met elkaar verbonden, communiceren meer en delen meer met elkaar. [4] We leggen ons gehele leven vast en weten direct ons hele netwerk in te schakelen. Deze nieuwe vorm van communiceren wordt in het bijzonder gevoed door technologische ontwikkelingen, waarbij deze voorzien in één van de basale behoeften van de mens: de dialoog aangaan en zich uiten. Met de toenemende digitalisering verplaatst het gesprek zich richting de virtuele wereld, en maakt de dialoog plaats voor de 'multiloog'. Deze virtuele wereld zorgt er voor dat deze waarneembaar is, gesprekken realtime kunnen worden gevolgd of op een later moment worden geraadpleegd.

Sociale media – zoals Facebook, Twitter, LinkedIn, Hyves - is een verzamelnaam voor alle internet-toepassingen waarmee het mogelijk is om informatie digitaal met elkaar te delen en te communiceren. Ze worden gebruikt als zakelijke en privé blogs, ontmoetingsplekken, nieuwsgroepen, vriendenclubs, snelle verspreiding van actualiteiten, bedrijfsnieuws, zakelijke tips, verenigingsnieuws enzovoort. Sociale netwerken kunnen daarnaast gebruikt worden voor het waarschuwen van het publiek of het inroepen van hulp. Organisaties maken steeds meer gebruik van software om via sociale media trends in dialogen te volgen. Deze middelen worden ingezet om de behoeften van consumenten te signaleren. Voor consumenten betekent het dat het eenvoudiger is om in contact te treden met gelijkgestemden. Kennis valt eenvoudig over te dragen. Online sociale netwerken zijn niet meer weg te denken uit ons dagelijks leven alsof ze altijd al deel hebben uitgemaakt van onze samenleving.

Transrealiteit

De fysieke en digitale wereld hebben zich afzonderlijk van elkaar ontwikkeld. Nu groeien beide werelden naar elkaar toe en versterken zij elkaar. Tekenen van deze transrealiteit zijn te vinden in nieuwe online toepassingen die de fysieke omgeving uitbreiden met informatie die beschikbaar en toegankelijk is in de digitale wereld (*augmented reality* en *quick response* codes). Virtuele realiteit omgevingen zijn visueel en/of auditief, en werken op basis van beelden, stereoscopische brillen en geluid. Soms kunnen geur en tastzin zijn toegevoegd. Een andere vorm is tele-operations waarbij de besturing van een menselijke handeling is ontkoppeld van de uitvoering van de handeling. De plek waar een persoon een handeling wil laten plaatsvinden is dus niet de locatie waar hij zich bevindt. In het verlengde hiervan

---

[4] In 2010 vonden er al 45 miljoen status updates per dag plaats. Bron: *A day in the Internet, 2010*

worden geavanceerde mens-machine interfaces ontwikkeld waarbij gedacht kan worden aan touchscreens, spraakherkenning, en bewegingsanalyse. Dergelijke toepassingen worden ingezet om eventuele 'onvolkomenheden' van de fysieke wereld op te heffen en fysieke ervaringen te verrijken. Omgekeerd betekent dit een grotere realiteitszin in de virtuele wereld. Een belangrijk gevolg hiervan is dat de zichtbare grens tussen fysieke en virtuele werkelijkheid aan het verdwijnen is.

> *De wereld is continu in transitie. Momenteel richting een*
> *volledig digitaal bestuurde en gecontroleerde omgeving;*
> *realtime, visueel, mobiel en autonoom.*

Realisatie van de realtime economie

De realtime economie is het stelsel waarin de verbondenheid tussen mens en machine ervoor zorgt dat direct en contextueel gecommuniceerd en geacteerd moet en kan worden. In een wereld waarin alles en iedereen verbonden is en waarin data een voorname 'grondstof' is, is de vorming van het realtime economisch stelsel een logisch gevolg. In deze economie is het 'normaal' dat wensen en behoeften realtime gemonitord worden. Informatie wordt daarbij direct en contextueel naar het individu ontsloten. Uiteindelijk worden producten en diensten direct en op basis van individuele behoeften geconfigureerd. De realtime economie is sterk gedigitaliseerd en afhankelijkheid van technologie.

Bloei van de beeldcultuur

Visuele beelden spelen een steeds meer indringende rol in communicatieve situaties. De beeldcultuur bestaat al jaren maar versnelt door nieuwe technologische mogelijkheden. Communicatie wordt gedreven door beeld, een cultuur waarin de visuele mens optimaal gedijt. We zijn allemaal verbonden en beelden zijn eenvoudig te maken en wereldwijd te delen. We denken en doen steeds meer in beeld en dit zal alleen maar toenemen nu de technologische mogelijkheden dit toelaten. De beeldcultuur wordt voornamelijk gestimuleerd door gemak en mogelijkheid. Camera's zijn toegankelijker dan ooit en bevinden zich in iedere gadget. Beeldmateriaal is online vrij toegankelijk en eenvoudig te bewerken. Denk daarbij aan de successen van bijvoorbeeld YouTube en Qwiki (zoekmachine met behulp van beeld). Digitalisering zorgt ervoor dat we meer via beeld en video communiceren. Schriftelijke (tekstuele) communicatie staat in toenemende mate onder druk.

Humanisering technologie

Technologie is een 'jong begrip'. De 'onvolwassenheid' van technologische ontwikkelingen heeft ervoor gezorgd dat de mens zich moest aanpassen aan de techniek. Technologie past zich in toenemende mate aan de menselijke

17

eigenschappen aan in plaats van andersom. We zijn ons als mens gaan aanpassen aan technologie. We hebben ons typen aangeleerd en het toetsenbord en de muis zijn de meest zichtbare manieren waarop de mens interacteert met technologie. De interactie tussen mens en machine heeft nu een bepaalde volwassenheidsfase bereikt waarbij de mens weer moet leren om zelf leidend te zijn in hoe te interacteren. We zien nu langzaam steeds meer initiatieven waarin nieuwe technologische mogelijkheden worden gebruikt om 'menselijkheid' in onze digitale communicatie wereld toe te voegen, zoals *natural user interfaces*. Door een meer natuurgetrouwe manier van interacteren tussen mens en technologie(machine) zal het gebruik van technologie extra toenemen.

Rise of Humanware

De mens heeft de behoefte om haar menselijke gebreken te verbergen of teniet te doen. De (zichtbare) grens tussen technologie en mens verdwijnt langzaam maar zeker. De afhankelijkheid van technologie wordt groter wanneer deze haar weg vindt in het lichaam van de mens. Technologie smelt samen met het menselijk lichaam. Veel van de ontwikkelingen rondom deze trend zien we voornamelijk in de militaire industrie (bijvoorbeeld exoskeletons) en in de medische wetenschap. Was het jarenlang een belangrijke uitdaging voor de wetenschap, tegenwoordig komen we dichtbij het creëren van humanoïde robotica, cyborgs en bijvoorbeeld protheses die nagenoeg niet te onderscheiden zijn van 'echt'.

Rise of Robotics

De robot maakt de transitie door van de fabriekshal naar de humanoïde in de straat. De robot kent zijn plek al in het productieproces maar de inzet van robotica verplaatst zich nu naar de maatschappij en het alledaagse leven. Met de hedendaagse opkomst van robotica in de maatschappij worden de indrukwekkende technologische vorderingen binnen de wereld van robotica zichtbaar. De mens heeft robotica in het verleden voornamelijk ingezet voor repeterende taken of activiteiten die de mens liever niet doet. Nu ontstaat er een situatie waarin robotica dusdanig ontwikkeld is dat interactie en samenwerking in alledaagse situaties tussen mens en robot gewenst en mogelijk is. Er is een duidelijke omslag gaande naar meer 'menselijke' robots om zodoende de 'gebruiks-' en interactie-ervaring tussen mens en robot optimaal te laten verlopen. Hierdoor wordt het maatschappelijke acceptatieproces versneld.

2.2 Gevolgen van trends in ICT

Prelude tot participatie

We willen niet meer als consument gezien worden. Consumenten en burgers worden steeds actiever richting organisaties en overheden. We willen serieus worden genomen en inspraak hebben. Nieuwe voldoening halen we in toenemende mate uit het actief consumeren wat inhoudt dat we meedenken met organisaties, eigen producten ontwikkelen, personaliseren enzovoort. Deze trend vervangt de traditionele marketing P's (product, promotie, prijs, plaats) door de P van Participatie. We willen een bijdrage leveren aan de dingen die er voor ons, of ons netwerk, toe doen. De toenemende digitalisering maakt participatie door consumenten steeds eenvoudiger en verlaagt de drempel hiertoe. Organisaties beseffen dat als zij hun klanten de mogelijkheid niet bieden tot actieve participatie zij hele doelgroepen zullen verliezen. Participatie zorgt voor een afname van de kloof tussen consument/burger en organisatie/overheid. Tevens voedt participatie innovatie.

De naakte waarheid

Met het versmelten van de fysieke met de digitale wereld komen ook onze fysieke en digitale profielen bij elkaar. Privacy komt in toenemende mate onder druk te staan en verdient een herdefinitie. Zeggenschap over persoonlijke gegevens wordt schaars omdat informatie steeds toegankelijker is. Privacy houdt in dat persoonlijke gegevens alleen bekend zijn bij het individu op wie het slaat. Het houdt in dat het individu in staat is zelf te bepalen wie persoonlijke gegevens mag inzien. Deze definitie houdt moeilijker stand omdat persoonlijke data steeds toegankelijker is voor derden. Dit komt omdat steeds meer informatie wordt verzameld. Om gebruik te kunnen maken van allerlei aangeboden diensten is men genoodzaakt om persoonlijke gegevens op verschillende plekken achter te laten. Deze digitale footprint is onuitwisbaar. Er ontstaat toenemende wetgeving om individuen beter te beschermen maar dit zal uiteindelijk niet voldoende blijken. Mensen gaan de komende jaren merken in hoeverre de hedendaagse privacy al is aangetast. Er zal de komende jaren een grote weerstand ontstaan tegen het gebruik van intelligente sensoren in het dagelijks leven.

Volledige transparantie

Het volledige handelen van organisaties, overheden, instituten en zelfs individuen wordt inzichtelijk. De eisen van consumenten richting organisaties en overheden zijn sterk aan verandering onderhevig. Er wordt verwacht dat men oprecht en authentiek is, toegankelijk en transparant. Hierbij houdt transparantie in: open over het beleid van de organisatie, pricing van producten, gebruikte grondstoffen, omgang met medewerkers, cultuur, winst enzovoort. Organisaties en overheden moeten in toenemende mate eerlijk communiceren over hun eigen organisatie.

Transparantie houdt niet in dat er geen fouten gemaakt mogen worden. De markt begrijpt dat niets en niemand perfect is. We verlaten een tijdperk waarin men kon groeien door 'slecht te doen'. Consumenten zoeken en vinden elkaar en eisen om als gelijkwaardige te worden behandeld. De consument is niet meer afhankelijk van organisaties en kan zichzelf (via het web) met alle benodigde informatie wapenen tegen diezelfde organisaties. De autoriteit wordt bepaald aan de hand van de mate waarin iemand of een instantie wordt aangeraden door anderen. Autoriteit op basis van in het verleden behaald aanzien is verleden tijd.

Manifest van hergroepering

In een wereld in transitie zijn er altijd groepen die vasthouden aan de wereld zoals die was. Er is een maatschappelijke tweedeling tussen de 'vernieuwers' en 'behouders' met vergaande consequenties voor de maatschappij en organisaties. Met het versmelten van technologie in onze leefomgeving zien we ook de vervolgstappen richting een toekomst die gedreven is door technologische vooruitgang en afhankelijkheid. Technologie blijft zich ontwikkelen en neemt haar plaats in onze levens snel, en steeds vaker onzichtbaar, in. De kloof tussen de mensen die hierin mee kunnen omgaan en diegene die dat niet kunnen of willen, lijkt steeds groter te worden. Bedrijven en organisaties – zeker die met een maatschappelijk belang – zullen zich moeten beraden hoe ze met beide groepen in de samenleving aansluiting behouden. Door te veronderstellen dat iedereen behoort tot de groep van 'vernieuwers', zullen hele groepen van mensen mogelijk worden uitgesloten.

Steeds meer mensen waarschuwen voor de vergaande digitalisering en de negatieve gevolgen, zoals ten aanzien van privacy, of ontwikkelen als tegentrend van de digitalisering juist een afkeer van technologie.

> ### Unabomber
> De meest bekende, en beruchte, 'behouder' is waarschijnlijk de Unabomber Theodore Kaczynski die een reeks aanslagen met bombrieven uitvoerde. Hij hield de wereld in zijn greep van 1978 tot 1995 en waarschuwde via zijn Unabomber Manifest voor de snelle opkomst van moderne technologie.[5]

Eenvoud in essentie

Het toevoegen van complexiteit is onbewust in veel branches gemeengoed geworden. Regelgeving, complexe systemen en een toenemende druk op het hebben van een unieke identiteit van producten en diensten zorgden ervoor dat

---

[5] Bron: *http://members.home.nl/gerhardnijenhuis/msp/nl_unabomb.htm, 1997*

de eenvoud onder druk kwam te staan. Het toevoegen van complexiteit lijkt een randvoorwaarde te zijn geworden voor het succes van organisaties. Een voorbeeld hiervan is uiteraard de financiële branche. Maar dit is niet de enige branche die uitmunt in het creëren van complexe producten. Zo laten de processen tussen burgers en overheid, de zorg en ICT zich eveneens kenmerken door unieke complexe producten en diensten. Nieuwe producten en diensten hebben een voordeel omdat zij met moderne ICT technologie wel eenvoudig realiseerbaar zijn.

> *There is no control over complexity. Each element changes the behaviour of the whole.*
> *(Gigi Tagliapietra, 2012)*

2.3 Trends in ICS

Afhankelijkheid

Informatie en communicatie technologie zijn vandaag de dag vervlochten met, en onontbeerlijk binnen nagenoeg alle vitale sectoren en infrastructuren. Het belang en de verwevenheid van ICT met bedrijfsprocessen en het maatschappelijk leven nemen toe. Computernetwerken, vaste- en mobiele telefonie en internet zijn een vitale infrastructuur op zich. Naast algemene ICT worden in de vitale infrastructuren intensief gebruik gemaakt van industriële controle systemen. Dergelijke systemen omvatten procesbesturingssystemen voor het meten, beheren, bewaken, uitvoeren en bedienen van een (productie)proces. Eenvoudige toepassingen zijn bijvoorbeeld een automatische temperatuurregeling. Complexere procesbesturingssystemen zijn bijvoorbeeld: verkeersregelsystemen of de complete bewaking en besturing van drinkwatervoorzieningen, elektriciteitscentrales, distributienetwerken of luchtverkeersleidingssystemen. In productieprocessen dient de procesautomatisering om in alle processen informatie te verzamelen en machines aan te sturen of om, bijvoorbeeld, het transport van gas, vloeistoffen of goederen te regelen. De afhankelijkheid van ICS systemen neemt toe.

Enkele belangrijke ontwikkelingen zijn:
- onbemande locaties en beheer op afstand;
- koppelingen tussen procesautomatisering en kantoornetwerken;
- toenemend gebruik van standaard ICT platformen en systemen (COTS);
- toenemend gebruik van TCP/IP, WiFi, Bluetooth en webtechnologie;
- slimmere veldapparatuur (zoals PLC's en RTU's);
- uitbesteding van telecommunicatieverbindingen binnen het ICS netwerk.

Markt gedreven

Ook binnen primaire productieprocessen en vitale infrastructuur, ligt er steeds meer nadruk op economische en commerciële belangen. Ontwikkelingen als privatisering en liberalisering van markten geven extra impulsen om ICT voorzieningen en de omgang met bedrijfsinformatie opnieuw te bezien. Door deze ontwikkelingen worden bedrijfsonderdelen die van oudsher met elkaar vervlochten zijn, gedwongen om hun activiteiten te scheiden. Dit betekent een, soms moeilijke, scheiding van ICT middelen. Daarnaast veranderen de behoeften aan informatievoorziening mee en nemen de wettelijke kaders en regelgeving evenredig toe. Dit heeft in verschillende sectoren al geleid tot splitsingen van bedrijfsonderdelen en daarmee de bedrijfsprocessen, zoals de verplichte eigendomsscheiding tussen het transportnetwerk, de productie en het leveringsbedrijf in de elektriciteitssector. Hierbij neemt de behoefte om bijvoorbeeld productiegegevens snel en accuraat ter beschikking te hebben voor het inspelen op markt alleen maar toe. Echter, de beste productiegegevens bevinden zich binnen het domein van de procesautomatisering terwijl de financiële en commerciële activiteiten plaatsvinden binnen het domein van de kantoorautomatisering en het internet. Bovendien zijn het door de liberalisering van de markt andere bedrijven met andere belangen geworden. Overigens zien we tegelijkertijd omgekeerd weer nieuwe bedrijven ontstaan door fusies of door een toenemende internationale samenwerking.

> *Vitale processen en infrastructuur raken steeds meer onderling vervlochten en afhankelijk van ICT. De economische en commerciële belangen worden sterker. Het moet goedkoop, efficiënt en flexibel.*

De marktontwikkelingen dwingen onder meer kostenreducties, efficiency en rapportage verplichtingen af. Dit leidt tot een groeiende automatisering van bedrijfsprocessen, meer doen met minder mensen en het geautomatiseerd verzamelen en distribueren van historische en actuele productiegegevens. Deze ontwikkelingen stimuleren op hun beurt dat procesautomatisering (PA) netwerken worden gekoppeld aan de kantoorautomatisering (KA) bedrijfsnetwerken. Dit om een geautomatiseerde overdracht van gegevens te faciliteren, te zorgen dat 24x7 op afstand kan worden ingelogd door bedrijfsvoerders en storingswachten, en dat goedkope en beschikbare infrastructuur, zoals het internet, gebruikt kan worden. Hierbij wordt steeds meer algemeen beschikbare ICT technologieën, apparatuur en programmatuur ingezet.

Open architectuur

Veldapparatuur, veldcontrollers en ICS software moeten steeds meer "*mix-and-match*" zijn waarmee schaalbaarheid en flexibiliteit worden gecreëerd. In het midden van de jaren 1990 wordt voor de communicatie van en naar de apparatuur nog volop gebruik gemaakt van fabrikant specifieke (I/O) protocollen over infrastructuur, zoals RS-485. Eindgebruikers die investeerden in de oplossing van een bepaalde leverancier, waren beperkt in hun keuze van de apparatuur als de behoeften wijzigden (bijvoorbeeld als uitbreidingen of prestatieverbetering nodig waren). Om dit aan te pakken, werden open communicatieprotocollen zoals IEC870-5-101/104 en DNP 3.0 (serieel en over IP) populair. Open architectuur ICS stellen gebruikers in staat om producten van verschillende ICS leveranciers te mengen en om oplossingen te ontwikkelen die beter voldoen als dan wanneer alleen maar de producten van een enkele leverancier kunnen worden toegepast.

Tegen het eind van de jaren 1990 zet de verschuiving naar open communicatieprotocollen door en worden open berichtstructuren, zoals Modbus RTU en Modus ASCII, breed toegepast. Vanaf 2000 bieden de meeste fabrikanten volledig open interfaces aan zoals Modbus TCP. ICS gebruiken tegenwoordig vrijwel allemaal standaard netwerktechnologie. Ethernet en TCP/IP gebaseerde protocollen hebben de oudere gepatenteerde standaarden vervangen. Hoewel bepaalde kenmerken van ICS netwerkcommunicatietechnologie nog beperking kunnen stellen aan de toepasbaarheid van Ethernet bij enkele gespecialiseerde toepassingen, zijn de overgrote meerderheid van de sectoren overgegaan naar Ethernet netwerken voor HMI en ICS.

Nieuwere (applicatie)protocollen, zoals OPC-UA, Wonderware's SuiteLink, GE Fanuc's Proficy of Rockwell Automation's FactoryTalk, maken volop gebruik van open XML standaarden en moderne webtechnologie waardoor ze makkelijker zijn te onderhouden. Daarnaast worden allerlei vormen van geïntegreerde systemen steeds meer toegepast. Thin clients, web portals en web-gebaseerde producten winnen aan populariteit bij de meeste grote ICS leveranciers. Het toegenomen gemak waarmee eindgebruikers hun industriële processen daarmee bijvoorbeeld mobiel of op afstand kunnen bedienen, introduceren nieuwe mogelijkheden.

Commercial of the Shelf (COTS)

Procesautomatisering omgevingen evolueren van op maat gemaakte analoge telemetrische toepassingen naar digitale en geïntegreerde omgevingen. Hierbij wordt meer en meer gebruik gemaakt van algemeen beschikbare ICT kennis, technieken, apparatuur, software, platformen en besturingssystemen. De gebruikte componenten (veldapparatuur, RTU's, PLC's) worden steeds slimmer. De gebruikte verbindingen wijzigen van harde directe fysieke verbindingen naar meer onderling logische gekoppelde componenten via standaard computernetwerken technologieën zoals Ethernet, TCP/IP, WiFi en BlueTooth.

Maatwerk (*proprietary*) RTU's hadden een beperkt aantal vaste in-en uitgangen voor de bewaking en controle van digitale en analoge veldapparatuur. Ze vereisen voortdurende communicatie met de centrale MTU om te kunnen functioneren. Daarbij maakte ze gebruik van een breed scala aan programmeertalen die niet goed bekend waren of beperkt werden ondersteund. De komst van programmeerbare componenten (PLC's) veranderde dit. De eerste versies waren echter groot, zwaar en duur. De doorbraak volgde met de introductie van zeer kleine en betaalbare "micro" PLC's aan het einde van de jaren 1980. Hierbij wordt gebruik gemaakt van relatief veel voorkomende "ladder" programmering, die goed wordt ondersteund en begrepen in vele industrieën. Maatwerk RTU's en PLC's hebben daarmee plaatsgemaakt voor generieke modules die in zeer uiteenlopende rollen kunnen worden ingezet. Tegelijkertijd zijn de analoge bedieningspanelen vervangen door op maat gemaakte digitale interfaces voor de operators (human machine interfaces). Deze worden op hun beurt steeds meer gebaseerd op moderne open webtechnologie. De tussenliggende laag van servers en database systemen gebruikt daarbij steeds vaker goedkoop commercieel verkrijgbare hardware en software (COTS) zoals Intel platformen voorzien van Microsoft Windows of Linux besturingssystemen.

Uitbesteding

Net als bij kantoorautomatisering, besteden bedrijven ook binnen industriële omgevingen - van oudsher besloten en maatwerk ICT bolwerken - steeds meer taken uit. Dit zien we bijvoorbeeld bij netwerkverbindingen. Industriële componenten bevinden zich in regelmatig op grote onderling fysieke afstanden en op geografisch verschillende locaties. Het Process Control Network (PCN) bestond uit in eigen beheer aangelegde lijnverbindingen, al dan niet gemengd met het gebruik van openbare telefonievoorzieningen. Met de beschikbaarheid, dekking en capaciteit van de huidige telecommunicatie-aanbieders, is het steeds makkelijker om delen van deze (WAN) communicatienetwerken in te kopen of zelfs geheel te gaan verplaatsen naar het internet.

Andere aspecten die niet tot de eigen kerntaken worden gerekend, lenen zich voor het uitbesteden aan marktpartijen en onderaannemers. Taken zoals het beheren van algemene ICT voorzieningen, het onderhouden van (remote) installaties of veldapparatuur of het leveren van hersteldiensten is uitbesteed. De opkomst van slimme netten (*smart grids*) en slimme meters ('smart meters') vereist een uitbreiding van de telecommunicatie-infrastructuur naar alle eindgebruikers toe. Deze trend stimuleert het uitbesteden van telecomdiensten en onderhoudswerkzaamheden verder.

2. Trends in ICT en ICS

Met de opkomst van software als een dienst (SaaS) in de bredere ICT industrie, zijn een aantal leveranciers begonnen met het aanbieden van applicatie-specifieke SCADA-systemen gehost op externe platformen via het internet, bijvoorbeeld PumpView door MultiTrode. Hiermee vervalt de noodzaak om eigen centrale ICS systemen te installeren en te onderhouden. Bovendien wordt direct gebruik gemaakt van beschikbare web- en beveiligingstechnologie.

Smart Grids

Intelligente netten, of 'smart grids', zijn innovaties rond energienetten die tot doel hebben ook in de toekomst de energievoorziening betaalbaar en betrouwbaar te houden en daarnaast te verduurzamen. Essentieel in het begrip 'intelligent net' is het ontstaan van tweerichtingsverkeer tussen energiegebruikers onderling en met producenten. Dankzij de toevoeging van (ICT-)technologie is het mogelijk om energiestromen beter te controleren, te sturen en te beheren. Hierdoor ontstaan er mogelijkheden om:

- vraagrespons bij gebruikers te activeren;
- decentrale opwekking en opslag van energie beter in te passen;
- nieuwe producten, diensten en markten te ontwikkelen;
- de flexibiliteit van het energiesysteem (vooral elektriciteit) te verhogen;
- investeringen in infrastructuur te beperken of uit te stellen;
- de betrouwbaarheid van de elektriciteitsvoorziening te waarborgen.

> *Smart Grids: The electric grid is highly dependent on computer-based control systems. These systems are increasingly connected to open networks such as the internet, exposing them to cyber risks.*
> **(B. G. Thompson, Chair of the US House Committee on Homeland Security, 2009)**

Hoewel er ook bij gas- en warmtenetten – qua energiegebruik bij consumenten tweemaal zo groot als elektriciteit – sprake is van toevoeging van intelligentie, wordt met intelligente netten doorgaans gedoeld op elektriciteitsnetten: daar is de ICT-invloed het meest ingrijpend. Met de opkomst van elektrische mobiliteit, zonne-energie, warmtepompen en micro-warmte-krachtkoppelingen ontstaan er met behulp van ICT nieuwe mogelijkheden voor (lokaal) energiemanagement. De energiesector zit daarom midden in een transformatie van een energieleverancier naar een energie servicebedrijf. De productie en distributie moeten alsmaar worden verbeterd tegen lagere exploitatie-en onderhoudskosten. Dit terwijl de betrouwbaarheid van de stroomvoorziening of drinkwatervoorziening er niet onder mag leiden en er een breder scala van diensten aan de klant kan worden geboden. De oplossing lijkt te liggen in het slimmer meten en op elkaar afstemmen van vraag en aanbod van energie en dit door te trekken tot in de haarvaten van de infrastructuur, de eindgebruikers. Moderne ICT technologie kan dit mogelijk maken met slimme meters als onderdeel van deze intelligente netten. Voor veel netbeheerders betekent dit dat ze naast de bestaande distributienetten voor elektriciteit en gas nu ook het beheer moeten gaan voeren over een derde net, namelijk de complexe ICT telecommunicatienetwerken.

3 Industriele controle systemen 1-0-1

Dit boek gaat over de beveiliging van industriële controle systemen (ICS). Om hier iets over te kunnen zeggen is een basiskennis van dergelijke procesautomatisering noodzakelijk. Wat zijn de belangrijkste bouwstenen, hoe werken die samen en wat zijn voorkomende technieken? Daarnaast is het essentieel om kennis te hebben van het specifieke industriële proces dat wordt bewaakt of de technische installatie die wordt bestuurd. Dergelijk inzicht vergt kennis van proces engineering, de specifieke materie en de branche. Het is ondoenlijk om bij een inleidend boek op al die zaken in te gaan. Wel is het mogelijk om een introductie te geven in de belangrijkste generieke termen en componenten van een ICS op een niveau dat aansluit bij de security problematiek.

Dit hoofdstuk geeft een inleiding en begint met een duiding van ICS en de relatie met ICT. Als laatste worden de belangrijkste stromen van onderlinge communicatie tussen de verschillende componenten toegelicht.

3.1 Een definitie

Automatisering, robotica, industriële automatisering of numerieke besturing slaat op het gebruik van besturingssystemen om industriële machines en processen te controleren, ter vervanging van menselijke operators. Hiermee worden digitale besturingssystemen die autonoom kunnen functioneren bedoeld (computers) in plaats van alleen maar oude analoge bedienings- en schakelpanelen. In het kader van industrialisatie is het een vervolgstap op mechanisatie. Overwegende dat de mechanisatie menselijke operators voorziet van machines om hen te helpen bij het fysieke werk, reduceert automatisering de behoefte aan menselijke zintuiglijke taken en geestelijke arbeid.

ICS zijn onderdeel van het vakgebied procestechniek dat het ontwerp, de bedrijfsvoering en de bediening van procesinstallaties omvat. Dit vakgebied omvat elementen van werktuigbouwkunde, elektrotechniek, meet- en regeltechniek en ICT. Daarnaast is materiekennis nodig over specifieke industriële processen zoals olieraffinering, chemie of voedselproductie. De technologische ontwikkelingen in de procestechniek en industriële automatisering over de afgelopen decennia hebben veel bijgedragen aan het verbeteren van de productiviteit van vrijwel alle industrieën over de hele wereld. Hoewel veel van de wereldwijde productie nog steeds wordt aangestuurd met analoge instrumentatie worden bij nieuwe installaties alleen nog maar digitale ICS en computernetwerken geïnstalleerd.

> *Industriële Controle Systemen (ICS) zijn*
> *automatiseringssystemen die speciaal zijn toegerust voor het*
> *bewaken, volgen of besturen van industriële processen.*

Tegenwoordige verschuift het doel van automatisering steeds meer van verhoging van de productiviteit en het verminderen van kosten naar bredere kwesties, zoals het verhogen van kwaliteit en flexibiliteit in het productieproces. Vandaag de dag kan men een laptop of een draadloos mobiel apparaat gebruiken om direct toegang te hebben tot productiegegevens, bedieningsschermen of besturingselementen. Samen met eigenschappen als zelfstandig afstellen (*self-tuning*), foutdetectie (*self-diagnose*) en optimalisatiefuncties maken moderne ICS omgevingen het opstarten van activiteiten en het uitvoeren van operationele routines veel eenvoudiger en efficiënter

3.2 De relatie met Informatie- en communicatietechnologie

Informatie- en Communicatietechnologie (ICT) betreft de geautomatiseerde verwerking en opslag van informatie, het (geautomatiseerd) ondersteunen van bedrijfsprocessen door gebruik van informatiesystemen en computers, en de uitwisseling van informatie door middel van telecommunicatie. Het ontwikkelen en beheren van systemen, netwerken, databanken, bedrijfsapplicaties en websites zijn slechts enkele aspecten die tot de ICT worden gerekend. Hoewel de term ICT de werkgebieden informatietechnologie (IT) en communicatietechnologie bestrijkt, wordt vaak alleen IT bedoeld. Een indeling die beter aansluit bij de praktijk en het voornaamste doel waarvoor de ICT wordt ingezet, maakt onderscheid tussen kantoor- en procesautomatisering en telecommunicatiediensten. Echter de term ICT is een breed containerbegrip en deze afbakening is daarom niet absoluut.

Kantoorautomatisering (KA) ondersteunt (algemene) informatieverwerking, analyse en opslag in – voornamelijk administratieve en financiële - bedrijfsprocessen. Hiertoe rekenen we programma's zoals tekstverwerken, rekentoepassingen (spreadsheets), presentatie- en fotobewerkingstoepassingen of voor e-mail en samenwerking (agenda's, takenbeheer, etcetera). Tot kantoorautomatisering behoren ook specifiekere bedrijfsmatige programma's, zoals administratieve beheersystemen (*enterprise resource management*), personeels- of salarissystemen en toegang tot internet (*world wide web*). Kantoorautomatisering kenmerkt zich door het gebruik van standaard softwarepakketten en het optimaal configureren en integreren van dergelijke pakketten tot een (gedeeltelijke) maatwerkoplossing.

Procesautomatisering (PA/ICS) omvat procesbesturingssystemen voor het meten, beheren, bewaken, uitvoeren en bedienen van een (productie)proces. Eenvoudige toepassingen zijn bijvoorbeeld een automatische temperatuurregeling of een anti-blokkeer systeem in een auto. Complexere procesbesturingssystemen zijn bijvoorbeeld: verkeersregelsystemen of de complete bewaking en besturing van drinkwatervoorzieningen, elektriciteitscentrales, distributienetwerken of luchtverkeersleidingssystemen. In productieprocessen dient de procesautomatisering meestal om informatie te verzamelen en machines aan te sturen of om, bijvoorbeeld, het transport van gas, vloeistoffen of goederen te regelen. Procesbesturingssystemen kenmerken zich door hun specifieke interactie tussen machines (hardware) en ICT (software), maatwerk, complexiteit en specialisatie en vrijwel altijd vanwege hun kritische belang voor het proces.

Telecommunicatiediensten (Telecom) en daartoe behorende automatisering omvat die ICT middelen die de communicatie tussen mensen onderling of computers mogelijk maken. Voorbeelden zijn de publieke vaste en mobiele telefonienetwerken (PSTN en GSM/GPRS/UMTS) maar ook het belangrijkste publieke computernetwerk, het internet. Daarnaast zijn er afgeschermde telecommunicatienetwerken zoals gebruikt door bedrijven om verschillende locaties onderling te verbinden (WAN). Andere vormen van telecommunicatiediensten zijn onder ander radiocommunicatie, satellietnavigatiesystemen (GPS) en radiobakens voor lucht- of scheepvaart.

3.3 Een breed begrip

ICS is een containerbegrip. Er zijn veel verschillende verschijningsvormen en toepassingsgebieden die ieder weer hun eigen benamingen en jargon kennen. Het onderscheid tussen de verschillende ICS vormen vervaagt echter. Enkele veel voorkomende vormen of benamingen voor ICS, zijn: Procesautomatisering (PA), Industrial Automation and Control System (IACS), Supervisory Control and Data Acquisition (SCADA), Distributed Control System (DCS), Process Control System (PCS), Process Control Network (PCN), Energy Management System (EMS), Manufacturing Execution System (MES), Automation System (AS), Safety Instrumented System (SIS).

ICS worden voor zeer uiteenlopende doeleinden ingezet zoals voor de bewaking en/of besturing van attracties, verkeersregeling, klimaatregelsystemen, bouwkundige regelsystemen, chemische industrie, voedingsmiddelenindustrie, logistiek- en transportsystemen, fabrieken en productielijnen, olie- en gaswinning, raffinage en distributie, elektriciteitscentrales en -distributienetten, drinkwatervoorzieningen, sluizen, gemalen en bruggen. Industriële systemen zijn onder andere toezicht-en data-acquisitie systemen (SCADA) die worden gebruikt om geografisch verspreide faciliteiten aan te sturen en gedistribueerde controlesystemen (DCS) en kleinere controle systemen met behulp van programmeerbare logische controllers (PLC) om lokale processen te beheersen.

We maken hier gebruik van de termen industriële controle systemen (ICS), proces controle systemen (PCS), Supervisory Control and Data Acquisition (SCADA) of gedistribueerde controle systemen (DCS) en bijbehorende (veld)apparatuur, zoals PLC's, RTU's of database-, applicatie- of communicatieservers, om ICT-systemen aan te duiden die op een de een of andere manier worden gebruikt voor het monitoren en besturen van (fysieke) processen en installaties in industriële, infrastructurele of facilitaire omgevingen. De grenzen tussen verschillende industriële architecturen en ICT componenten vervagen. Als algemeen containerbegrip wordt daarom ICS gebruikt. In vooral Engelse literatuur wordt als containerbegrip in plaats hiervan ook de term SCADA gebruikt.

Veel industriële omgevingen kennen, naast SCADA of DCS systemen om het proces te monitoren en besturen, ook veiligheidssystemen. Dergelijke Safety Instrumented Systems (SIS) zijn geharde speciale ICS elementen die moeten zorgen voor een fail-safe situatie. Ze zijn het vangnet als er onverhoopt iets dreigt mis te gaan. SIS zijn daarom normaal geheel losgekoppeld van de overige ICS systemen om autonoom te kunnen ingrijpen. Dit betekent meestal dat het industriële proces wordt gestopt door componenten af te schakelen.

3.4 ICS principes

Een ICS bestaat uit veel onderdelen welke zijn afgestemd op het specifieke industriële proces dat wordt aangestuurd. Een werkend systeem bevat signaal hardware (in-en uitgang), controllers, netwerken, communicatieapparatuur, bedieningsschermen (user interface) en software. Alles bij elkaar verwijst de term ICS of SCADA naar het gehele (centrale) systeem. Het centrale systeem controleert meestal gegevens van verschillende sensoren die ofwel in de nabijheid zijn opgesteld of zich op andere locaties (off-site) bevinden. Een ICS is in veel gevallen gekoppeld aan systemen die het productie- of leveringsproces zelf ondersteunen, zoals het Energy Management System (EMS), waarmee aanvullende berekeningen en voorspelling kunnen worden gemaakt.

Over het algemeen wordt het brein van een ICS gevormd door controllers in het veld, zoals RTU's of PLC's. Zij vormen de schakel tussen de lokale fysieke componenten en de digitale verwerking en centrale aansturing van het proces. Ze bevatten logica en converteerfuncties (*converters*) om verschillende soorten meet- en regelapparatuur aan te kunnen sluiten. Controllers zijn meestal voorzien van een specifieke configuratie en instellingen (*setpoints*) die de operationele parameters bepalen van het gecontroleerde proces.

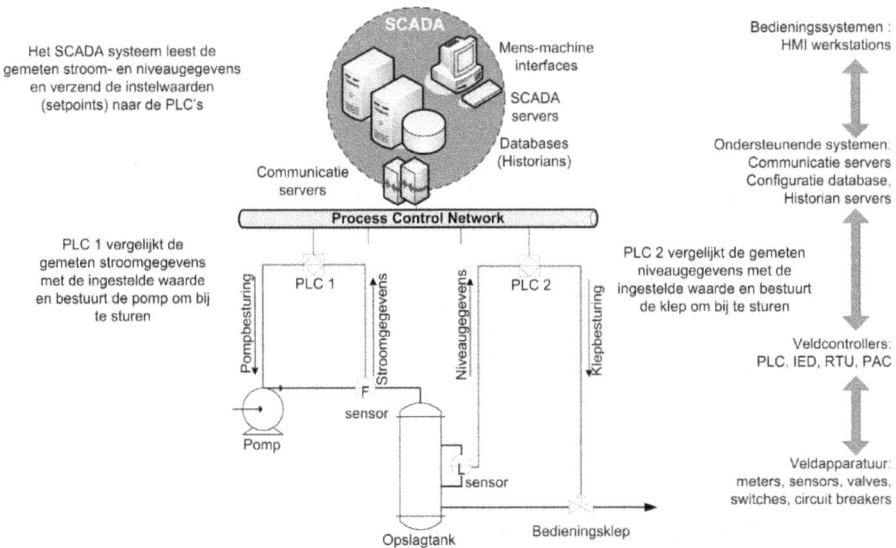

Het SCADA systeem leest de
gemeten stroom- en niveaugegevens
en verzend de instelwaarden
(setpoints) naar de PLC's

SCADA

Mens-machine
interfaces

SCADA
servers

Databases
(Historians)

Communicatie
servers

Bedieningssystemen :
HMI werkstations

Ondersteunende systemen:
Communicatie servers
Configuratie database,
Historian servers

Process Control Network

PLC 1 vergelijkt de
gemeten stroomgegevens
met de ingestelde waarde
en bestuurt de pomp om bij
te sturen

PLC 1

Pompbesturing

Stroomgegevens

Niveaugegevens

PLC 2

Klepbesturing

PLC 2 vergelijkt de gemeten
niveaugegevens met de
ingestelde waarde en bestuurt
de klep om bij te sturen

Veldcontrollers:
PLC, IED, RTU, PAC

F
sensor

Pomp

Veldapparatuur:
meters, sensors, valves,
switches, circuit breakers

sensor

Opslagtank

Bedieningsklep

Figuur 1, Schematische weergave van een SCADA systeem

Daarnaast is meestal lokale bediening mogelijk. Toch worden ICS beschouwd als
gesloten systemen die autonoom of met slechts minimale menselijke tussenkomst
functioneert.

Een functie van ICS is de mogelijkheid om een compleet industriële proces
realtime te kunnen monitoren. Een ICS omvat daarvoor talloze data elementen
(*points*) welke kunnen bestaan uit hardware zoals meters of sensoren, of
softwarematige data elementen die gegevens doorsturen. Een ICS omgeving kan
opgebouwd gedacht worden uit een aantal functionele lagen. Componenten
kunnen daarbij zowel naar boven of lager gelegen lagen communiceren of
daarnaast binnen dezelfde laag met andere componenten gegevens uitwisselen.
Dit uiteraard afhankelijk van de functie en het te controleren industriële proces.
Lagen die we kunnen onderscheiden zijn: veldapparatuur, veldcontrollers,
ondersteunende (centrale) systemen, bedieningssystemen en bedrijfssystemen.

De veldapparatuur (*field devices*) zoals meters, sensoren en actuatoren
communiceren met lokale veldcontrollers (*field controllers*) zoals een PLC's of
RTU's. Een enkele PLC of RTU met de bijbehorende veldapparatuur kan een
complete lokale regeleenheid vormen. De veldcontrollers versturen data naar
centrale database servers voor het vastleggen van historische gegevens (*data
historians*) maar ook rechtstreeks naar ondersteunende systemen die bijvoorbeeld

31

de presentatie voor de operators in een bedrijfsvoeringscentrum verzorgen (*Human Machine Interface*). De communicatie tussen lokale veldcontrollers en de centrale servers verloopt via een telecommunicatienetwerk, een *Process Control Network* (PCN) genoemd. Een PCN kent meestal een centraal punt, zoals communicatieservers, waar alle koppeling van de verschillende locaties binnenkomen. De lokale verbindingen tussen veldapparatuur en veldcontroller kan zeer divers zijn.

De ICS meet- en regeltechniek maakt veel gebruikt van terugkoppellussen (*feedback control loops*) of voorwaartse besturingslussen (*forward control loops*). Bij een terugkoppellus meet een sensor een meetwaarde welke wordt doorgegeven aan een regeleenheid (de PLC) die vervolgens bijvoorbeeld een pomp bijstuurt. Deze bevindt zich eerder in de procesketen waardoor de gemeten waarde direct wordt beïnvloed (zie PLC1-lus in Figuur 1). Bij een voorwaartse besturing wordt een meetwaarde door een sensor uitgelezen om vervolgens verderop in het proces te worden gebruikt om bijvoorbeeld een bedieningsklep in te stellen (zie PLC2-lus in Figuur 1). Een terugkoppellus is dus meer een reagerende besturing en een voorwaartse lus een anticiperende besturing. Uiteraard is dit een versimpelde voorstelling van de werkelijkheid!

De algemene term *control process* wordt wel gebruikt om een groter geheel van een geautomatiseerd proces binnen de totale industriële omgeving aan te duiden. Verschillende besturingslussen (*control loops*) samen vormen dan één geheel (de PLC1-lus en PLC2-lus vormen samen een control process).

3.5 ICS componenten

De ICS krijgt gegevens van veldcontrollers zoals RTU's of PLC's waar de lokale data acquisitie en verwerking begint. De gegevens verzamelt door veldcontrollers worden over Process Control Networks (PCN) verzonden naar andere componenten of centrale ICS systemen. Een ICS bestaat verder meestal onder andere uit applicatieservers, communicatieservers, database servers (voor historische gegevens), trainingssystemen en test/ontwikkelsystemen. Daarnaast heeft een ICS vrijwel altijd verschillende werkstations voor de operators (HMI).

We kunnen bij een ICS de volgende generieke componenten herkennen:
- bedieningssystemen (zoals Human Machine Interfaces);
- ondersteunende (centrale) systemen (zoals data historians en communication servers);
- Local Area Networks (zoals lokale ICS/SCADA netwerken);
- Process Control Networks ;
- Veldcontrollers (zoals IED's, RTU's en PLC's);
- Veldapparatuur (zoals sensoren en actuatoren).

Daarnaast kennen veel van de industriële omgevingen ondersteunende bedrijfssystemen die helpen bij zaken zoals de productievoorbereiding, uitvoeren van berekeningen, opstellen van prognoses, optimalisatie en beslissingsondersteuning, financiële rapportages enzovoort. Voorbeelden hiervan zijn het Energy Management System of het Manufacturing Execution System maar ook kantoorautomatiseringstoepassingen worden veelvuldig gebruikt. Dergelijke toepassingen worden, hoewel ze dienen ten behoeve van het ondersteunen van het industriële proces, niet meer tot de industriële controle systemen gerekend. Deze toepassingen zijn namelijk niet bedoeld om het industriële proces daadwerkelijk te bewaken of te besturen.

De belangrijkste soorten ICS componenten worden hierna toegelicht.

3.5.1 Veldapparatuur: invoer (input)

Meten is één van de belangrijkste functies van een ICS. De benodigde veldapparatuur of sensoren (*field input devices*) die zorgen voor het verkrijgen van informatie over het industriële proces komen in talloze varianten voor. Ze kunnen worden onderverdeeld in bijvoorbeeld soort procesgegevens (zoals spannings-, niveau- of stroommeters) die ze vastleggen of in de wijze waarop ze signalen omzetten en verwerken. Hierbij kunnen discrete, analoge en digitale sensoren worden onderscheiden:

- Discrete sensoren zijn de meest eenvoudige sensoren die er zijn. Het zijn feitelijk normale schakelaars die in een open of gesloten toestand kunnen verkeren en daarmee een aan/uit conditie weergeven.
- Analoge sensoren meten een continue fysieke parameter en converteren deze naar een analoog elektrisch signaal (zoals een elektrische spanning tussen 0 – 10 V of een spanning tussen 4 – 20 mA). De hoogte de gemeten waarde wordt zo dus gepresenteerd als een elektrisch signaal dat door een IED of RTU kan worden uitgelezen. De conversie kan zowel lineair als niet-lineair zijn.
- Digitale sensoren bevatten programmeerbare microprocessoren die gemeten parameters kunnen omzetten in logische digitaal gepresenteerde waarden. Deze kunnen als digitale computersignalen, via protocollen zoals Profibus, ASIbus of Foundation Fieldbus, worden verstuurd naar controllers.

Vanuit het perspectief van security is deze laatste indeling gebaseerd op de werking van de sensoren het meest interessant. Het gaat bij security namelijk er niet om hoe het industriële proces precies werkt maar hoe dit proces veilig kan blijven functioneren.

Sensoren die veel voorkomen zijn temperatuur meters (*temperature transmitters*), vloeistof- en gas doorstroommeters (*flow control*), niveaumeters (*level indicators*), drukmeters (*pressure transducers*) en afstandmeters (*proximity sensors*).[6]

3.5.2 Veldapparatuur: uitvoer (output)

Op afstand kunnen bedienen of automatisch zelf kunnen sturen is één van de andere belangrijkste functies van de meeste ICS. De benodigde veldapparatuur of actuatoren (*field output devices*) die zorgen voor het omzetten van stuursignalen in fysieke handelingen of arbeid, komen eveneens in talloze varianten voor. Ze kunnen worden onderverdeeld in bijvoorbeeld soort acties of mechanische bouw. Enkele soorten actuatoren die we kunnen onderscheiden zijn:

- Discrete actuatoren zijn schakelaars die alleen een open of gesloten toestand kennen. Ze worden onder meer gebruikt als stroomonderbrekers (*circuit breakers*) om de stroomvoorziening aan of uit te schakelen. Dit kunnen hoog vermogensschakelaars zijn om de gehele hoogspanning af te schakelen.
- Controle kleppen (*control valves*) of pompen zetten analoge of digitale controle signalen om in fysieke (analoge) besturingsacties. Ze kunnen zo een industrieel proces beïnvloeden en bijsturen.
- Motoren zetten stuursignalen om in daadwerkelijk leveren van arbeid binnen het industriële proces. Ze kunnen bijvoorbeeld lopende banden bedienen of pompen aandrijven.

3.5.3 Veldcontrollers: IED

Een Intelligent Electronic Device (IED) is een microprocessor gestuurd elektronische veldapparaat voor het verrichten van handelingen (field output device/actuator). IED's zijn bijvoorbeeld actuatoren, motoren of stroomonderbrekers voorzien van een kleine elektronische regeleenheid die ervoor zorgt dat het apparaat op afstand digitaal kan communiceren en worden aangestuurd. IED's bevatten onder andere:

- uitgebreide en ingebouwde I/O;
- communicatie via bijvoorbeeld seriële of Ethernet aansluitingen;
- beperkte logica mogelijkheden;
- gebeurtenisregistratie;
- configureerbare communicatie data map;
- op afstand configureerbare mogelijkheden.

---

[6] Alle sensoren hebben meetfouten en afwijkingen. Moderne digitale sensoren kunnen gecombineerd met een intelligente module een gesloten-lus (*closed-loop*) werking bieden (bijvoorbeeld via een invoer/uitvoer I/O-module of programma-instructies). Met een proportioneel-integrerende regeling wordt een foutsignaal gebruikt voor het elimineren van steady state of offset fouten (automatische reset/bias/offset controle). Met een proportioneel-afgeleide regeling wordt een foutsignaal gedifferentieerd om de mate van verandering te verkrijgen. Met alleen een proportionele regeling is het stuursignaal evenredig met de afwijking tussen referentie- en terugmeldsignalen.

IED's communiceren meestal als slaaf via veldbus (Fieldbus) protocollen met een RTU of PLC. Ze ontvangen gegevens van sensoren en elektrische systemen, en ze kunnen stuurcommando's geven aan bijvoorbeeld stroomonderbrekers als ze afwijkingen detecteren in elektrische spanning, stroomverbruik of frequenties om een gewenst niveau te behouden. Veel voorkomende types van IED's zijn beschermende apparaten, stroomonderbreker controllers, condensator bank schakelaars, spanningsregelaars, enz. Een typische IED kent rond de 5-12 beveiligingsfuncties, 5-8 bedieningsfuncties voor afzonderlijke apparaten, een automatische afsluitfunctie, zelf controlerende functies en communicatie functies.

Moderne IED's lijken steeds meer op RTU's of PLC's en zijn (beperkt) op afstand programmeerbaar. Enkele recente IED's ondersteunen de IEC61850-standaard voor onderstation automatisering waarmee interoperabiliteit en geavanceerde communicatie mogelijkheden worden ondersteund.

3.5.4 Veldcontrollers: RTU

Een Remote Terminal Unit (RTU) is een microprocessor gestuurd elektronische apparaat dat objecten in de fysieke wereld verbind met overige componenten of centrale systemen van een ICS, zoals een DCS of SCADA systeem, door het versturen van telemetrische gegevens en om ontvangen berichten van de toezichthoudende ICS systemen om te zetten in besturingssignalen voor de aangesloten objecten. RTU's bevatten onder andere:
- aansluitingen van invoer en uitvoer veldapparatuur;
- analoge en discrete invoermogelijkheden;
- conversie van meetgegevens naar digitale data;
- uitgebreide aansluiting en communicatieopties;
- data concentratie;
- protocol conversie;
- netwerkverbindingen met het PCN WAN.

RTU's bevinden zich meestal op onderstations of afgelegen locaties. Ze zijn daarom voorzien van aansluitingen op het PCN of direct uitgerust met een draadloze of GSM verbinding. RTU's kunnen gegevens of communicatieprotocollen converteren. RTU's bevatten meestal veel en diverse I/O aansluitingen waardoor dataconversie en aansturing van veel verschillende sensoren en actuatoren kan worden geconcentreerd.

Aan de ontvangende kant lezen de veldcontrollers gegevens van allerlei sensoren, eindschakelaars, begrenzers, temperatuurindicatoren, positioneringsystemen of zelfs videobeelden. Deze koppeling kan op vele manieren plaatsvinden zoals via seriële (RS232, RS485, RS422) of Ethernet verbindingen. Een RTU kan de meetwaarden omzetten naar logische digitale waarden. Een RTU stuurt de gegevens door naar een centraal systeem of een Master Terminal Unit (MTU). De meeste moderne RTU's ondersteunen daarbij standaard communicatieprotocollen (zoals Modbus, Profibus, DNP3, ICCP, enz.) voor de gegevensuitwisseling.

Aan de aandrijvende kant sturen ze elke vorm van elektrische motor, pneumatische of hydraulische cilinders of diafragma's, magnetische relais of spoelen aan. Een RTU kan bijvoorbeeld controle kleppen en pompen bedienen of stroomonderbrekers aan/af schakelen.

RTU's verschillen van PLC's doordat ze niet of maar beperkt programmeerbaar zijn, vaak nog op basis van eigen (*proprietary*) programmering tools. RTU's kunnen lokaal worden geconfigureerd, soms via een grafische interface via een aan te sluiten laptop. RTU's zijn meer geschikt voor brede geografische telemetrische toepassingen, bijvoorbeeld via draadloze communicatie. PLC's zijn flexibeler toe te passen en daarmee meer geschikt voor lokale besturing van industriële processen (*local area control*) van bijvoorbeeld productielijnen. Door de voortschrijdende miniaturisering, integratie en digitalisering verdwijnt het onderscheid tussen verschillende soorten controllers zoals RTU's, IED's en PLC's steeds meer.

3.5.5 Veldcontrollers: PLC

Een Programmable Logic Controller (PLC) is een kleine industriële computer die zorgt voor de automatisering van realtime processen, zoals de aansturing van machines in fabrieken of op assemblagelijnen. Ze zijn de vervanging van ouderwetse hard-wire relaisschakelingen. PLC's bevatten onder andere:
- basisondersteuning voor 'ladder logica';
- hogere programmeertalen zoals C++;
- universeel programmeerbare ondersteuning (IEC 61131-3);
- structured text;
- function block diagram;
- sequential function chart;
- instruction list;
- onboard I/O, webservices, FTP, SMTP, SNMP;
- op afstand programmeerbare functies;
- weinig beveiligingsmogelijkheden.

De PLC maakt meestal gebruik van een microprocessor. Het programma kan complexe instructievolgordes (*sequences*) verwerken en is meestal geschreven door ingenieurs. Het programma wordt opgeslagen in het geheugen voorzien van een batterij of noodstroom of in EEPROM chips. In tegenstelling tot voor algemene doeleinden gebouwde gewone computers, is een PLC verpakt en geschikt voor gebruik binnen een uitgebreid temperatuurbereik, vuile of stoffige omstandigheden, immuniteit tegen elektrische ruis, en is mechanisch meer robuust en bestand tegen trillingen en schokken. Het grootste verschil met gewone computers zijn de speciale input/output aansluitingen. Deze verbinden de PLC met sensoren en actuatoren. De input/output aansluitingen kunnen worden ingebouwd in een eenvoudige PLC of de PLC kan zijn geschakeld met externe I/O-modules die via een lokaal computernetwerk zijn aangesloten op de PLC.

PLC's werden uitgevonden als minder dure vervanging voor oudere geautomatiseerde systemen die honderden of zelfs duizenden relais en timers gebruikten. Een PLC kan worden geprogrammeerd om duizenden relais te vervangen. Programmeerbare controllers werden in eerste instantie toegepast door de auto-industrie. Hier vervingen ze de noodzaak om bij software aanpassingen steeds maar weer de '*hard-wired*' bedieningspanelen te moeten moet herbedraden.

De eerste PLC's drukten alle besluitvorming logica uit in eenvoudige 'ladder logica' geïnspireerd op de elektrische aansluitschema's. Dit sloot goed aan op de belevingswereld van de elektriciens en technici. De functionaliteit van de PLC is in de loop der jaren gewijzigd van typische relaisbesturing naar een bouwsteen die geavanceerde bewegingsbesturing (*motion control*), procesbesturing (*process control*), gedistribueerde controle systemen en complexe netwerken kan ondersteunen. Vandaag de dag wordt de scheidingslijn tussen gewone computer en PLC steeds vager. De dataverwerking, opslag, rekenkracht en communicatie mogelijkheden van sommige moderne PLC's zijn vergelijkbaar met desktop computers.

Met de IEC 61131-3 standaard, is het nu mogelijk PLC's te programmeren met behulp van gestructureerde programmeertalen en elementaire logica operaties. Op sommige controllers is zelfs een grafische programmanotatie, Sequential Function Charts genoemd, beschikbaar. Moderne PLC's zijn bovendien op afstand programmeerbaar. Helaas bevatten veel PLC's echter nog steeds maar weinig beveiligingsmogelijkheden.

3.5.6 Process Control Networks: WAN

Een Process Control Network (PCN) is een communicatienetwerk dat wordt gebruikt om instructies en gegevens tussen apparatuur zoals veldcontrollers en andere ICS systemen te versturen. Industriële omgevingen kunnen daarbij grote afstanden overbruggen.

Vergelijkbaar met de normale ICT netwerken kunnen we twee soorten netwerken onderscheiden, namelijk Wide Area Networks (WAN) en Local Area Networks (LAN). Een PCN WAN verbindt locaties onderling terwijl een PCN LAN het communicatienetwerk ter plaatse op een enkele locatie omvat.

Grip op ICS Security

Enkele WAN technieken of verbindingentypen zijn:
- huurlijnen (*leased lines*);
- eigen verbindingen (*dedicated lines*);
- MPLS, IP-VPN, et al;
- Internet;
- Power Line Communications;
- wireless; radio, microwave, GSM/UMTS, EDGE, LTE, WIMAX, satellite.

ICS omgevingen kunnen geografisch over zeer grote afstanden zijn verspreid waarbij onbemande locaties of veldapparatuur zich op afgelegen of moeilijk bereikbare plaatsen of onder zware fysieke (metrologische) omstandigheden kunnen bevinden. Deze factoren en de ontwikkelingen in netwerktechniek, hebben er toe geleid dat de toegepaste telecommunicatieverbindingen erg verschillend zijn. In de loop der jaren zijn veel verschillende technologieën en topologieën gebruikt. Oudere, vaak in eigen beheer aangelegde, verbindingen waren langzaam en serieel. Gaandeweg nam de beschikbaarheid van algemene telecommunicatienetwerken toe, waardoor meer gebruik gemaakt werd van verbindingen via het openbare telefoonnetwerk (PSTN/ISDN). Met de komst en groei van breedbandige IP-netwerken is men overgestapt naar nieuwere technieken.

Aan PCN worden enkele bijzondere eisen gesteld, namelijk: robuustheid, toewijding, en compatibiliteit. Robuustheid omvat eisen, zoals redundantie van de aansluitingen, verminderde gevoeligheid voor elektromagnetische interferentie (EMI), en een goede foutcontrole en -correctie. Toewijding omvat waarborgen dat de toegang tot het netwerk voor ieder apparaat is geborgd en in veel gevallen mechanismen om prioriteiten aan informatie (zoals een alarm) toe te kunnen kennen.

Huurlijnen (*leased lines*) zoals via telefoonverbindingen kunnen relatief goedkoop lijken maar afhankelijk van het dataverkeer toch een flexibele en hoge kostenpost blijken te zijn. De trage (PSTN/ISDN) telefoonverbindingen zijn steeds vaker al vervangen door ADSL of moderne IP-verbindingen. De verbindingen verlopen via knooppunten in het telecommunicatienetwerk van de aanbieder. Het dataverkeer is dus niet vertrouwelijk en de beschikbaarheid is niet of slechts beperkt gegarandeerd.

Eigen verbindingen (*dedicated lines*) bestonden uit allerlei vormen van straalverbindingen, diverse computernetwerken of seriële verbindingen over koperbedrading. Nieuwere telecommunicatienetwerktechnieken vervangen inmiddels volop de oudere verbindingen in de Process Control netwerken.

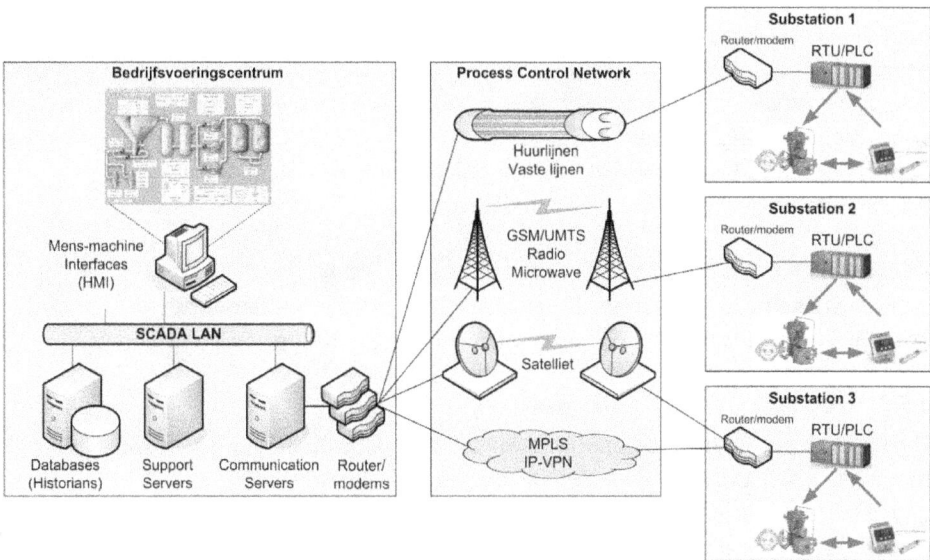

Figuur 2, Een Process Control Network

Zo treffen we bijvoorbeeld steeds vaker TCP/IP-netwerktechnologie, glasvezelverbindingen (zoals ATM of dark fiber) en optical ground wire (OPGW) kabels (glasvezelkabels opgehangen in de top van hoogspanningsmasten) aan. Als groot voordeel geldt dat de kritische ICS communicatie niet afhankelijkheid is van externe partijen en dat de communicatie over een besloten netwerk verloopt. Eigen verbindingen zijn echter duur in aanleg en beheer.

MPLS of IP-VPN zijn snelle gehuurde verbindingen waarbij een semi-besloten netwerk wordt geboden door het toepassen van switching technieken of door het afschermen van de communicatie door middel van vercijfering (encryptie). Hierbij wordt de netwerk backbone van een telecommunicatieleverancier gebruikt waarbij al het eigen dataverkeer is afgeschermd van al het netwerkverkeer van andere klanten/gebruikers van de telecomleverancier. De leverancier biedt meestal mogelijkheden voor het prioriteren van type netwerkverkeer (*quality of service*) zodat de beschikbaarheid in hoge mate valt te garanderen.

Zelfs het internet kan worden gebruikt voor het PCN. Met vercijfering van de verbinding kan een VPN worden gecreëerd die flexibel en goedkoop is. Uiteraard geldt er voor het internet geen garantie ten aanzien van beschikbaarheid of robuustheid van de verbinding.

39

Draadloze WAN technieken worden regelmatig toegepast als er geen goedkope huurlijnen beschikbaar zijn of bij afgelegen locaties, zoals pijpleidingen en onderstations. Straalverbindingen (microwave) hebben een redelijke bandbreedte maar zijn kostbaar en er is direct zicht tussen zender-ontvanger nodig (*line of sight*). Mobiele telefonie/internet (GSM/UMTS/EDGE/HSDPA/WCDMA) kennen deze nadelen niet. Steeds vaker worden de kleine goedkope GSM modules daarom direct ingebouwd in de veldapparatuur.

Satellietcommunicatie werd slechts beperkt toegepast. Echter breedbandige satellietverbindingen worden steeds betaalbaarder en stabieler waardoor ze nu ook in ICS omgevingen worden ingezet om afgelegen locaties te verbinden.

3.5.7 Process Control Networks: LAN

Naast het wide area Process Control Network kent een ICS omgeving ook lokale netwerken (LAN). Deze bevinden zich op locaties, fabrieksterreinen of onderstations, in de datacenters waar de centrale ICS servers zijn gehuisvest en in de bedrijfsvoeringcentra (*operation centers*). Het LAN waar de centrale SCADA systemen op zijn aangesloten wordt simpelweg ook wel het SCADA LAN genoemd. Meestal is het SCADA LAN dubbel uitgevoerd voor redundantie tegen hardware storingen. Enkele soorten WAN technieken of verbindingentypen zijn:

- bedrade verbindingen (*wired media*), zoals koper (UTP) of glasvezel;
- draadloze verbindingen (*wireless*), zoals radioverbindingen, microwave, WiFi, BlueTooth en Zigbee.

Lokale (ICS) computernetwerken gebruiken meestal standaard koper- en glasvezelverbindingen die zowel voor seriële communicatie of Ethernet kunnen worden gebruikt. Dergelijke verbindingen zijn eenvoudig aan te leggen, op diverse manieren te beveiligingen en worden door een breed scala aan apparatuur ondersteund.

Ook draadloze LAN verbindingen worden toegepast. Naast oudere langzame radiotechnieken worden steeds vaker goedkope en breedbandige WiFi (IEEE 802.11) verbindingen gebruikt. WiFi verbindingen hebben als nadeel hun beperktere bereik. WiFi en BlueTooth worden steeds vaker geïntegreerd met de veldapparatuur zodat deze snel en eenvoudig kunnen worden opgenomen in het PCN. Echter draadloze verbindingen zijn lastig te beveiligen en storingsgevoeliger dan vaste bedrade verbindingen.

Over het LAN kan het bekende Ethernet protocol worden gebruik. Van het standaard Ethernet protocol bestaat daarnaast een gemodificeerde versie voor industriële toepassingen, in het bijzonder om tegemoet te komen aan eisen voor betrouwbaarheid en het realtime karakter van ICS. Industrieel Ethernet (IE) hardware is specifiek om te werken binnen de fysiek zware omstandigheden van een industriële omgeving zoals lage en hoge temperaturen, schokken, vibraties en elektromagnetische interferentie. Het Ethernet protocol is aangepast om minder gebruik te maken van multicast pakketten (soms wel 80% van al het netwerkverkeer op een normaal kantoor Ethernet netwerk) en om het aantal botsingen van pakketten (*collision detection*) door het tegelijkertijd willen versturen van data te verkleinen door de computers zelf eerst vooraf te laten kijken of het netwerk vrij is om te zenden. Daarnaast gebruikt IE een vorm van bevestiging (*delivery confirmation*) om automatisch niet aangekomen pakketten opnieuw te laten verzenden. Industrieel Ethernet is bovendien geoptimaliseerd voor real-time datatransmissies door onder andere ondersteuning voor IGMP Snooping, Virtuele lokale netwerkenverbindingen (VLAN) en prioritering van netwerkverkeer (*Quality of Service*).

3.5.8 Ondersteunende systemen

Alle grote ICS hebben meerdere servers voor het uitvoeren van ondersteunende en centrale taken. Deze kunnen bestaan uit bijvoorbeeld het uitvoeren van aanvullende berekeningen, alarmeringen en doormeldingen versturen naar operators, opslaan van de productiehistorie. Daarnaast kunnen er aparte interfaces bestaan voor het doorgeven van informatie naar productie-ondersteunende systemen (zoals een MES of EMS) of het importeren van productieplanningen. Enkele generieke systemen zijn:

- Front End Processor (FEP)/Application servers;
- Data historians;
- Configuratieservers;
- Communicatieservers.

Front End Processor en andere applicatie servers kunnen in een ICS omgevingen worden aangetroffen voor het aansturen van HMI werkstations en het uitvoeren van de noodzakelijke berekeningen voor de procestechniek.

Data historians zijn gespecialiseerde database systemen die meet- en productiewaarden (*point values*) verzamelen en informatie over het industriële proces vastleggen voor bijvoorbeeld het maken van trendrapportages of het verstrekken van informatie aan andere bedrijfssystemen. Veel ICS leveranciers leveren hun eigen historian database systeem. Daarnaast leveren verschillende onafhankelijke derde partijen data historian oplossingen die kunnen integreren met diverse ICS systemen. De opgeslagen meetwaarden (*data points* of *tags*) zijn meestal tijdgebonden gegevens die van alles kunnen voorstellen zoals de omwentelingssnelheid van een motor, de temperatuur van een koelsysteem, het niveau in een opslagtank of de hoeveelheid luchttoevoer in een ventilatiesysteem.

Configuratieservers leggen alle configuratieparameters vast en zorgen voor de distribueren naar alle andere ICS systemen en veldapparatuur.

Communicatieservers zijn aparte centrale communicatiesystemen of gateways waar de PCN verbindingen logisch zijn aangesloten op het lokale ICS/SCADA netwerk. Ze vormen de koppeling tussen het PCN WAN met alle daarop aangesloten apparatuur, onderstations of locaties en de centrale ICS systemen.

3.5.9 Bedieningssystemen: Human Machine Interface

Ieder ICS bevat een zogenaamde Human Machine Interface (HMI). De HMI van een ICS is waar de gegevens worden verwerkt en gepresenteerd om te kunnen worden bekeken en gecontroleerd door een menselijke operator. Via de HMI is interactie met de ICS mogelijk via bedieningsknoppen en schakelfuncties. HMI's dienen onder andere voor:

- grafische presentatie van het proces voor de operator;
- bewaking, besturing, alarmering, trendrapportages;
- configuratie van (veld)apparatuur;
- koppelingen met andere systemen;
- uitwisselen van historische trends.

HMI's kunnen zich lokaal bevinden in onderstations of bij veldapparatuur. Ze vervangen de oude meters, knoppen en bedieningsschakelaars door een grafisch bedieningspaneel voor de RTU, PLC of soms direct een IED.

Gecentraliseerde HMI systemen, zoals aangetroffen bij SCADA systemen, zijn een makkelijke manier om het toezicht houden op het functioneren van meerdere RTU's of PLC's te standaardiseren. RTU's of PLC's voeren een vooraf geprogrammeerd proces uit. Het monitoren van vele verschillende individuele veldcontrollers kan moeilijk zijn omdat ze verspreid zijn over de totale ICS omgeving en allemaal verschillende functies kunnen vervullen. Omdat RTU's en PLC's van oudsher geen gestandaardiseerde methode hebben voor het weergeven of presenteren van gegevens aan een operator, communiceren de centrale ICS componenten met de veldcontrollers via het netwerk en ondersteunen services zoals de FEP de verwerking van de gegevens voor de HMI.

HMI's kunnen gekoppeld zijn aan (data historian) databases met daarin de verzamelde gegevens zodat trendgrafieken, logistieke informatie, schema's voor een bepaalde sensor of machine, of ondersteunende hulp- en noodprocedures weer te geven.

Soms wordt gesproken over 'Supervisory Workstations'. Hiermee worden HMI werkstations bedoeld die alleen geschikt zijn om het industriële proces te monitoren. Er is alleen een kijkfunctie en er kunnen geen instructies worden gegeven. Meestal wordt dit bereikt door het afschermen van functies in de HMI software of het instellen van toegangsrechten.

Moderne HMI systemen bestaan uit software die wordt uitgevoerd op moderne besturingssystemen zoals Microsoft Windows of Linux. Steeds vaker zijn HMI systemen gebaseerd op webtechnologie. Ouderwetse bedieningspanelen zijn dan ook steeds vaker vervangen door PC's, touch-schermen, PDA's en tablets.

3.6 ICS datastromen

Voor een begrip hoe ICS functioneren en welke beveiligingsaspecten daaraan kleven, is een basisbegrip nodig van de onderliggende communicatiestromen en – protocollen.

Data kan voorkomen in drie toestanden: in rust, in gebruik en in beweging. Elke toestand brengt zijn eigen eisen ten aanzien van beschikbaarheid, integriteit en vertrouwelijkheid met zich mee, net zoals dat er verschillende kwetsbaarheden en beschermde maatregelen voor iedere toestand zullen zijn. Binnen een ICS bevindt belangrijke data in rust zich op de data historians en de configuratieservers. Data in gebruik kan worden aangetroffen op bijvoorbeeld de HMI, PLC's en RTU's. Data in beweging zijn onder meer de gegevens die worden getransporteerd over het PCN tussen PLC's en centrale systemen maar ook tussen RTU's/PLC's en de aangesloten lokale veldapparatuur.

Afhankelijk van hun toepassing en rol verloopt de communicatie tussen ICS componenten uniek voor ieder industrieel proces. De communicatie is daarbij meestal een mix van peer-to-peer en client-server relaties tussen de verschillende componenten. Desondanks zijn de datastromen binnen een ICS omgeving meestal strak gedefinieerd en daarom goed vast te leggen. Dit in tegenstelling tot een bedrijfsnetwerk waarover de kantoorautomatisering communiceert.

Een paar algemene communicatie datastromen welke zijn te herkennen.
- tussen een veldapparaat (field device/IED) en veldcontroller (RTU/PLC) als master/slave;
- tussen veldapparaten onderling (bijvoorbeeld binnen een DCS omgeving);
- tussen veldcontrollers onderling (bijvoorbeeld binnen een DCS omgeving);
- van veldcontrollers (RTU/PLC) naar een data historian;
- tussen veldcontrollers van/naar een configuratie database server;
- van een configuratie server naar alle andere ICS servers, HMI en veldcontrollers;
- tussen veldcontrollers van/naar FEP en HMI servers/werkstations;
- van een primaire naar een secondaire data historian buiten de ICS omgeving.

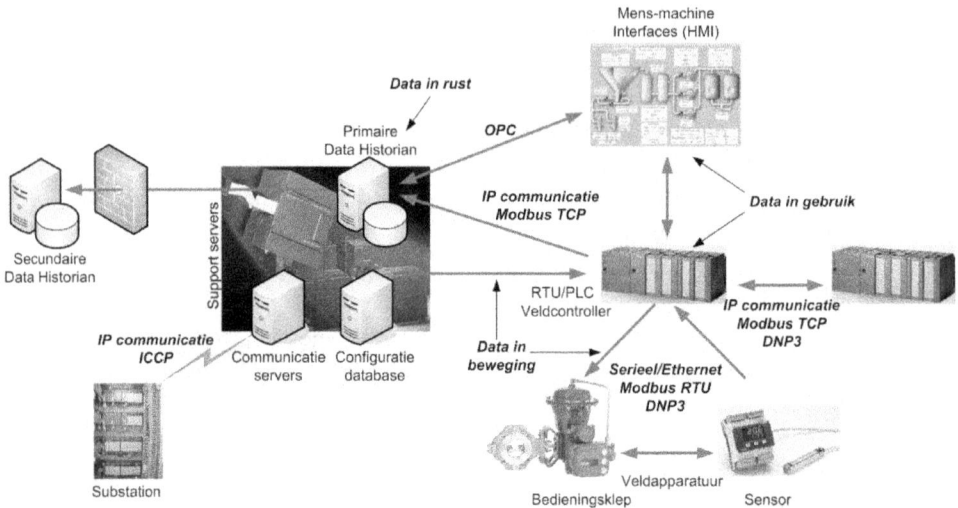

Figuur 3, ICS datastromen en communicatieprotocollen

3.7 Communicatieprotocollen

Er bestaan veel verschillende gespecialiseerde communicatieprotocollen voor gebruik binnen industriële omgevingen. De meeste zijn expliciet ontworpen voor een efficiënt, betrouwbaar en nauwkeurig gebruik en vaak voor specifieke (real-time) operationele taken. Industriële communicatieprotocollen (ICP) – of 'Fieldbus protocollen' - missen daarom toeters en bellen die niet strikt noodzakelijk worden geacht, zoals beveiligingsopties als encryptie en authenticatie. Ze zijn ontworpen om snel de communicatie tussen instrumenten, apparaten, systemen en interfaces binnen een ICS te verzorgen. Initieel werkte de eerste versie over seriële langzame verbindingen, zoals RS-232 of RS-485, of over het openbare telefoonnetwerk. Veel van de moderne versies zijn ondertussen aangepast om te kunnen functioneren over Ethernet en het Internetprotocol (IP). De facto convergeren ICS omgevingen van (*proprietary*) maatwerk communicatiemethoden naar generieke netwerktechnieken en open standaarden, in het bijzonder TCP/IP.

Enkele van de bekendste protocollen binnen industriële omgevingen zijn (1):
- Modbus;
- Inter Control Center Protocol (ICCP);
- Distributed Network Protocol (DNP3);
- OLE for Process Control (OPC);
- Telnet, FTP, TFTP, SNMP, SMTP;
- Ethernet/IP, Profibus, Conitel, UCA, SERCOS III.

Veel ICP zijn ontworpen voor een specifiek doel of industrie maar overlappen in functionaliteit. Ieder protocol biedt hierbij een eigen methode voor het verifiëren van de data-integriteit of de beveiliging. Naast het uitwisselen van gegevens, maken de meeste ICP het op afstand programmeren van veldapparatuur, zoals RTU's of PLC's, mogelijk. De specifieke eisen voor ICP (zoals realtime en gesynchroniseerde communicatie) maken ze kwetsbaar voor verstoringen.

Modbus

Modbus is waarschijnlijk het oudste en meest verspreide ICP. Het is een de facto standaard die ondertussen verschillende varianten kent. Het dient o.a. voor de lokale communicatie van veldapparatuur naar RTU/PLC en van veldcontroller naar ondersteunende (centrale) ICS systemen. Modbus is een eenvoudig request/response serieel ICP, actief op de applicatielaag voor het verbinden van o.a. simpele sensoren of motoren met een RTU of PLC. Modbus heeft weinig rekencapaciteit nodig en is daarmee zeer geschikt voor de communicatie van PLC's naar centrale ICS systemen of de HMI.

Inter Control Center Protocol (ICCP)

ICCP (IEC 60870-6 of TASE.2) is oorspronkelijk ontworpen voor de uitwisseling van gegevens tussen bedrijfsvoeringscentra en onderstations in de elektriciteitssector. ICCP werkt normaal als een uni-directionaal cliënt/server protocol. Het ondersteunt zaken zoals het uitwisselen van gegevens, het versturen van alarmberichten, configuratie en bediening van veldapparatuur. Nieuwe beveiligde versies van ICCP gebruiken digitale certificaten voor authenticatie en encryptie.

Distributed Network Protocol (DNP3)

DNP3 is ontstaan als een serieel protocol voor communicatie tussen master/slave apparatuur en tussen RTU's en IED's binnen een locatie (onderstation). DNP3 is erg betrouwbaar en maakt gebruik van controlewaardes (CRC). DNP3 is bovendien bi-directionaal met ondersteuning voor het alarmeren van uitzonderingsituaties (*unsolicited response*). Via DNP3 kan een veldapparaat of onderstation andere ICS systemen waarschuwen buiten de reguliere uitvraagtermijn (*polling interval*) om.

DNP3 biedt een mogelijkheid om de parameters van het veldapparaat te identificeren en berichten op te slaan (*message buffering*) om binnenkomende berichten te relateren aan al bekende parameters. Het uitvragen van veldapparatuur kan nu plaatsvinden als dat nodig is in plaats van met een vast frequentie. Dit is een andere benadering die zorgt voor een beter reactiesnelheid en efficiëntie. Dit vereist wel dat de tijd tussen alle componenten is gesynchroniseerd. DNP3 ontwikkelt zich tot een open architectuur standaard waarbij tevens een beveiligde variant bestaat.

OLE for Process Control (OPC)

OLE for Process Control (OPC) is een Microsoft Object Linking and Embedding (OLE) protocol toegepast in de industriële omgeving om gedistribueerde controle systemen op Windows platformen onderling te verbinden, zoals in een DCS of voor koppelingen met data historians. OPC is gebaseerd op DCOM en daarom sterk afhankelijk van aanvullende protocollen zoals Remote Procedure Calls (RPC). Nieuwere versies maken gebruik van een object georiënteerd protocol (OPC-UA) of XML (OPC-XI). OPC met DCOM en RPC is erg kwetsbaar voor cyberaanvallen. Nieuwere OPC toepassingen zouden dan ook gebruik moeten maken van OPC-UA of OPC-XI.

3.8   SCADA of DCS

Twee veel voorkomende ICS architecturen zijn SCADA en DCS. Historische bezien zijn ze anders ontstaan, verschillen ze in opzet en werking, en gebruiken ze andere apparatuur en communicatieprotocollen. Tegenwoordig is, zeker vanuit security perspectief, dit onderscheid steeds minder relevant. Beide architecturen passen dezelfde apparatuur en technieken toe. Voor de puristen binnen de ICS omgeving en voor een verder begrip worden hier toch kort enkele mogelijk bestaande verschillen toegelicht.

SCADA systemen zijn van oorsprong bedoeld voor het gecentraliseerd verzamelen van gegevens en om toezicht te houden op de uitvoering van het industriële proces. Het nemen van beslissingen en het geven van bedieningsinstructies worden gemaakt door menselijke operators en managers. Centrale SCADA systemen bevinden zich meestal in één of twee bedrijfsvoeringscentra die zijn gekoppeld via een PCN met RTU's in het veld op onderstations. SCADA systemen worden typisch ingezet in geografisch wijdverspreide toepassingen, zoals elektriciteitstransportnetwerken, pijpleidingen of bediening van bruggen, sluizen en gemalen.

Distributed Control System (DCS) zijn van oorsprong gedecentraliseerde systemen voor het real-time monitoren én aansturen van een bepaald industrieel proces op één locatie. Een DCS dient voor het autonoom kunnen functioneren van geavanceerde industriële processen. De beschikbaarheid en betrouwbaarheid van de componenten moet erg hoog zijn. De verschillende componenten (IED's, PLC's, etc.) communiceren onderling vooral voor alarmering. Een DCS heeft in veel voorkomende gevallen wel een gecentraliseerd controlepaneel of zelfs een bedieningscentrum en centrale systemen voor het verzamelen van historische gegevens te verzamelen. DCS systemen worden typische ingezet voor de besturing van raffinaderijen, chemische fabrieken of waterzuiveringsinstallaties.

4 Bedreigingen

Belangrijk bij het vaststellen van beveiligingseisen en -maatregelen is te weten waartegen we ons wapenen. Tegen wie en wat beschermen we ons eigenlijk? Waar kan je zwakke plekken binnen de ICS omgeving verwachten?

> *We moeten begrijpen met wat voor dreigingen en kwetsbaarheden we zullen worden geconfronteerd om in de toekomst te weten hoe we kunnen of moeten reageren.*

Rekening houdend met allerlei bedreigingen (*all hazards*) kan de oorsprong voor uitval of verstoring van ICT of ICS voorzieningen worden onderverdeeld naar (i) moedwillig (kwaadwillend) menselijk handelen, (ii) menselijk falen (onbewust menselijk handelen), (iii) organisatorische oorzaken, (iv) technische oorzaken, en (v) externe omgevingsfactoren.
Menselijk of technische falen, organisatorische problemen of externe factoren veroorzaken de meeste incidenten. Echter dit boek gaat over security en dus het omgaan met moedwillig kwaadwillend handelen van mensen. In die context worden alle bedreigingen met een andere oorsprong in dit boek gezien als kwetsbaarheden.

Dit hoofdstuk geeft een overzicht van de verschillende actoren (*threat agents*) die een bedreiging kunnen vormen voor industriële controle systemen. Bedreigingen van menselijk of technische falen, organisatorische oorzaak of externe omgevingsfactoren worden alleen kort geïllustreerd en verder besproken in het volgende hoofdstuk over kwetsbaarheden.

4.1 Menselijk falen (onbewust menselijk handelen)

Dreigingen die ontstaan door onbedoelde, onbewuste handelingen of falen van mensen vallen onder de noemer onbewust menselijk handelen. Daarnaast maken mensen niet alleen onbewust fouten. Soms zijn het juist bewuste overtredingen van bestaande bedrijfsregels of procedures. Hierbij is echter niet zo zeer sprake van kwaadwillend menselijk handelen, maar bijvoorbeeld het falen van de organisatie (management) door verkeerd ontwerp of gebrek aan bewustwording of handhaving.

De kans op menselijk falen wordt vergroot door gebrek aan kennis, ervaring, training en het ontbreken van procedures. Daarnaast werken aspecten als de complexiteit van de ICS omgeving bedieningsfouten in de hand. Naar schatting zijn 75% van alle incidenten en rampen in de wereld te wijten aan vormen van menselijk falen (*human error*).

4.2 Organisatorische oorzaken

Dreigingen die besloten liggen in de wijze waarop een bedrijf of proces is georganiseerd of daar direct verband mee houden, worden aangeduid als dreigingen met een organisatorische oorzaak. Het ontbreken van beleid, sturing, procedures, en controles vergroten de kans dat organisatorische bedreigingen manifest worden. Dreigingen kunnen eveneens besloten liggen in een onvolwassen organisatieniveau van de bedrijfsvoering. Hierdoor zullen (beveiligings)procedures ontbreken of niet toereikend zijn. Door een gebrek aan kennis, ervaring en procedures zullen beveiligingsincidenten mogelijk niet als zodanig worden herkend en opgevolgd. Aspecten zoals een goede training en professionaliteit van het personeel en de beschikbaarheid van voldoende ondersteunende middelen vergroten juist de weerstand en veerkracht van de organisatie.

4.3 Technische oorzaken

ICT voorzieningen en diensten – dus ook industriële controle systemen - zijn volledig afhankelijk van de beschikbaarheid en het juist functioneren van technische middelen. Ondanks alle voorzorgmaatregelen, kunnen zich desondanks storingen voordoen. Dat leidt tot dreigingen met een technische oorzaak. De voornaamste daarvan zijn stroomstoringen, technisch falen (kapot voor einde levensduur) of overbelasting. Bovendien zal programmatuur in principe altijd tekortkomingen en/of fouten bevatten. Dit is inherent aan het feit dat software en ICT systemen worden ontwikkeld door mensen. Naarmate deze in omvang en complexiteit toenemen, neemt de kans op verborgen fouten eveneens toe.

Een regelmatig gehoord geluid als het gaat over ICS security is dat deze computersystemen, vooral als het 'slechts' gaat om centrale monitoring systemen zoals SCADA, deze geen echte schade kunnen veroorzaken. Het zijn per slot alleen maar systemen om gegevens te verzamelen en te presenteren. Kritische processen kunnen niet zo maar worden bestuurd en anders zijn er altijd nog aparte veiligheidssystemen die incidenten zullen voorkomen. Dat de werkelijkheid anders is, blijkt wel uit enkele bekende gepubliceerde gebeurtenissen waarbij soms de veiligheidssystemen nog maar ter nauwer nood erger konden voorkomen.

Voorbeelden van incidenten met een technische oorzaak

Bellingham pipeline, Washington, USA, juni 1999: Een computerstoring sluit kortstondig het bedrijfsvoeringcentrum af van het ICS waardoor bedrijfsvoerders de druk in de pijpleiding niet kunnen verlagen. De gaspijpleiding explodeert. Twee kinderen en een 18-jarige komen om het leven en acht mensen raken gewond.[7]

Borssele/Sloegebied, november 2001: Een storing in het gasmengstation – als gevolg van een software aanpassing - zorgt dat het aardgasmengsel te veel stikstof bevat waardoor de verbrandingswaarde te laag werd. De storing werd niet direct ontdekt en 26.000 huishoudens zitten 3 dagen zonder verwarming.[8]

Taum Sauk Water Storage Dam. USA, december 2005: Een verkeerde uitlezing van het waterniveau bij de St. Louis stuwdam en de gemeten waarde door het SCADA systeem veroorzaakt een catastrofale fout waardoor 4 miljoen kubieke meter water wordt geloosd en een deel van de stuwdam bezwijkt.[9]

Browns Ferry nucleair powerplant, USA, augustus 2006: Bij de nucleair power plant in Alabama ontstaat een computernetwerk overbelasting door in gebruik nemen van nieuwe software. Beide redundante koelinstallaties falen gelijktijdig en zorgen voor een sluiting van twee dagen.[10]

Hatch nucleair station, Georgia, USA, juni 2008: Een software aanpassing op het kantoornetwerk veroorzaakt een reboot van computers waardoor SCADA gegevens worden gewist. De automatische veiligheidssystemen zien dit als een kritisch verlies van koelwater waarop een shutdown volgt.[11]

---

[7] Bron: NTSB Accident report PB2002-916502, *www.ntsb.gov/publictn/2002/PAR0202.pdf*
[8] Bron: Nationaal Brandweer Documentatie Centrum, *www.nbdc.nl/cms/show/id=509332/contentid=6534*
[9] Bron: Federal Energy Regulatory Commission, No. P-2277, "Technical Reasons for the Breach of December 14, 2005", *www.ferc.gov/industries/hydropower/safety/projects/taum-sauk/ipoc-rpt/full-rpt.pdf*
[10] Bron: *http://en.wikipedia.org/wiki/Browns_Ferry_Nuclear_Power_Plant*
[11] Bron: *http://www.washingtonpost.com/wp-dyn/content/article/2008/06/05/AR2008060501958.html*

4.4   Externe omgevingsfactoren

Dreigingen kunnen eveneens een externe oorsprong hebben. Hiermee bedoelen we bedreigingen die niet direct door menselijk handelen zijn veroorzaakt, technisch falen of (organisatorische) factoren die binnen onze invloedsfeer liggen. Voorbeelden van externe bedreigingen zijn natuurgeweld (zoals overstromingen, orkanen, bliksem), besmetting of pandemieën waardoor personeel niet meer beschikbaar is, ongevallen, brand of explosies.

Voorbeelden van incidenten met een externe oorzaak

Northeast (USA) Power Blackout, augustus 2003: Een ICS storing tegelijkertijd met slecht weer is de boosdoener van een spectaculaire stroomstoring. Door een storing in de alarmprocessor van het First Energy SCADA systeem houden de bedrijfsvoerders onvoldoende zicht (*situational awareness*) op kritische aanpassingen in het elektriciteitstransportnetwerk. Een fout van de Midwest Independent System Operator als gevolg van onjuiste informatie over de topologie veranderingen, werd niet opgemerkt. Toen enkele 345 kV transmissielijnen in Noord-Ohio het begaven door omgewaaide bomen, ontstond een watervaleffect waarbij overbelasting van andere 345 kV en 138 kV lijnen zorgde voor een ongecontroleerd trapsgewijs falen van het net. Een totaal van 61.800 MW ging verloren doordat 508 onderstations en 265 elektriciteitscentrales afschakelden.[12]

Italië, september 2003: Een vergelijkbare situatie ontstond een maand later in Italië. Een grote stroomstoring treft heel Italië, met uitzondering van Sardinië, 9 uur lang. Een deel van Zwitserland werd getroffen voor 3 uur. Door een storm breekt de transmissielijn met Zwitserland en als gevolg raken transmissielijnen met Frankrijk overbelast. ENEL verliest binnen 4 seconden de controle over het elektriciteitstransportnetwerk.[13]

Duitsland, november 2006: Door een menselijke communicatiefout raakt een transmissielijn in Duitsland beschadigd wat binnen enkele minuten tijd gevolgen had binnen heel Europa.[14]

Ernstige situaties ontstaan zelden op zichzelf en zijn vaak een aan één schakeling van kleinere gebeurtenissen die uiteindelijk escaleren. De voorbeelden laten zien dat door de sterke onderlinge afhankelijkheden en trapsgewijs falen, kleine verstoringen in de ICS van vitale infrastructuur aanleiding kan zijn voor grote

---

[12] Bron: *http://en.wikipedia.org/wiki/Northeast_Blackout_of_2003*
[13] Bron: *http://en.wikipedia.org/wiki/2003_Italy_blackout*
[14] Bron: *www.ucte.org*

gevolgen. Veel vitale infrastructuren en industriële processen zijn afhankelijk van ICT in de vorm van ICS systemen en PCN. Ze zijn bovendien onderling afhankelijk van elkaar, in het bijzonder van energie (elektriciteit, olie, gas) en telecommunicatienetwerken, en soms water. De afhankelijkheid van ICS in juist deze vitale infrastructuren van elektriciteit, olie, gas en watervoorzieningen, nemen toe.

> *Door onderlinge afhankelijkheden en trapsgewijs falen kunnen kleine verstoringen in de ICS van vitale infrastructuur al aanleiding zijn voor grote gevolgen!*

De gevolgen en het verloop van het falen van een component in complexe industriële systemen laten zich niet exact voorspellen. Een trapsgewijze aaneenschakeling van falende componenten in dezelfde of andere industriële processen kan het gevolg zijn. Bovendien kan lang niet altijd meer worden teruggevallen op handmatige besturing. Bijna alle ICS fouten of verstoringen hebben hierbij direct consequenties in de 'echte' fysieke wereld die bovendien al snel kunnen escaleren. De afhankelijkheid van ICS en algemene ICT voorzieningen heeft een versterkend effect waardoor de schaalgrootte van rampen en de ernst van crisissituaties al snel kan toenemen. Door de centrale rol van ICS kunnen kleine procesbesturingsfouten daarom al leiden tot grote incidenten.

4.5 Moedwillig (kwaadwillend) menselijk handelen

Moedwillig (kwaadwillend) menselijk handelen omvat onder meer: onbevoegde beïnvloeding, opzettelijk veroorzaakte verstoringen en manipulatie gericht op het belemmeren, aanpassen of verstoren van een (industriële of bedrijf) proces. De voornaamste vormen van onbevoegde beïnvloeding door bewust menselijk handelen ten aanzien van ICT en ICS zijn vandalisme, hacktivisme, diefstal, fraude, criminaliteit (cybercrime), (bedrijfs)spionage, oorlogsvoering en het misbruik met een terroristisch oogmerk.

Tegenwoordig worden we dagelijks overspoeld met meldingen van al dan niet geslaagde cyberaanvallen, botnets, malware uitbraken, ernstige vormen van gegevensverlies, privacy schendingen, identiteitsdiefstal of digitaal activisme. De financiële en imagoschade loopt in de miljoenen. Ondertussen groeit ook de lijst met bekende en gepubliceerde gebeurtenissen waarbij industriële systemen betrokken waren, gestaag (2).

Voorbeelden van incidenten met een moedwillige oorzaak

Worcester airport, Massachusetts, USA, januari 1997: Een tiener breekt in op een telecommunicatiecomputer van Bell Atlantic. Hij blokkeert per ongeluk 6 uur lang de verkeersleiding van de luchthaven van Worcester en ontregelt de communicatie van de lokale politie en hulpdiensten.

Queensland`s Maroochy Shire, april 2000: Vitek Boden, een voormalige consultant, neemt door middel van een draadloze verbinding en een gestolen computer de bediening van de SCADA systemen van het afvalwater- en zuiveringsysteem over. Hij loost opzettelijk meer dan 2 miljoen liter onbehandeld rioolwater in parken, rivieren en nabij hotels.[15]

Davis-Besse nucleair powerplant, USA, augustus 2003: De Safety Parameter Display System en Plant Process Computer van de Ohio Davis-Besse nucleair power plant wordt voor 5 uur afgezet als gevolg van het SQL Slammer virus. Het virus kwam binnen vanaf een toeleverancier en het kantoornetwerk.

Amtrak vertraagd, Florida, USA, augustus 2003: Het Sobig virus treft de computersystemen bij CSX Corporation in Jacksonville en schakelt signalering, verkeers- en andere systemen uit. Tien Amtrak treinen worden 6 uur vertraagd en geannuleerd.[16]

Daimler Chrysler, USA, januari 2005: 13 Amerikaanse productiefabrieken van Daimler Chrysler worden stilgelegd door grootschalige infecties met meerdere computerwormen.

Harrisburg, USA, oktober 2006: Een - vermoedelijk buitenlandse - hacker slaagt er in om malware te installeren bij een waterzuiveringsinstallatie. Hij misbruikt via het internet een laptop van een medewerker om vervolgens via de (VPN) telewerkverbinding toegang te krijgen tot de servers.

Texas, USA, juni 2009: Een ex-werknemer van een Amerikaans energiebedrijf heeft zeer waarschijnlijk een systeem van de kernreactor van zijn voormalige werkgever gehackt. Dong Chul Shin werd begin maart wegens slecht presteren ontslagen maar Energy Future Holdings vergat de VPN-verbinding van de man af te sluiten.[17]

---

[15] Bron: *http://www.mitre.org/work/tech_papers/tech_papers_08/08_1145/08_1145.pdf*
[16] Bron: *http://www.cbsnews.com/stories/2003/08/21/tech/main569418.shtml*
[17] Bron: *http://www.security.nl/artikel/29402/1/ex-werknemer_saboteert_kernreactor.html*

Azerbeidzjan, augustus 2009: Onbevestigde berichten melden dat Russische hackers servers die de pijplijn van Azerbaijan naar Europa besturen aanvallen. Uit voorzorg wordt het gebruik van de pijplijn wordt opgeschort en het olietransport wordt omgeleid via de Baku-Novorossiysk pijplijn.[18]

Night Dragon, november 2009: Een serie van verborgen en gerichte cyberaanvallen uitgevoerd tegen wereldwijde olie, energie en petrochemische bedrijven. Vermoedelijk gaat het hier om spionage.[19]

Stuxnet, Iran, oktober 2010: Deze malware, al ontdekt in juni 2009, veroorzaakt grote opschudding als blijkt dat dit waarschijnlijk het eerste echte cyberoorlog wapen is. Stuxnet lijkt specifiek gemaakt te zijn om Iraanse nucleaire verrijkingsinstallaties aan te vallen. In juni 2012 wordt bekend dat de Amerikaanse Central Intelligence Agency en het Idaho National Laboratory samen met de Israëlische overheid en andere Amerikaanse overheidsdiensten de Stuxnetworm hebben ontwikkeld.[20]

Duqu, september 2011: De malware die wordt ontdekt vertoond zulke grote gelijkenis met Stuxnet van een jaar eerder, dat onderzoekers er vanuit gaan dat Duqu eveneens gerichte cyberaanvallen moet uitvoeren hoewel specifieke incidenten voor als nog niet zijn gepubliceerd.[21]

Flame, mei 2012: Een complex spionagevirus dat wordt gemeld door Iran, blijkt met alle modules 20MB in beslag te nemen. Het omzeilt een groot aantal beveiligingsprogramma`s en steelt onzichtbaar grote hoeveelheid data. De malware wordt één van de meest opzienbarende ontdekkingen van de afgelopen jaren genoemd.

Shamoon, Saudi Arabië augustus 2012: Een virus schakelt zo'n 28.000 clients en 2.000 servers computers uit van het Saoedische Saudi Aramco, het grootste oliebedrijf ter wereld. Naast het isoleren van alle elektronische systemen van het gehele bedrijf, werd de externe toegang en website als voorzorgsmaatregel afgesloten. Een week na de aanval is deze laatste nog steeds niet operationeel. Het virus probeerde gegevens van besmette computers te stelen, waarna de harde schijf werd overschreven. In tegenstelling tot wat Aramco beweerd, had de aanval vermoedelijk ook gevolgen voor de olieproductie.[22]

---

[18] Bron: *http://ciip.wordpress.com/2009/08/26/russian-hackers-attack-an-azerbaijani-energy-pipeline/*
[19] Bron: *http://www.mcafee.com/us/resources/white-papers/wp-global-energy-cyberattacks-night-dragon.pdf*
[20] Bron: *http://en.wikipedia.org/wiki/Stuxnet* en het Symantec rapport: *http://www.symantec.com/content/en/us/enterprise/media/security_response/whitepapers/w32_stuxnet_dossier.pdf*
[21] Bron: *http://en.wikipedia.org/wiki/Duqu*
[22] http://www.security.nl/artikel/42814/1/%27Virus_beschadigt_30.000_computers_bij_oliegigant%27.html

4.5.1 Cybercrime

Cybercrime is een containerbegrip en vaak voor veel mensen een onduidelijk fenomeen. Cybercrime wordt wel omschreven als criminaliteit op of via het internet. Dit is echter een zeer beperkte omschrijving omdat misbruik bijvoorbeeld veelal van binnenuit plaatsvindt of betrekking kan hebben op ICT voorzieningen die niet op het internet zijn aangesloten. Daarnaast zijn er vormen van misbruik waarbij nadrukkelijk op de zwakte van de mensen wordt ingespeeld ('social engineering'). Bovendien krijgen bestaande vormen van criminaliteit dankzij de digitalisering nieuwe verschijningsvormen.

Een bredere omschrijving omvat vormen van criminaliteit die betrekking hebben op, of gepleegd zijn met, computersystemen (inclusief communicatienetwerken). De criminele activiteiten kunnen zijn gericht tegen personen, eigendommen en organisaties of elektronische telecommunicatienetwerken en computersystemen. Een eensluidende definitie van cybercrime ontbreekt, maar een omschrijving die kan worden gehanteerd, is: [23]

> *Cybercrime omvat elke strafbare gedraging waarbij voor de uitvoering het gebruik van geautomatiseerde werken bij de verwerking en overdracht van gegevens van overwegende betekenis is.*

Bij cybercrime valt een onderscheidt te maken in twee categorieën:

* Cybercrime in enge zin: Hiertoe behoren strafbare gedragingen die niet zonder tussenkomst of gebruik van ICT gepleegd hadden kunnen worden. Kenmerkend is dat de hardware, de software of de apparatuur en de daarin of daarmee opgeslagen gegevens het doel van de actie zijn. Daarnaast kan het gaan om acties die worden gepleegd via een (openbaar) telecommunicatienetwerk. Om te spreken over cybercrime in enge zin moeten ICT middelen dus het voornaamste doelwit zijn of moet de daad niet zonder het misbruiken van ICT voorzieningen kunnen worden uitgevoerd. Voorbeelden van cybercrime in enge zin zijn bijvoorbeeld het ongeoorloofd toegang verschaffen tot een geautomatiseerd systeem, verwijderen of aanpassen van computergegevens, uitschakelen of onbruikbaar maken van

---

[23] De Nederlandse wet gebruikt overigens niet de term cybercrime, maar *computercriminaliteit*. Elke vorm van criminaliteit met betrekking tot computers valt hieronder. Daarnaast wordt als containerbegrip de term *high-tech crime* gebruikt voor criminaliteit waarbij ICT of technisch geavanceerde middelen zijn ingezet. Het KLPD hanteert aanvullend het criterium dat voor high-tech crime sprake moet zijn van zware en georganiseerde misdaad (38).

systemen, het versturen van computervirussen of het onderscheppen en/of veranderen van computerberichten.

- Cybercrime in ruime zin: Hiertoe behoren strafbare gedragingen die met behulp van of via ICT worden uitgevoerd. ICT middelen of digitale technieken worden dus op normale (legitieme) wijze of ter ondersteuning gebruikt bij het plegen van anderszins traditionele criminaliteit. ICT speelt een belangrijke rol als hulpmiddel of als deel van de plaats delict. Voorbeelden van cybercrime in ruime zin zijn het valselijk beschuldigen of bedreigen via een sociaal netwerk of e-mail, fraude, oplichting, heling via verkoopsites, witwassen, (bedrijfs)spionage, relschoppen, verspreiding van kinderporno of publiceren van discriminerende leuzen. Vaak hebben deze vormen van criminaliteit hun eigen benaming zoals cyberstalking, cyberfraude, cyberhate of cyber espionage.

Cybercrime kan ook worden onderverdeeld in gerichte en ongerichte cyberaanvallen. Ongerichte cyberaanvallen hebben geen specifiek bedrijf of computersysteem als doelwit. Bij ongerichte aanvallen wordt getest op het bestaan van specifieke kwetsbaarheden en, indien geconstateerd, wordt getracht de kwetsbaarheid van het computersysteem te misbruiken, bijvoorbeeld door het installeren van malware.
Bij gerichte cyberaanvallen wordt een specifiek bedrijf of specifiek computersysteem op de korrel genomen. De gebruikte aanvalsmethode zal bestaan uit maatwerk om de kans van slagen te vergroten en de kans op detectie te verkleinen.

> *Het internet is anoniem, massaal, snel en zonder grenzen. Het is daarmee ideaal voor activisme of het plegen van criminaliteit.*

Cybercrime in enge zin komt vaak voor in combinatie met andere vormen van (computer)criminaliteit. Zo is bijvoorbeeld het verspreiden van malware bedoeld om een botnet op te bouwen of om gegevens te verzamelen ('phishing'), met als uiteindelijk doel geld verdienen door te stelen van bankrekeningen van slachtoffers. Dreigingen in het cyberdomein zijn verder onder andere blijvende of voortdurende gerichte cyberaanvallen (*Advanced Persistent Threats*), insiders en infiltratie, zero-day attacks, cyber afpersing, identiteitsdiefstal en spionage. De tendens van de afgelopen jaren is een toenemende criminalisering en een professionalisering van het misbruik van computersystemen. ICT maakt tegenwoordig deel uit van de *modus operandi* van de criminaliteit. Cybercrime neemt in alle sectoren van de samenleving toe en is ondertussen 'big business'. Niet bedrijven, zoals de banken en financiële instellingen, zijn vandaag de dag het exclusieve doelwit maar de eindgebruikers. Bijna alle aandacht is verschoven naar de klanten. Zij zijn de zwakke schakel. Door in te spelen op bijvoorbeeld hebzucht, vertrouwen of medeleven van de mens wordt getracht gegevens te ontfutselen, identiteiten te stelen en toegang te krijgen tot vertrouwelijke gegevens.

Cybercrime kenmerkt zich onder meer door het anonieme karakter, het massaal en snel kunnen verrichten van handelingen, het gebrek aan grenzen en de dynamiek. Deze aspecten belemmeren de rechtshandhaving op het internet. Misbruik van ICT en internet wordt almaar laagdrempelig. De publicatie *"Omgaan met Cybercrime"* beschrijft verschillende technische verschijningsvormen van cybercrime en het herkennen, aanpakken en forensisch onderzoeken van computercriminaliteit en beveiligingsincidenten in een juridische context (3).

4.5.2 Cyberterrorisme

Terreurorganisaties gebruiken ICT ter ondersteuning van hun activiteiten. Het internet wordt volop ingezet als middel voor het verspreiden van hun ideologie, het verzenden van propaganda, het leggen en onderhouden van contacten, rekrutering en fondswerving. De relatieve veiligheid en anonimiteit van internet gebruik vormt hierbij een belangrijk aspect (4). Daarnaast gebruiken terreurorganisaties het internet voor hun onderlinge communicatie en het verkrijgen van informatie.

Terroristen willen door het dreigen met, of het uitvoeren van aanslagen, een doel bereiken of aandacht vragen voor hun gedachtegoed (5). Terroristen plegen doorgaans aanslagen die er op zijn gericht om zo veel mogelijk (burger)slachtoffers te veroorzaken. De symbolische waarde van het doelwit speelt daarbij een belangrijke rol. Om de kans van slagen zo groot mogelijk te maken plegen terroristen bij voorkeur meervoudige aanslagen op eenvoudige 'zachte' doelen: personen, objecten en evenementen die moeilijk zijn te beveiligen.

Daarnaast kunnen terreurdaden gericht zijn op het veroorzaken van maatschappelijke ontwrichting of grote economische schade. De modus operandi van de meeste terroristen is hierbij nog steeds om door middel van explosieven schade te veroorzaken. Met de afhankelijkheid van ICT bij de vitale infrastructuren, de relatieve anonimiteit van internet en mogelijkheden om op afstand toe te slaan, kan hier weleens een nieuwe aanvalstechniek aan worden toegevoegd; de gerichte cyberaanval.

Echter voor 'klassieke' terroristen is het aanvallen van ICT of het dreigen met cyberaanvallen alleen waarschijnlijk geen bevredigend middel en onvoldoende als solistisch terreurmiddel. Er gaat te weinig dreiging met grote aantallen onschuldige slachtoffers vanuit. Het mist daarmee symbolische waarde. ICT is vanuit die vorm van terrorisme vooralsnog meer een middel voor communicatie en voorbereiding. 'Cyberterrorisme' pur sang bestaat daarom niet. Toch zullen we moeten anticiperen op 'nieuwe' vormen van terreur waarbij een aanval verloopt via ICT middelen en industriële controle systemen.

> *Cyberterrorisme is het uitvoeren van een aanval op de fysieke infrastructuur van het internet, of het veroorzaken van ernstige zaakschade of economische crisis door het veroorzaken van schade in de 'fysieke wereld', waaronder de vitale infrastructuur, door gebruikmaking van het internet en/of de computergestuurde technologie.*
> *(Nationaal Coördinator Terrorismebestrijding en Veiligheid)*

Een uitgebreidere definitie van het Nationaal Coördinator Terrorismebestrijding en Veiligheid (NCTV) vat dit samen door onder de term cyberterrorisme ook cyberaanvallen die vitale infrastructuur ontregelen en ernstige fysieke schade veroorzaken te scharen. [24]

4.5.3 Dadergroepen

Met het groeiende gebruik van ICT neemt tevens de criminalisering en de professionalisering van het misbruik van computersystemen toe. Het misbruiken van ICT en internet wordt bovendien alsmaar laagdrempeliger. Cybercrime organiseert en internationaliseert steeds verder en is voortdurend in ontwikkeling. Dit heeft ook een effect op ICS omgevingen.

Hoewel indelingen van daders nooit zwart-wit en niet nadrukkelijk ICT specifiek zijn (6), kennen we wel enkele daderprofielen die ICT als middel inzetten of tot doelwit maken, zoals een *scriptkiddie*, een *hacktivist* of de *hacker*.[25] Anderen actoren zijn bijvoorbeeld (buitenlandse) staten, private ondernemingen, beroepscriminelen en terroristen. Meer achtergronden over actoren, modus operandi en rolverdelingen in de criminaliteitsketen zijn te vinden in de *'Criminaliteitsbeeldanalyse High tech crime'* van het KLPD (7) of het *'Cybersecuritybeeld Nederland'* jaarlijks uitgegeven door het NCSC (8).

Uit studies onder beveiligingsspecialisten blijkt dat de voornaamste zorg uitgaat naar de (eigen) interne medewerkers, gevolgd door malware, hackers, ingehuurde medewerkers en (externe) dienstverleners (9). Vooral (wraakzuchtige) insiders met kennis en toegang tot de ICT systemen worden als de voornaamste bedreigers

---

[24] *http://www.nctb.nl/onderwerpen/trefwoorden.*
[25] Bekende indelingen in klassen zijn de hackertaxonomie van Rogers (2006) of Lovet (2007).

gezien. Er zijn ontwikkelingen waaruit kan worden afgeleid dat ICT specialisten en jongeren met kennis van ICT via het internet, computerclubs, hogescholen en universiteiten worden gerekruteerd om te ondersteunen bij criminelen activiteiten. Daderprofielen zijn niet nadrukkelijk ICT specifiek (6).

Dadergroepen kunnen worden onderverdeeld in:
  I.   ongerichte aanvallers, vandalisme en gelegenheidscriminaliteit
  II. gerichte aanvallers, hacktivisten, beroepscriminelen en zware criminaliteit
  III. vreemde mogendheden, (buitenlandse) inlichtingendiensten en terrorisme

I. Ongerichte aanvaller, vandalen en gelegenheidscriminelen maken vooral gebruik van eenvoudige beschikbare hacking-technieken ontwikkeld door anderen. Hun aanvallen zijn meestal ongericht en niet gestructureerd. Tot deze groep kunnen bijvoorbeeld spammers, scriptkiddies of botnet herders worden gerekend. Daders in deze groep handelen vaak vanuit een toevallig ontstane situatie, baldadige motivatie of voor de "kick". Zij zijn zich meestal niet bewust van de gevolgen van hun eigen handelen. ICS omgevingen staan net als ander ICT omgevingen bloot aan hun willekeurige ongerichte cyberaanvallen. Computervandalen of kleine criminaliteit zouden echter geen serieuze bedreiging voor ICS mogen zijn. Bovendien richten ze zich, met hun beperkte middelen, voornamelijk op overheid en private organisaties.

Overigens komt ordinair vandalisme, vernieling en diefstal van koper en andere metalen regelmatig voor en zijn zij een grote veroorzaker van moedwillige incidenten. In het bijzonder de infrastructuren die wijdvertakt zijn in het land (zoals telecomsystemen, schakelkasten, onderstations, netwerkkabels), zijn niet of nauwelijks te beschermen.

Een groep potentiele daders die wellicht over het hoofd wordt gezien maar ook tot deze eerste groep gerekend kan worden, zijn de – goed bedoelende - eigen medewerkers. Zonder specifieke kwade bedoelingen te hebben, kunnen zij bijvoorbeeld van menig zijn dat bepaalde beveiligingen wel even omzeild mogen worden om hun werk uit te voeren.

II. Gerichte aanvallers, hacktivisten en beroepscriminelen zullen niet zo zeer direct de ICS aanvallen als wel de bedrijven zelf. Daders in deze groep zijn bijvoorbeeld hackers, digitale activisten, georganiseerde criminelen maar ook kwaadwillende opponenten met misschien wel minder computervaardigheden maar wel een motivatie om gericht een organisatie als doelwit te kiezen. Denk hierbij aan wraakzuchtige medewerkers (*insiders*), concurrenten of zelfs journalisten.

Een hacker is een persoon die geniet van de intellectuele uitdaging om op een creatieve, onorthodoxe manier aan technische beperkingen te ontsnappen; bijvoorbeeld een goede programmeur. De meeste hackers zijn intelligente mensen met een expliciete behoefte aan kennisverrijking. Helaas zijn er echter ook kwaadwillende hackers ('black-hats') die bovendien steeds vaker opereren met criminele bedoelingen of betrokken raken bij criminele organisaties. Een (black-hat) hacker krijgt een 'kick' als het lukt om (ongeoorloofd) toegang te hebben tot een ICT-systeem. Hierbij is een ondergrondse markt ontstaan in de handel in kennis over kwetsbaarheden, exploits en gecompromitteerde computers (bots). Zo worden botnets te koop en te huur aangeboden (*Crimeware as a Service*). Hierbij kan zelfs een voorproefje worden verkregen om te kijken of de gecompromitteerde computers daadwerkelijk kunnen worden gebruikt. Soms wordt zelfs een omruilgarantie gegeven!

ICS omgevingen zullen niet snel een direct doelwit zijn voor beroepscriminelen, per slot is er niet direct eenvoudig geld te stelen. Beroepscriminelen richtten zich traditioneel voornamelijk op het bedrijfsleven, en dan veelal op de financiële sector. Daarbij wordt veelal diefstal gepleegd door middel van identiteitsfraude, waarbij bestaande identiteiten van burgers in het spel zijn. De hulpmiddelen die beroepscriminelen gebruiken, in het bijzonder malware, zijn gemaakt om zichzelf op grote schaal te verspreiden en besmetting te veroorzaken, wat zowel voor overheid als bedrijfsleven een belangrijke indirecte dreiging is. Steeds meer richten zij zich op de zwakkere kleine en middelgrote (MKB) bedrijven in de wetenschap dat informatiebeveiliging daar in veel gevallen nog maar matig op orde is. De dreiging die vanuit beroepscriminelen uitgaat naar burgers is aanzienlijk maar ten aanzien van ICS vooralsnog beperkt.

De dreiging die uitgaat van digitale activisten (hacktivisme) is beperkt, maar groeiend. Politiek of religieus gemotiveerde extremisten en activisten zijn in toenemende mate geïnteresseerd in hacking, informatie- en ICT beveiliging en industriële besturingssystemen. Ze kiezen hun doelwitten vrij onvoorspelbaar en ongeacht of het doelwit publiek of privaat is.

Een groep daders die ook tot deze groep gerekend moet worden, zijn rancuneuze (ex-)medewerkers. Omwille van wraak of frustraties kunnen zij met hun interne kennis van de organisatie of de systemen, grote schade veroorzaken. Een (ex-)medewerker heeft niet noodzakelijkerwijs kennis over de werking van de (eigen) computersystemen maar beschikt meestal wel over een toegangscode. Door de kennis die hij/zij bezit is de (ex-)medewerker een gevaarlijk dadertype dat de technische en organisatorische zwakke plekken kan misbruiken. Het zijn vooral wraakzuchtige insiders die een gevaar vormen voor de vitale infrastructuren: (ex-)medewerkers die bijvoorbeeld werkzaam zijn (of waren) bij en voor SCADA-systemen. Deze mensen beschikken over de specifieke technische kennis en vaardigheden om cyberaanslagen te plegen.

> *80% is from people you know,*
> *80% of the rest is organized crime.*
> *(Anonymous security consultant, 2010)*

Bedrijfsspionage is een onderschat fenomeen. Een commerciële of industriële concurrent kan eveneens een mogelijke dader blijken te zijn. Zij streven dezelfde doelen na in een beperkte markt, willen een (technologische) achterstand inlopen of een gunstiger positie verwerven. In een (open) concurrentiestrijd gaat de winst van één partij meestal ten nadelen van anderen. Voor concurrenten, afnemers of handelaren, kan bedrijfsvertrouwelijk informatie van grote financiële/economische waarde zijn. Het is niet ondenkbaar dat deze partijen op oneigenlijke wijze proberen dergelijke informatie te bemachtigen. Om de kans op ontdekking te verkleinen en omdat veel informatie elektronisch voorhanden is, zijn cyberaanvallen – hoewel niet direct op de ICS - zeer wel mogelijk.

III. Vreemde mogendheden, inlichtingendiensten en terrorisme bedreigen vitale infrastructuren en ICS omgevingen steeds meer. Ghostnet (2009), Night Dragon (2009), Stuxnet (2010), Duqu (2011), en Flame (2012) laten zien dat inlichtingendiensten en staat-gesponsorde gerichte cyberaanvallen worden ingezet tegen industriële omgevingen. En hoewel dergelijke gerichte cyberaanvallen nog zeldzaam zijn, zijn de gevolgen vele malen groter en kan er ernstige schade ontstaan vanwege de rol die ICS speelt in een industrieel proces.

Als een vitale infrastructuur vanuit terroristische motieven wordt bedreigd door een cyberaanval, is dat met de expliciete doelstelling het doelwit uit te schakelen, een calamiteit te veroorzaken of de levering van vitale voorzieningen ernstig te verstoren om de bevolking angst aan te jagen of de maatschappij als zodanig met ernstige schade te ontwrichten. Hierin verschilt de terrorist van bijvoorbeeld cybercriminelen die proberen misbruik te maken van kwetsbaarheden, hactivisten die aandacht vragen voor een standpunt of van hackers die proberen kwetsbaarheden aan de kaak te stellen. Een cybercrimineel of hacker zal bij voorkeur niet willen worden getraceerd. Voor een terrorist is dit geen onoverkomelijk bezwaar. Een terrorist die ICT middelen inzet als wapen zal daarom bereid zijn tot het nemen van meer risico's.

De dreiging van cyberaanvallen op elektronische netwerken in Nederland is groot; zowel tegen als via Nederland vinden gerichte digitale aanvallen plaats (10). De AIVD verwacht dat het aantal digitale aanvallen in de toekomst zal toenemen. Het is daarom van belang dat essentiële systemen in ons land deugdelijk beveiligd zijn tegen digitale aanvallen, zodat het risico op spionage en grootschalige uitval van systemen wordt beperkt.[26]

Westerse inlichtingendiensten delen over het algemeen de mening dat het plegen van terroristische aanslagen gericht tegen of via ICT voorzieningen vooralsnog niet waarschijnlijk is. Cyberaanvallen met het internet als doel of wapen met terroristisch oogmerk, zijn zover bekend nog nooit succesvol uitgevoerd. Toch wordt de beveiliging van procesautomatisering steeds prominenter en blijft terreur één van de belangrijkste dreiging. Het kost namelijk steeds minder inspanning om uit te voeren. De benodigde organisatie, logistiek en training voor het uitvoeren van een cyberaanval nemen af. En hoewel misschien niet hun eerste keuze, groeit ook onder kwaadwillende personen een nieuwe generatie op met kennis van de moderne ICT.

Zowel overheden als private organisaties zijn in toenemende mate doelwit van digitale spionage, vaak in de vorm van gerichte en langdurige cyberaanvallen onder de radar (*Advanced Persistent Threats*). Deze cyberaanvallen zijn meestal gericht op het verkrijgen van vertrouwelijke informatie van economische of politieke waarde, of op direct geldelijk gewin. Daarnaast komt spionage voor als voorbereidende handeling voor het plegen van andere criminelen activiteiten. Spionage wordt niet alleen verricht door inlichtingendiensten maar ook door bijvoorbeeld door criminelen en concurrenten. De dreiging van vreemde mogendheden en inlichtingendiensten gaat voornamelijk uit naar de Nederlandse overheid en multinationals en - in beperkte mate - naar organisaties in de vitale infrastructuur.

4.5.4 Daden en daders

Het gebruiken of misbruiken van ICT kan worden bezien als een doel, wapen of middel. ICT-voorzieningen zoals telecommunicatienetwerken, computersystemen, randapparatuur of ICS kunnen namelijk zowel:

- direct doelwit zijn van criminelen, naties, of terroristen;
- worden ingezet als wapen voor het plegen 'cybercrimedelicten', oorlogshandelingen en/of terroristische acties;
- of als (legaal) middel worden gebruikt, zoals voor het verzamelen van informatie of ten behoeve van communicatie.

Vanuit het oogpunt van beveiliging en ICS security zijn we het meest geïnteresseerd in daden met ICT als doelwit of als wapen. Overigens is er niet altijd een eenduidige scheiding tussen deze begrippen; veelal is de indeling

---

[26] Er zijn hierbij overigens geen harde cijfers bekend of indicaties dat Nederland meer of minder bloot staat aan cyberaanvallen of dat Nederland beter of slechter presteert in haar cyberverdediging.

Effect

Catastrofaal (E)
- ◆ Strategische informatieoorlogsvoering
- ◆ Grote economische winst
- ◆ (asymmetrische) oorlogsvoering (cyber warfare)
- ◆ Terrorisme

Geavanceerde injection
Datacorruptie

Zeer ernstig (D)

Ernstig (C)
- ◆ Gerichte aanvallen (APT)
- ◆ Bedrijfsspionage
- ◆ Financieel gewin (cybercrime)
- ◆ Hacktivsme
- ◆ Extremisme
- ◆ Wraak

Gerichte
DDoS
Phishing
Botnets
APT

Aanzienlijk (B)
- ◆ Generieke cyberaanvallen
- ◆ Roem
- ◆ Vandalisme

Verstoring
- ◆ Injections
- Malware

◆ Groep III
◆ Naties
◆ Inlichtingendiensten
◆ Terrorisme

Beperkt (A)
- DoS
- System Control

◆ Groep II
◆ Georganiseerde misdaad
◆ Concurrenten
◆ Hackers for Hire
◆ Activisten
◆ Wraakzuchtige (ex-)werknemer

Bedrijfsmatig (A0)
- Compromise
- Probe/scan

◆ Groep I
◆ Vandalen
◆ Medewerker
◆ Groepen II & III

Laag → Kennis/middelen → Hoog

Zeer waarschijnlijk (Zw)   Kans ←   Zeer Onwaarschijnlijk (Zo)

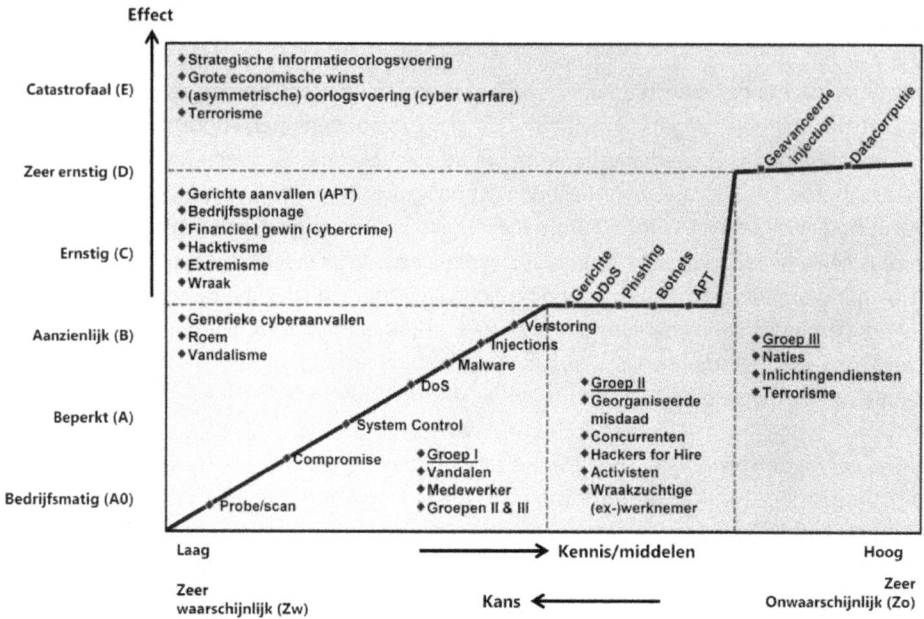

Figuur 4, Cyberaanvallen versus de waarschijnlijkheid en het effect

contextueel afhankelijk. Zo kunnen computersystemen in bedrijfsnetwerken een belangrijk doelwit zijn voor het afluisteren van onderlinge communicatie. Omgekeerd kunnen geïntegreerde apparaten die deel uit maken van bouwkundige installaties zoals de verwarming, verlichting, luchtbehandeling, elektrische deurvergrendeling of toegangscontrole, een gewild doelwit zijn. Deze systemen kunnen worden misbruikt om informatie te verkrijgen over het gebruik van een gebouw. De automatische bediening van de verlichting in moderne kantoorpanden kan zo omgekeerd worden ingezet als een detectiemiddel voor de aanwezigheid van personen in een vertrek. Dergelijke informatie kan nuttig zijn in de voorbereiding van criminele activiteiten of voor het plegen van aanslagen. Daarnaast kan door het manipuleren van bouwkundige installaties de werking ervan worden gefrustreerd ter ondersteuning van andere activiteiten, waarbij te denken valt aan sabotage of afpersing.

Vanaf de beginjaren van ICT lijkt er een dalende lijn lijkt te zitten in de benodigde kennis en moeite die het kost om een computer te compromitteren en aan te vallen. Tegelijkertijd zijn onschuldige vandalistische acties uitgegroeid tot steeds geavanceerdere en gerichtere cyberaanvallen. Toch kunnen we veronderstellen dat bij kwaadwillende opponenten een plafond bestaat. Deze wordt gevormd door de combinatie van benodigde kennis, capaciteiten, middelen en een intentie voor het uitvoeren van bepaalde criminele acties of cyberaanvallen. En hoewel de klassieke lijn van toenemende laagdrempeligheid versus steeds uitgebreidere exploits en malware weldegelijk lijkt te bestaan, zijn het vooral daders uit groep I die hier voldoende mee instaat lijken te zijn hun doel te bereiken. Voor het uitvoeren van complexere aanvallen zijn meer middelen en kennis nodig. Dit vereist investeringen die daders in groep II en III wel kunnen en willen inzetten. Er valt dus een afvlakking in de denkbeeldige lijn van soorten cyberaanvallen versus de waarschijnlijkheid van optreden te herkennen (Figuur 4).

Bij het onderzoeken van dreigingen waaraan het bedrijf is blootgesteld en de gevaren die de ICS lopen, kan het relevant zijn om in te zoomen op de verschillende daders en de daden die zij mogelijk kunnen plegen en waar deze zich kunnen voordoen in het bedrijf. Op die wijze kunnen maatregelen gerichter worden gekozen.

Het opstellen van een *daad-dader-matrix* kan een methode zijn om dit te doen. Hierbij worden voorstelbare dreigingsscenario's en de effecten hiervan onderzocht. Bij deze methode worden daders en daden geselecteerd en gecombineerd, en mogelijke doelwitten binnen het bedrijf geïdentificeerd. Er zijn veel daad-dader-combinaties mogelijk. Bij dadertypen kan worden gedacht aan een verward persoon, (ex)personeel, een gewelddadige activist, een hacker, een (gelegenheids)crimineel of een terrorist. Bij daden kan onder meer worden gedacht aan modus operandi zoals afluisteren, cybercrime, gerichte cyberaanvallen, diefstal, fraude, chantage of een bezetting van bedrijfspanden.

4.5.5 Aanvalsvectoren
Cyberaanvallen – in het bijzonder de gerichte cyberaanvallen - verlopen langs een denkbeeldig pad, of aanvalsvector (*attack vector*): een reeks van opeenvolgende gebeurtenissen of handelingen die er uiteindelijk toe leiden dat een aanvaller toegang verkrijgt of een bepaalde actie uitvoert. Een aanval maakt daarbij gebruik van zwakke plekken in de beveiliging.

De cyberaanvallen worden sneller en vereisen minder technische kennis om in te spelen op (nieuwe) kwetsbaarheden. Daarnaast vindt er een verschuiving plaats van ongerichte aanvallen op computersystemen naar gerichte aanvallen. De ingezette aanvalsvormen worden daarbij steeds geavanceerder. De omvang van spam en malware neemt nog steeds enorm toe. Internet Service Providers in

Nederland zien de verspreiding van spam en 'rogue websites' met malware als voornaamste dreigingen. Deze zijn vooral bedoeld om botnets te vormen die op hun beurt weer worden ingezet voor cybercrime (11).

Het analyseren van mogelijk aanvalspaden (bijvoorbeeld tijdens een risicoanalyse in zogenaamde *attack tree analysis*) vergroot het inzicht in mogelijke kwetsbaarheden en de aantrekkelijkheid van een object of middel als doelwit voor de dader. Verschillende van zulke kwetsbaarheden worden in het volgend hoofdstuk uitvoering besproken.

4.5.6   Enkele mogelijke ICS dreigingsscenario's

Samengevat leiden verstoringen van, en cyberaanvallen gericht tegen, ICS tot een mogelijk verlies van zicht of controle over het industriële proces. De gevolgen van mogelijke dreigingsscenario's, cyberaanvallen of –incidenten kunnen zijn (12):

- Geen zicht op het industriële proces (*denial of view*) bijvoorbeeld als gevolg van geblokkeerd of vertraagt ICS netwerkverkeer. Dit hoeft niet direct te escaleren omdat losse componenten zoals RTU's en PLC's lokaal gewoon blijven functioneren. Echter bedrijfsvoerders zijn onvoldoende in staat om te zien wat er gebeurt.

- Verlies van zicht (*loss of view*) als de situatie niet tijdig hersteld wordt waardoor informatie over het industriële proces verloren kan gaan of waarbij 'blind' moet worden geacteerd wat kan leiden tot het nemen van foute beslissingen. Bedrijfsvoerders zijn niet in staat om te zien wat er gebeurt en verliezen overzicht.

- Manipulatie van het zicht (*manipulation of view*) waarbij – bewust – misleidende informatie wordt gepresenteerd aan de bedrijfsvoerders.

- Geen controle over het industriële proces (*denial of control*) door bijvoorbeeld een tijdelijke onderbreking van de communicatie of een herstart van een component.

- Verlies van controle (*loss of control*) als de situatie niet tijdig hersteld wordt of als er schade is ontstaan aan apparatuur of andere voorzieningen waardoor, zelfs als de dreiging is geëlimineerd, nog steeds geen controle over het industriële proces kan worden verkregen.

- Manipulatie van controle (*manipulation of control*) waarbij stuursignalen van bedrijfsvoerders worden onderschept, aangepast of op een andere wijze worden gewijzigd (zoals door aanpassingen in de software of herprogrammering van componenten als PLC's) zodat er geen eenduidige en betrouwbare bewaking en aansturing van het proces kan worden verkregen.

5 Kwetsbaarheden

Misbruik van ICT en ICS systemen kan alleen plaatsvinden als er kwetsbaarheden zijn die kunnen worden uitgebuit. Kwetsbaarheden (*vulnerabilities*) zijn de zwakke plekken in bijvoorbeeld de organisatie, installaties of software waarlangs actoren (*threat agents*) een bedreiging kunnen vormen en misbruik dus een kans heeft om daadwerkelijk op te treden.

Vanuit een 360 gradenbenadering grijpen gebeurtenissen aan bij, of zijn afkomstig van mensen, middelen (zoals apparatuur en programmatuur), gegevens, organisatie, afgenomen diensten en omgevingsfactoren. Deze gestructureerde methode om per object, middel of informatiestroom kwetsbaarheden te inventariseren staat wel bekend als de MAPGOOD indeling. Deze aanpak is niet alleen analytisch maar geeft bovendien de mogelijkheid om een overzicht van kwetsbaarheden te visualiseren (Figuur 5).

Dit hoofdstuk geeft een overzicht van kwetsbaarheden die kunnen worden misbruikt of kunnen leiden tot incidenten. De verschillende paragrafen gaan in op algemene en specifieke organisatorische, personele en technische (ICT) kwetsbaarheden van toepassing op ICS omgevingen. Daarnaast wordt in gegaan op de specifieke problematiek bij industriële controle systemen.

> *De ICT voor industriële omgevingen kent misschien wel meer diversiteit aan technische apparatuur of gespecialiseerde communicatieprotocollen maar het blijven besturingssystemen die via een computernetwerk praten met andere systemen en die soms een interface hebben voor menselijke interactie.*

5.1 Security in de context van industriele omgevingen

We hebben ICS gedefinieerd als automatiseringssystemen die speciaal zijn toegerust voor het bewaken, volgen of besturen van industriële processen. Hun toepassingen zijn eindeloos. Toch delen de meeste industriële controle systemen een paar specifieke karaktereigenschappen die ze onderscheiden van standaard ICT en kantoorautomatisering. Voor het onderkennen van kwetsbaarheden en het omgaan met beveiligingsrisico's is het essentieel hier een goed beeld bij te hebben. Voordat wordt ingegaan op de verschillende kwetsbaarheden per aandachtsgebied, worden hierna de voornaamste onderscheidende aspecten benoemd.

Schadeomvang in de fysieke wereld

Misschien wel het belangrijkste onderscheid is dat ICS in veel gevallen een rol vervullen binnen industriële processen of voor de bediening van infrastructurele voorzieningen die, als het mis gaat, ernstige schade aan de omgeving (flora en fauna), gebouwen, apparatuur en - niet te vergeten - slachtoffers kunnen veroorzaken. De mogelijke omvang van incidenten kunnen de proporties van een ramp aannemen. De consequenties daarvan reiken veel verder dan alleen financiële- of reputatieschade voor het bedrijf wat toch meestal de voornaamste gevolgen zijn voor verstoringen van bijvoorbeeld bedrijfssystemen, e-mail of websites. Daarbij komt dat de schade niet beperkt hoeft te blijven tot het eigen bedrijf of de directe omgeving. Als het een grootschalige verstoring binnen een vitale infrastructuur betreft, zoals de energievoorziening, kan een cascade effect optreden dat zich moeilijk laat voorspellen of beheersen.

Continu en realtime proces

Een tweede belangrijk onderscheid vormt het specifieke karakter van industriële processen. Deze zijn vaak realtime en continue van aard. Gegevens moeten direct beschikbaar zijn omdat de aansturing van andere processtappen daarvan afhangt. Bovendien kan het proces niet, of alleen zeer gecontroleerd, worden onderbroken. Daarbij komt dat niet één industrieel proces zich afspeelt binnen een schone geconditioneerde kantooromgeving. De fysieke omstandigheden zijn soms ronduit radicaal zoals bij veldapparatuur opgesteld langs pijpleidingen in een extreem koud of heet klimaat, of in veldcontrollers in stoffige en trilling gevoelige fabriekshallen. ICS apparatuur is daarom gebouwd om te blijven functioneren onder extreme fysieke condities, ver buiten de parameters van de meeste normale ICT apparatuur.

Focus op beschikbaarheid en integriteit

Door de ernstige gevolgen bij verstoringen en het specifieke karakter van industriële processen geldt dat voor bijna alle ICS voorzieningen de beschikbaarheid en de integriteit van gegevens essentieel zijn. De motivatie voor ICS security wordt ingegeven door een sterk ontwikkeld gevoel voor veiligheid. De vertrouwelijkheid van informatie is meestal ondergeschikt of geheel niet relevant. Deze aspecten maken dat bij ICS – meer dan bij normale bedrijfssystemen in het ICT domein - extra zorg ten aanzien van robuustheid, compatibiliteit en beschikbaarheid moet worden besteed. We zien dit onder meer terug in specifieke eisen gesteld aan apparatuur, in maatwerksystemen en de industriële communicatieprotocollen. Zo moet een PCN een lage gevoeligheid hebben tegen elektromagnetische interferentie en beschikken over goede controle en foutcorrectie methoden.

Voornaamste kenmerken van ICS

De voornaamste kenmerken die de omgang met ICS security anders maken dan algemene informatie- en ICT beveiliging, zijn:

- ICS fouten of verstoringen hebben direct consequenties in de 'echte' fysieke wereld die bovendien al snel kunnen escaleren. Er bestaan bij verstoringen risico's voor gewonden en doden of een ernstig verlies van apparatuur of grote schade aan installaties.

- ICS opereren vrijwel altijd in een tijd-kritische (realtime) en permanent in bedrijf zijnde opstelling (24x7x365). Het plannen of aanpassen van componenten of het ingrijpen bij incidenten vinden plaats in een werkend systeem dat niet kan worden afgeschakeld of waarvan de toestand kan worden 'bevroren'.

- ICS componenten zijn geïsoleerd, bevinden zich op geografische grote afstanden van elkaar, of zijn alleen onder extreme fysieke condities bereikbaar. Er zijn veel onbemande locaties, onderstations of veldapparatuur die op afstand worden bewaakt, bestuurd en beheerd.

- De reactie op gebeurtenissen en het kunnen uitvoeren van noodinterventie is kritisch. Toegangscontrole mag geen belemmering vormen om direct te kunnen ingrijpen in het industriële proces.

- ICS omvat talloze additionele kwetsbaarheden en aanvalsvectoren zoals niet-standaard en onbeveiligde industriële communicatieprotocollen die niet kunnen worden geblokkeerd, of de noodzaak van veiligheidssystemen voor alarmering en gebeurtenissen dataverkeer. De communicatiestromen zijn complex met een diversiteit aan apparatuur en (*proprietary*) protocollen.

- ICS laat zich lastiger beheren door de veelal oude (*legacy*) systemen die niet kunnen worden aangepast of opgewaardeerd. Ze bevatten geen mogelijkheden om beveiligingsmaatregelen te treffen. Bovendien ontbreekt de luxe van een volwaardige ontwikkel- en testomgeving die een voldoende representatieve afspiegeling is van de werkelijkheid. Aanpassingen aan software moeten uiterst zorgvuldig worden gemaakt.

- De levensduur van (maatwerk) industriële componenten en hun ICT is hoog, vaak 15 tot 25 jaar. Al deze tijd moet de ICS blijven functioneren. Apparatuur is ontworpen en afgestemd op het specifieke industriële proces. Ze hebben mogelijk niet de reken- en geheugencapaciteit om aanvullende nieuwe (beveiligings)taken uit te voeren.

- ICS security gebeurtenissen manifesteren zich initieel als traditionele onderhoudsfouten of andere verstoringen van het industriële proces. Hierdoor zijn ze moeilijk als zodanig te herkennen en op te sporen.

- Bescherming van de ICS is geconcentreerd aan de randen. ICS veldapparatuur en componenten kunnen vrijwel niet worden uitgebreid met aanvullende beveiligingstechnieken.

- Ondersteuning is beperkt tot enkele leveranciers. Het industriële proces is vaak als een lang en complex project vormgegeven door het bedrijf samen met een leverancier van de ICS. Het is maatwerk op hoog niveau. ICS apparatuur en software zijn speciaal ingeregeld en geconfigureerd. De kennisborging is lastig en er ontstaat een hoge afhankelijkheid van een enkele ICS leverancier (*vendor lock-in*)

5.2   De menselijke factor

Als het draait om beveiliging geldt over het algemeen dat de mens de zwakste schakel is. Onvoldoende bewustwording, naïviteit, luiheid, bedrijfscultuur, misleiding en ronduit crimineel gedrag zijn slechts een paar factoren hierbij. Dit beperkt zich niet alleen tot kleine of relatief onervaren, matig ontwikkelde bedrijven op het terrein van informatiebeveiliging. Dit geldt net zo goed voor overheidsorganisaties, multinationals, financiële instellingen of bedrijven in vitale sectoren of de industrie.

De voornaamste kwetsbaarheden in relatie tot de menselijke factor, zijn:
- bedrijfscultuur ('het is ons nog nooit overkomen');
- onwetendheid, naïviteit en gebrek aan beveiligingsbewustzijn;
- gebrek aan objectief beoordelingsvermogen ('security is maar onzin');
- ontbreken van formele ICS security training;
- gebrek aan kennis en expertise;
- gebrek aan gekwalificeerd/bevoegd personeel;
- vergrijzing en wegebben van kennis;
- overzicht (situational awareness);
- menselijk falen, vergissen en bedieningsfouten;
- social engineering en misleiding;
- bedreiging, afpersing, omkoping;
- corruptie;
- indiensttreding, antecedenten, disfunctioneren.

Bedrijfscultuur

Veel bedrijven met van oudsher geïsoleerde ICT omgevingen voor hun industriële controle systemen, hebben nog altijd een bedrijfscultuur die neigt naar een ontkenning van de werkelijke beveiligingssituatie (13). Beveiligingsrisico's worden niet of slecht beoordeeld. Dit geeft een vals gevoel van veiligheid. Men blijft steken in een cultuur waarin wordt gedacht dat men zich nog steeds op een eiland bevindt. De realiteit is bijna altijd anders.

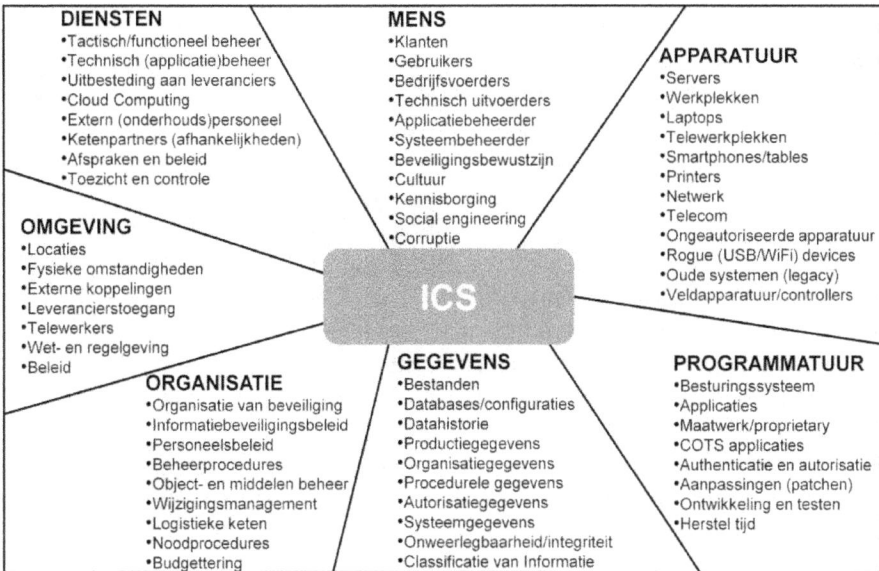

DIENSTEN	MENS	APPARATUUR
•Tactisch/functioneel beheer	•Klanten	•Servers
•Technisch (applicatie)beheer	•Gebruikers	•Werkplekken
•Uitbesteding aan leveranciers	•Bedrijfsvoerders	•Laptops
•Cloud Computing	•Technisch uitvoerders	•Telewerkplekken
•Extern (onderhouds)personeel	•Applicatiebeheerder	•Smartphones/tables
•Ketenpartners (afhankelijkheden)	•Systeembeheerder	•Printers
•Afspraken en beleid	•Beveiligingsbewustzijn	•Netwerk
•Toezicht en controle	•Cultuur	•Telecom
	•Kennisborging	•Ongeautoriseerde apparatuur
OMGEVING	•Social engineering	•Rogue (USB/WiFi) devices
•Locaties	•Corruptie	•Oude systemen (legacy)
•Fysieke omstandigheden		•Veldapparatuur/controllers
•Externe koppelingen	**ICS**	
•Leverancierstoegang		
•Telewerkers		
•Wet- en regelgeving	**GEGEVENS**	**PROGRAMMATUUR**
•Beleid	•Bestanden	•Besturingssysteem
ORGANISATIE	•Databases/configuraties	•Applicaties
•Organisatie van beveiliging	•Datahistorie	•Maatwerk/proprietary
•Informatiebeveiligingsbeleid	•Productiegegevens	•COTS applicaties
•Personeelsbeleid	•Organisatiegegevens	•Authenticatie en autorisatie
•Beheerprocedures	•Procedurele gegevens	•Aanpassingen (patchen)
•Object- en middelen beheer	•Autorisatiegegevens	•Ontwikkeling en testen
•Wijzigingsmanagement	•Systeemgegevens	•Herstel tijd
•Logistieke keten	•Onweerlegbaarheid/integriteit	
•Noodprocedures	•Classificatie van Informatie	
•Budgettering		

Figuur 5, Kwetsbaarheden vanuit een 360 gradenbenadering (MAPGOOD)

Zeker technisch bezien zijn ICS netwerk gekoppeld aan het bedrijfsnetwerken en loopt allerlei onderhoudspersoneel rond met laptop en USB geheugenstick. Helaas houdt de mentaliteit van vertoeven op een afgesloten eiland soms nog hardnekkig stand.

De internetzoekmachine SHODAN publiceert technische informatie over online gevonden apparatuur variërend van webcams, routers, iPhones, VOIP telefoons, koelkasten tot ICS en SCADA systemen. [27]

Daarnaast wordt nog vaak verondersteld dat de complexiteit en onbekendheid met ICS een bescherming biedt (*security through obscurity*). Echter informatie over ICS is niet geheim of moeilijk verkrijgbaar. Openbare informatie over ICS ontwerp, onderhoud, communicatieprotocollen, enzovoort zijn eenvoudig binnen handbereik via het internet. Deze wordt gepubliceerd door bijvoorbeeld leveranciers, technici of gebruikers van ICS om hun producten te ondersteunen en hun ervaring te delen.

[27] http://www.shodanhq.com/

Grip op ICS Security

Onderkenning van de ernst van de afhankelijkheid en kwetsbaarheid van de gedigitaliseerde samenleving en de beleving van beveiliging lopen sterk uiteen (14). Situaties worden nog al eens onderschat ('het is ons nog nooit overkomen'). Aan de andere kant moet de ernst niet wordt overdreven zodat de angst gaat overheersen. In dat geval kan beveiliging beknellend worden waardoor de noodzakelijke producten en diensten niet, of alleen tegen onevenredig hoge kosten, kunnen worden geleverd.

ICS worden beheerd door *process-engineers* (bedrijfsvoerders/operators). Deze specialisten zijn primair bekend met en verantwoordelijk voor het betrouwbare verloop van een kritisch industrieel proces, zoals het aansturen van een petrochemische installatie, distributie van elektriciteit of het transport van drinkwater. Het beheer van ICT systemen is een bijzaak. En hoewel ze technisch zeer zijn onderlegd, zijn het zijn geen security specialisten. Omgekeerd hebben de meeste ICT beheerders, managers en security experts maar weinig affiniteit met 24/7 draaiende industriële processen, motoren, kleppen en grote technische en fysieke installaties.

Onwetendheid en gebrek aan bewustzijn

De meeste mensen zijn niet dagelijks – bewust – bezig met beveiliging. Bedrijfsvoerders, onderhoudspersoneel, beheerders enzovoort binnen omgevingen met grote veiligheidsrisico's zijn zich natuurlijk wel altijd bewust van de – fysieke – gevaren die zij of anderen lopen. Echter dreigingen die expres door kwaadwillende opponenten kunnen worden uitgevoerd, laat staan in de digitale wereld, behoren niet tot hun primaire aandachtsgebied. Personeel moet daarom worden getraind en scherp worden gehouden op het gebied van ICS security. Beleid en procedures moeten bekend zijn.

Vaak wordt het treffen of opvolgen van beveiligmaatregelen ervaren als een belemmering voor de dagelijkse werkzaamheden. Hoewel in de praktijk (technische) ICT beveiligingsmiddelen de basis vormen voor het aanbieden van nieuwe diensten (zoals telewerken, internet bankieren en online business processing) wordt dit niet altijd als zodanig onderkend. Functionaliteit prevaleert boven beveiliging. Bovendien wordt onder druk alles fluïde. Indien (technisch) mogelijk zijn medewerkers geneigd om beveiligingsmaatregelen te omzeilen als de noodzaak van de maatregel niet duidelijk is of wanneer onder (tijd)druk resultaten moeten worden bereikt.

Men is genegen te veel vertrouwen te plaatsen in aanwezige technische maatregelen zoals firewalls, anti-malware programmatuur. Hierdoor ontstaat een vals gevoel van veiligheid en missen de beveiligingsmaatregelen mogelijk veerkracht bij aanvallen waarbij dergelijke beveiligingsmiddelen niet voldoende zijn. Vooral kleine en middelgrote bedrijven onderschatten de dreiging van internet en hun afhankelijkheid van ICT of zijn onvoldoende in de gelegenheid om hier adequaat mee om te gaan.

Vergrijzing en wegebben van kennis

Het beheren en bedienen van industriële processen en de daarvoor benodigde apparatuur en systemen zoals ICS is een complexe en technische aangelegenheid. Dit vereist veel kennis en expertise in meerdere disciplines. Echter de kennis en vaardigheden voor het gebruiken van oude technieken (*legacy systemen*), alternatieve mogelijkheden en reservevoorzieningen ebt weg (*de-skilling*). Dit doet zich bijvoorbeeld voor wanneer ICT de taken van mensen overnemen of als noodvoorzieningen niet regelmatig worden getest (14). Daarnaast is de gemiddelde leeftijd van operators van ICS hoog. Gekwalificeerde en ervaren bedrijfsvoerders en ICS beheerders zijn ouder dan hun tegenpolen in het ICT domein. Bedrijven hebben moeite om het natuurlijk verloop van deze bedrijfsvoerders en technici te kunnen opvangen met nieuwe medewerkers. Bovendien beschikken ze niet direct over de juiste specialistische kennis of hebben voldoende de tijd om alle geheimen van de specifieke situatie te leren van hun oudere collega's. Kennis over oudere technieken en apparatuur binnen de ICS omgeving gaan verloren.

Gekwalificeerd personeel

Uit kostenbesparing en als oplossing voor het gebrek aan voldoende gekwalificeerde mensen wordt gewerkt met tijdelijke bezettingen, piketdiensten en storingswachten. De bewaking en/of bediening van processen die 24 uur per dag doorgaan gebeurt dan buiten normale werktijden met een beperkte bezetting of op basis van een oproepdienst. Beheer op afstand is vaak onvermijdelijk. Daarnaast worden soms delen van diezelfde bewaking of bediening uitbesteed aan externe gespecialiseerde bedrijven. Het gaat daarbij bijvoorbeeld om het reageren op, en doormelden van, alarmmeldingen.

Het gebrek aan voldoende gekwalificeerd en bevoegd personeel, treedt ook op tijdens incidenten. Op cruciale momenten blijkt dat kennis over een specifieke ICS component onvoldoende meer aanwezig is of dat er geen bevoegd personeel ter plaatse kan worden ingezet om (handmatig) noodmaatregelen te treffen.

Overzicht (situational awareness)

De toenemende complexiteit van grote ICT omgevingen maakt het onmogelijk dat individuele personen nog een totaaloverzicht kunnen houden over de gehele ICS infrastructuur. Operators, beheerders, technici en (lijn)managers hebben moeite om voldoende overzicht te behouden over de complexe technische installaties, de werking van de systemen, het gehele (proces)automatiseringsnetwerk, systemen of hun koppelingen. Dit vergroot de kans op verstoringen doordat per ongeluk verkeerde bedieningshandelingen worden uitgevoerd of de effecten en onderlinge afhankelijkheden tussen systemen niet vooraf wordt onderkend. Zo veronderstelt men vaak dat er geen, of slechts enkele bekende, koppelingen via een firewall zijn tussen het procesbesturingsnetwerk en het bedrijfsnetwerk. In de praktijk zijn details over netwerkkoppelingen, inbelverbindingen, toegestane datacommunicatie, communicatieprotocollen en autorisaties vaak onvoldoende bekend.

Menselijk falen, vergissen en bedieningsfouten

Menselijk falen is misschien wel de grootste veroorzaker van incidenten. Zo kan de interactie tussen mens en machine leiden tot onbewuste menselijke fouten. Een slecht ergonomisch ontwerp, moeilijk afleesbare beeldschermen, onbereikbare bedieningsfuncties of knoppen kunnen aanleiding zijn voor bedieningsfouten. De gebruikersinterfaces van procesbesturingssystemen zijn steeds vaker ontwikkeld met nieuwe technieken zoals internettechnologie (web-based toepassingen). Hierbij worden het aantal ingebouwde controles (*check & balances*) soms verkleind. Ze worden bijvoorbeeld over het hoofdgezien door de ontwikkelaars om in te bouwen of worden zelfs bewust niet aangebracht of de functionaliteit en bedieningsgemak te verbeteren. Het ontbreken van voldoende controles is één van de factoren die de kans op bedieningsfouten vergroot.

Bedieningsfouten van operators van kritische ICT voorzieningen kunnen aanleiding zijn tot een verstoring of verergering van een incident. Invoerfouten kunnen de integriteit van gegevens ernstig aantasten. Vergissingen in of het niet volgen van procedures kan aanleiding zijn tot bijvoorbeeld ICT uitval. Een gebrek aan voldoende gekwalificeerd personeel werkt bedieningsfouten in de hand.

Social engineering

Kwaadwillende opponenten spelen graag in op de menselijke factor. De techniek wordt geavanceerder, en de computers en netwerken worden langzaam maar zeker steeds beter beschermd. De kwaadwillende opponent – in deze hoedanigheid een *social engineer* genoemd - bespeelt de mensen en is daarom op zoek naar informatie van binnenuit. Wie werken er binnen het bedrijfsvoeringscentrum? Hoe is de boel beveiligd? Zijn er telewerkvoorzieningen?

Een aspect hierbij is een gebrek aan bewustzijn in combinatie met een blind vertrouwen in andere personen. Mensen zijn van nature behulpzaam en probleem mijdend. Bovendien praten de meeste mensen graag over hun werk. Zij kunnen hierbij direct, indirect of door manipulatie onbedoeld gevoelige informatie prijsgegeven. Criminelen en inlichtingendiensten spelen daarbij maar wat graag in op de menselijke zwaktes (sexappeal, hebzucht, ijdelheid, vertrouwen, luiheid, medeleven, urgentie).

Social engineers doen zich bijvoorbeeld voor als een klant, helpdeskmedewerker, onderhoudspersoneel of een medewerker van een leverancier om gevoelige informatie te ontfutselen van zijn slachtoffer. Social engineering vindt plaats via alle manieren waarop mensen met elkaar contact kunnen hebben: per telefoon, sociale media, e-mail, chatsessies, gesprekken op feestjes of op zakelijke evenementen. Door manipulatie worden mensen verleid tot het geven van informatie geven of het uitvoeren van een actie zoals het klikken op een link of het installeren van malware. Door achtergrond gegevens van personen op te vragen via bijvoorbeeld sociale netwerk websites (zoals Facebook, Hyves, LinkedIn en Flickr), kunnen social engineering aanvallen eventueel worden gecombineerd met *phishing* technieken die gericht worden ingezet (15).

Een andere methode is om verwijzingen naar kwaadwillende websites met malware op de eerste pagina van internet zoekmachines te laten verschijnen (*Google poisoning*). Misbruik van vertrouwde bronnen wordt eveneens ingezet om via bekende websites malware aan te bieden door deze websites ongemerkt te besmetten (*drive-by-downloads*).

Bedreiging, afpersing en omkoping

Door bedreiging, afpersing of gijzeling van personeel, familie of vrienden, kunnen medewerkers gedwongen worden om informatie prijs te gegeven, medewerking te verlenen of deel te nemen aan criminelen activiteiten. Ontevreden personeel of personen met schulden zijn bovendien vatbaar zijn voor omkoping (vier bekende factoren die mensen kwetsbaar maken voor omkoping zijn: drank, drugs, duiten en dames). Een interessante doelgroep voor kwaadwillende opponenten vormt hierbij het personeel van bedrijfsvoeringcentra, storingswachten en buitendiensten. Zij beschikken meestal over voldoende kennis en mogelijkheden om het industriële proces - op afstand via het ICS - ernstig te ontregelen.

Indiensttreding, antecedenten, disfunctioneren

Bij het werven van nieuw personeel of het inhuren van externe medewerkers, is het zelden gebruikelijk om altijd referenties te verifiëren. In Nederland is het ongebruikelijk om referenties standaard te vermelden op een curriculum vitae. Uitgebreidere antecedentonderzoeken worden alleen bij specifieke functies en organisaties uitgevoerd. Het komt bovendien regelmatig voor dat een nieuwe medewerker al is begonnen met de werkzaamheden en de beschikking heeft gekregen over een gebruikersaccount, voordat een geheimhoudingsverklaring is ondertekend. Antecedentenonderzoeken en screenings is een duur en lastig administratief proces. Het aanspreken van mensen op hun disfunctioneren ten aanzien van de omgang met gevoelige informatie of nalatigheid in het opvolgen van beveiligingsprocedures vinden we vervelend en lastig.

5.3 Apparatuur en programmatuur

ICS zijn nooit ontworpen met beveiliging in gedacht. Alles draaide om zaken als functionaliteit, beschikbaarheid, integriteit, robuustheid, betrouwbaarheid en veiligheid. Het waren maatwerk systemen gebouwd voor een enkel specifiek doel: het bewaken en besturen van dat één industriële proces. Dit zien we uiteraard terug in de huidige ICS omgevingen die tegenwoordig een mix zijn van allerlei oude en nieuwe apparatuur, programmatuur en technieken. Zo vinden we naast alle veldapparatuur, RTU's en PLC's ook Linux en Windows servers, Oracle databases en standaard Ethernet met TCP/IP componenten in een modern ICS. Het gebruiken van standaard beschikbare apparatuur en technieken maakt niet allen de aanschaf goedkoper maar zorgt er tevens voor dat kennis makkelijker kan worden opgebouwd en in de markt gevonden. Helaas bestaan door deze historische ontwikkelingen ook op het technisch vlak de nodigde tekortkomingen.

> *Today, nobody has any clue what is running on their computer.*
> *The increase in complexity increases the insecurity. Less is*
> *more.*
>
> *(Paul Kocher, president and chief scientist at Cryptography Research)*

De voornaamste kwetsbaarheden in relatie tot (ICS) apparatuur en programmatuur, zijn:[28]

- ontwerp- en configuratiefouten;
- technisch falen/storingen;
- wijzigingen en aanpassingen (patchmanagement);
- gebrek aan identificatie, authenticatie en autorisatie;
- toegangsrechten (geen principe van *least privilege*);
- gastgebruikers en groepsaccounts;
- standaard configuraties en wachtwoorden;
- gedeelde wachtwoorden;
- in programmatuur opgeslagen wachtwoorden;
- schrijf- en beheer (netwerk) toegangsrechten;
- USB poorten/apparatuur/geheugensticks;
- Commercial off the shelf (COTS) apparatuur en programmatuur;
- vergeten (onbekende) opties en instellingen (webservices, Telnet, FTP, WiFi);
- lange levensduur (15 tot 20 jaar);
- grote variëteit in (*legacy*) apparatuur en programmatuur (code);
- geen invoervalidatie;
- *buffer overflows* en niet toegewezen geheugen;
- *zero-day* aanvallen, malware (virussen, wormen, Trojaanse paarden);

---

[28] Een overzicht van SCADA kwetsbaarheden is tevens te vinden in een document van het NIST (32).

- geen of zwakke encryptietechnieken cryptografie;
- datalekken (enumeratie en meta-data);
- achtergebleven oude code, ontwikkeldata en testscripts;
- additionele software op ICS systemen geïnstalleerd;
- elektromagnetische aanvallen (EMP/TEMPEST/EMSEC);
- tijdsynchronisatie via GPS;
- monocultuur en centralisatie;
- vergeten apparaten;
- geen (technische) auditing en logging;
- lange hersteltijden (complexe systemen);
- fysieke toegang tot apparatuur;
- verlies en diefstal;
- vernieling of sabotage.

En specifieker voor de communicatie en het Process Control Network:
- onvoldoende security in netwerkarchitectuur;
- bescherming geconcentreerd aan de randen ;
- heterogeen Process Control Network;
- connectiviteit en (externe) netwerkkoppelingen;
- toegang op afstand (voor o.a. bedrijfsvoerders en onderhoudspersoneel);
- proliferatie van TCP/IP, WiFi, Bluetooth;
- vergeten (GSM) modems;
- kwetsbare (industriële) communicatieprotocollen (zoals Modbus, DNP3, ICCP, OPC, Telnet, FTP, TFTP);
- netwerkcommunicatie in leesbare tekst;
- beperkte geschiktheid van firewalls en IDS;
- dynamische toekenning van netwerkadressen (DHCP);
- multicast netwerkverkeer (*broadcast storm*);
- dynamische ARP tabellen;
- gebruik van centrale bedrijfssystemen (zoals DNS);
- afhankelijkheid van externe tijdbronnen (zoals GPS);
- ongeautoriseerde (*rogue*) apparatuur;
- geen beveiliging op werkstations of servers (*end-point security*);
- in-band communicatie;
- intelligente netten (*smart grids*).

Ontwerp- en configuratiefouten

Hardware en software zullen altijd fouten (*bugs*) bevatten. Dit is inherent aan hun complexiteit en het feit dat ze worden ontwikkeld door mensen. In grote complexe omgevingen zoals die waar ICS actief zijn, kunnen fouten lange tijd onopgemerkt blijven. Bovendien komt het nog steeds voor dat standaard computerconfiguraties, ook binnen de procesautomatisering, kwetsbaarheden

bevatten die voorkomen hadden kunnen worden, zoals onnodig actieve (beheer-
en configuratie) services/programmaonderdelen, standaard wachtwoorden en niet
actueel aangepaste softwareversies (*patches*). PLC's en ander moderne
componenten bevatten daarnaast soms opties die (ongemerkt) zijn geactiveerd
zoals een webservices voor beheer op afstand, FTP, TFTP, SNMP, Telnet of SMTP
services, een (GSM) modem, WiFi of Bluetooth.

In een onderzoek van het NIST aan verschillende SCADA en EMS platformen, werd
duidelijk dat er nog talrijke ernstige tekortkomingen aanwezig waren in door de
leverancier standaard geconfigureerde procesbesturingssystemen (16). De ernst
van de meeste van deze kwetsbaarheden kon worden afgezwakt, maar alleen met
de hulp van de leveranciers. Toch blijven er in veel programmatuur, bekende en
onbekende, gaten over. Backdoors zijn een veelvoorkomend probleem in
software. Het zijn achterdeuren die – als bewust ingevoerde functie of als
vergeten programmacode – aanwezig kunnen zijn om een
beveiligingsmechanisme te omzeilen. Volgens sommige beveiligingsonderzoekers
heeft ongeveer 20% van de thuisrouters een backdoor, en 50% van de industriële
controle computers, zoals veldcontrollers. De meeste hiervan zijn waarschijnlijk
niet met kwade opzet toegevoegd maar een bijwerking van de complexiteit van
de software. Het gaat dan om ontwikkelinstellingen en hulpprogramma's
(*debuggers*) die bedoeld zijn om de werking van de software te controleren.
Programmeurs vergeten regelmatig deze overal en consequent uit te schakelen
waardoor het product wordt opgeleverd met te misbruiken achterdeuren.

Wijzigingen en aanpassingen (patchmanagement)
Software bevat altijd tekortkomingen. Ernstige kwetsbaarheden of simpelweg
onacceptabele fouten (bugs) worden normaal gedurende de levenscyclus van
programmatuur hersteld of bijgesteld. Leveranciers brengen normaal hiervoor
aanpassingen (*patches* en *hotfixes*), beveiligingscorrecties (*security updates*) of
nieuwe aansturingssoftware (*drivers*) vooruit. Het regelmatig en direct installeren
van aanpassingen voorkomt dat bekende zwakke plekken als nog door
kwaadwillende of malware kunnen worden uitgebuit (exploits). Het actueel
bijhouden van een systeem verhoogt normaal de stabiliteit.

Gezien de snelle ontwikkelingen op het gebied van ICT in combinatie met de
toenemende dreiging en professionalisering van kwaadwillende opponenten, is de
tijd om kwetsbaarheden in programmatuur te repareren te kort. Aanpassingen
kunnen onmogelijk volledig worden getest en tijdig worden aangebracht.
Bovendien zijn ICS omgevingen complex en uniek voor iedere situaties. Hoewel
een boel systemen op component niveau vergelijkbaar zijn, is het vrijwel niet
mogelijk om er een complete en representatieve test- en ontwikkelomgeving –
compleet met de industriële systemen - op na te houden. Een gestructureerd

proces doorlopen van ontwikkelen, testen, accepteren en in productie nemen (OTAP), is bij een ICS omgeving daarom bijna nooit volledig haalbaar.

Daarnaast zijn veel apparaten niet aan te passen of worden door leveranciers geen aanpassingen voor mogelijke beveiligingskwetsbaarheden te dichten uitgebracht. Vooral voor de vele verschillende oudere (legacy) apparatuur en programmatuur zullen geen nieuwere aanpassingen meer beschikbaar zijn. Het effect van het aanpassen met nieuwe programmatuur of instellingen kan niet altijd vooraf worden bepaald. Aangezien ICS componenten hun werk uitvoeren in kritische omgevingen of binnen processen die niet tijdelijk zijn te onderbreken, zijn de meeste bedrijven niet happig op het regelmatig moeten aanpassen van hun ICS systemen. Kwetsbaarheden kunnen zo lang blijven voortbestaan of in het geheel niet worden opgelost binnen een ICS omgeving.

Omgekeerd is het technisch niet eenvoudig om wijzigingen te implementeren. De ICS is zo goed als mogelijk afgeschermd van de buitenwereld. Automatisch de nieuwste software downloaden of distribueren is geen optie. ICS technici gebruiken daarom laptops, USB geheugensticks of CDROM's om nieuwe software te installeren. Het compleet verbieden van USB geheugensticks is bijna niet mogelijk. Daarbij komt dat dit geactiveerde USB poorten op ICS apparatuur of open PCN netwerkpoorten voor het verbinden van een laptop vereist. Bovendien worden deze USB geheugensticks of laptops ook in andere omgevingen gebruikt zoals bij andere klanten en in het bedrijfsnetwerk. Vooral laptops zullen niet volledig schoon en leeg kunnen worden gemaakt iedere keer voordat deze wordt aangesloten.
Onder druk van onderhoud aan, en installatie van, ICS software wordt op deze manier een scala aan beveiligingsmaatregelen en controles geschonden of omzeild. Feitelijk wordt de ICS van tijd tot indirect verbonden met de buitenwereld via (USB) randapparatuur. ICS kunnen geïnfecteerd raken met malware. Daarnaast kan onbekende (niet-geautoriseerde) apparatuur - ongemerkt - zijn aangesloten in het (lokale) process control network (*rogue devices*).

Identificatie, authenticatie, autorisatie en wachtwoorden
Identificatie en authenticatie bij ICS en veldapparatuur is zwak of ontbreekt in het geheel. Bedrijfsvoerders worden meestal alleen op basis van een gebruikersnaam en wachtwoord geïdentificeerd en geauthentiseerd. Het wachtwoordbeleid, als dat al als zodanig bestaat, dwingt geen moeilijk te raden of regelmatig te wijzigen wachtwoorden af. Vaak worden groepsaccount gebruikt in plaats van individuele accounts per gebruiker. Handelingen zijn dan niet direct te herleiden naar een persoon maar wachtwoorden circuleren rond binnen een grotere groep van personen. Vaak wordt een eenvoudige toegangscontrole gehanteerd omdat bedrijfsvoerders vrezen om juist op cruciale momenten te worden buitengesloten

door het systeem. Hardware tokens worden hooguit toegepast voor beheer op afstand of telewerk voorzieningen. Zwakke wachtwoorden kunnen niet alleen worden geraden of geprobeerd te doorbreken met geautomatiseerde scripts (*brute-forcing*) maar kunnen ook worden meegelezen tijdens het invoeren op de console (*shoulder surfing*).

Eenvoudige wachtwoorden (bijvoorbeeld met een klant of locatienaam zodat altijd snel kan worden aangemeld voor ondersteuning op afstand), wachtwoorden in scripts en configuratiebestanden of zelfs direct geprogrammeerd in de software (*hard-coded*) kunnen bovendien worden aangetroffen bij veldapparatuur en controllers zoals RTU's en PLC's. Oudere veldapparatuur gebruikt meestal helemaal geen vorm van authenticatie. Simpelweg een verbinding opbouwen en een signaal zenden is voldoende om 'toegang' te verkrijgen. De meeste systemen en ICS componenten voeren geen wederzijdse authenticatie onderling uit. Bovendien missen de meeste ICP mogelijkheden om de integriteit van ontvangen gegevens te verifiëren. Onderweg gemanipuleerde berichten kunnen daarom niet eenvoudig als zodanig worden herkend. Dit maakt de communicatie kwetsbaar voor bijvoorbeeld zogenaamde *man-in-the-middle* aanvallen.

In het bijzonder systeembeheerders hebben de noodzakelijke beschikking over veel accounts en wachtwoorden. Veel daarvan worden slechts sporadisch gebruikt. Men is geneigd om wachtwoorden op geheel uiteenlopende systemen en omgevingen gelijk te houden. Het is niet ondenkbaar dat wachtwoorden voor (privé) toepassingen gekoppeld aan het internet (nagenoeg) gelijk zijn aan wachtwoorden op kritische (interne) bedrijfsnetwerken. Een *Single Sign-On* (SSO) toepassing kan de noodzaak binnen het bedrijfsnetwerk enigszins wegnemen. Echter een SSO systeem is op zichzelf een zeer aantrekkelijk doelwit. Door het te compromitteren, wordt mogelijk de toegang tot alle systemen ontsloten.

Naast een zwakke of ontbrekende authenticatie, is het in de meeste omgevingen droevig gesteld met het toekennen van autorisaties. Bedrijfsvoerders, proces engineers en automatische processen op servers werken onder accounts met volledige beheerrechten. Voor de dagelijkse normale bedrijfsvoering zijn dergelijke uitgebreide toegangsrechten met de mogelijkheid om systemen aan te passen, te configureren of andere geavanceerde functies helemaal niet nodig. Er wordt geen '*least privilege*' principe gevolgd.

Commercial off the shelf

ICS functioneren steeds vaker op standaard technologie (COTS) zoals Microsoft Windows of Linux, Oracle databases en TCP/IP als netwerkprotocol. Kwetsbaarheden en kwaadaardige programmatuur gericht tegen deze systemen zijn algemeen bekend en eenvoudig beschikbaar. Windows en Linux platformen

zijn bovendien complexer dan maatwerk ICS componenten wat weer kan leiden
tot onbekende kwetsbaarheden of configuratiefouten.

Lange levensduur

Industriële installaties worden neergezet om vele tientallen jaren te blijven
functioneren. De daarbij gebruikte ICS componenten moeten lang meegaan. Een
levensduur van 15 tot 20 jaar is normaal. Het is economisch simpelweg niet
haalbaar om ICT apparatuur iedere drie of vier jaar te vervangen door modernere,
beter beveiligde, versies. Een gemiddelde ICS bevat dan ook nog veel oudere
systemen (legacy) en veel diverse systemen. Er is een grote variëteit in apparatuur
en programmatuur. Oude generaties van ICS zijn bovendien ontworpen en
gebouwd in een tijd dat alleen het uitvoeren van rudimentaire integriteitcontroles
voldoende was. Het inzetten van moderne technieken om de systemen te
beveiligen, zoals encryptie en sterke authenticatie, zijn niet zonder meer mogelijk.
Beheerders moeten leren omgaan met deze beperkingen terwijl er ondertussen
wel nieuwe dreigingen en kwetsbaarheden worden ontdekt.

Invoervalidatie

ICS toepassingen zijn maatwerk in een specifieke industriële omgeving. Veel
systemen zijn geconfigureerd voor het uitvoeren van slechts een bepaalde taak.
De systemen verwachten onderling om een bepaalde communicatie en signalen
te ontvangen. Uitgebreide invoervalidatie om uitzonderingssituaties te
onderkennen en foutieve invoer te weigeren, ontbreken meestal. Bovendien
werken te veel controles mogelijke weer vertragend, wat niet past in een tijd
kritische omgeving. Een gebrek aan invoervalidatie maakt de systemen echter
kwetsbaar voor manipulaties en malware.

Malware en zero-day aanvallen

Bij veel verschijningsvormen van cybercrime vindt besmetting met malware (alle
vormen van computervirussen, wormen en Trojaanse paarden) plaats of worden
kwetsbaarheden misbruikt om binnen te dringen of om ongeautoriseerde
handelingen uit te voeren. Een besmetting met malware kan bijvoorbeeld
plaatsvinden door mensen te verleiden (*social engineering*) besmette websites te
bezoeken, via het aanbieden van aantrekkelijke producten of (gratis) software, via
geïnfecteerde USB geheugensticks, e-mail en spam of door rechtstreeks in te
breken op een computersysteem (*hacken*).

De huidige ontwikkelingen leiden er toe dat ICS niet alleen kwetsbaar zijn ten aan
zien van de oudere (legacy) technologie. Veldapparatuur en veldcontrollers
worden voorzien van webtechnologie, WiFi en TCP/IP. Servers en werkstations
draaien op Windows of Linux. Door het gebruik van nieuwe standaard (COTS)
technieken, apparatuur en programmatuur zijn ICS nu ook kwetsbaar voor al

bekende en bestaande cyberaanvallen die voorheen vooral als een probleem in het domein van de ICT werden gezien. Helaas zijn antivirus oplossingen niet beschikbaar voor de speciale ICS apparatuur of kan deze niet worden ingezet vanwege de eisen van robuustheid en het tijd kritische karakter van het proces.

Enkele veel voorkomende groepen van (technische) kwetsbaarheden zijn buffer overflows, injectie van code (onverwachte combinaties van codes aanbieden), configuratiefouten, zwakke wachtwoorden, onbeveiligde data en communicatieprotocollen. Voorbeelden zijn SQL injecties en Cross Site Scripting technieken. Vooral programmatuur die onvoldoende invoervalidatie of toewijzing van het geheugen correct uitvoert, zijn kwetsbaar.

Een aparte gevaarlijke soort van kwetsbaarheden zijn zogenaamde zero-day exploits. Een zero-day aanval misbruikt een nog onbekende of niet gemelde zwakke plek in een computerprogramma. Ze zijn nog niet bekend bij de softwareontwikkelaar of er is nog geen oplossing ('patch') beschikbaar om het gat te dichten. De beheerder heeft geen tijd of middelen om het gat eenvoudig te kunnen dichten. Zero-day exploits worden gebruikt of gedeeld door hackers voordat de softwareontwikkelaar weet heeft van de kwetsbaarheid.

Monocultuur

Argumenten als kostenbesparing en efficiënter werken leiden tot een toenemende centralisering en een hoge mate van homogeniteit in apparatuur en programmatuur. De monocultuur die aldus ontstaat, kan echter een ongewenste gebeurtenis versterken doordat de verstoring op een groot aantal systemen vat kan krijgen. De verspreiding van computervirussen en –wormen, berust deels hierop. Een monocultuur ontstaat bovendien door een grote marktdichtheid van een enkele leverancier zoals de Microsoft Windows voor besturingssystemen of MiFare chips voor contactloze toegangspassen. Bekende en populaire producten met een hoge marktpenetratie vestigen veel aandacht op zich van onderzoekers maar ook van kwaadwillende opponenten. Een monocultuur vergroot de 'zichtbaarheid' (exposure) van de ICT en ICS systemen.

Centralisatie

Centralisatie stimuleert het gebruik van datacenters. Deze zijn makkelijker te beheren en beschermen tegen allerlei fysieke en externe factoren. Datacenters zijn uitgerust met noodstroomvoorzieningen, redundantie in apparatuur, dubbele computernetwerken en voorzieningen als *fail-over* tussen datacenters. SCADA systemen zijn, in tegenstelling tot DCS, in veel gevallen als een centrale architectuur verspreid over twee datacenters ingericht. Deze maatregelen zijn echter niet goed bestand tegen fouten in de software, corrupte data of domino-effecten die dezelfde kwetsbaarheid in alle datacenters exploiteren. Ondanks alle dubbele hardware, blijkt de als één systeem werkende software toch een single-point-of-failure (SPOF) te kunnen zijn. Daarbij vereist centralisatie vaak dat een beperkt aantal ICT componenten, zoals databases en serviceaccounts voor achtergrond processen, de beschikking hebben over (te) veel toegangsrechten. Meestal bovendien op het hoogste niveau van systeembeheerder. De centrale inzet van ICT middelen genereert zo nieuwe kwetsbaarheden. Dit maakt zulke omgevingen interessantere doelwitten voor kwaadwillende opponenten.

Desondanks heerst er vaak een optimistisch over de mate van redundantie en de tolerantie (weerstand en veerkracht) voor verstoringen. De beschermende maatregelen om de beschikbaarheid te borgen zijn echter getroffen vanuit een puur bedrijfscontinuïteit perspectief. De oorzaak van een verstoring is minder relevant als er maar voldoende reserves zijn om deze te kunnen opvangen. Vanuit een beveiligingsperspectief zijn dergelijke maatregelen echter lang niet altijd in staat om de beschikbaarheid te borgen als de verstoring wordt veroorzaakt door gerichte cyberaanvallen of malware besmetting die alle, dus ook de identieke uitwijksystemen, besmetten.

Auditing en logging

Het vastleggen van gebeurtenisgegevens (*logging*) voor het afleggen van verantwoording, het uitvoeren van (technische) audits en eventueel digitaal forensisch sporenonderzoek, komt nauwelijks voor (13). Veel oudere of specifieke ICS componenten zijn bovendien niet in staat of missen de rekencapaciteit om uitgebreide beveiligingslogs bij te houden.

Netwerkarchitectuur

ICS communicatie is transparant en open. De systemen moeten elkaar onderling kunnen vinden en met elkaar kunnen communiceren; altijd, snel en zeker. Dit zien we terug in een platte netwerkarchitectuur. Dit betekent dat er geen of beperkte onderverdeling is in fysieke en logische netwerksegmenten. Iedereen kan met iedereen verbinding maken. Met de proliferatie van TCP/IP binnen de industriële wereld neemt dit alleen maar toe. IP is per definitie een routeringprotocol wat inhoud dat dataverkeer juist zelf zijn weg zoekt door het computernetwerk. Dit in tegenstelling tot oudere directe (seriële) verbindingen waarbij communicatie alleen direct tussen de onderling (fysiek) verbonden apparaten mogelijk is. Natuurlijk worden industriële systemen niet zonder meer verbonden met andere netwerken. Echter het PCN wordt meestal alleen beschermd aan de randen van de periferie. Semi-vertrouwde netwerkbufferzones (DMZ) tussen ICS/PCN en andere netwerken komen nog steeds nauwelijks voor. De beveiliging is sterk gericht op alleen de bescherming van het dataverkeer van buiten naar binnen. Firewalls bevatten zwakke of onvolledige instellingen (toegangsregels), onnodige open netwerkpoorten en staan ze verbindingen geïnitieerd van binnenuit vaak toe.

Grip op ICS Security

Bovendien zijn firewalls in toenemende mate te omzeilen door o.a. toegenomen geavanceerde aanvalstechnieken en misbruiken van convergentie van communicatieprotocollen. Daarnaast zijn ook binnen ICS omgevingen mobiele computerapparatuur, laptops, CDROM's, een diversiteit aan (USB) gegevensdragers, WiFi, VPN of modems in gebruik. Het is een illusie te veronderstellen dat alle communicatie van en naar de ICS en de buitenwereld verloopt via één enkel security controlepunt: de Firewall.

Het ontbreken van dieptebeveiliging, voldoende netwerksegmentatie, de concentratie van beveiliging aan de randen en de focus op beveiliging van buiten naar binnen maken van het PCN een tik-takje: 'een harde dunne schil en lekker zacht van binnen'.

Heterogeen Process Control Network

De netwerktechnieken toegepast in industriële omgevingen zijn historisch gegroeid. Per situatie en per systeem is de beste netwerkcommunicatie techniek gekozen die op dat moment beschikbaar was, voldeed aan de fysieke omstandigheden, paste binnen het budget en werd ondersteund door de leverancier. Zo ontstond een heterogeen Process Control Network waar allerlei verbindingstypen kunnen worden aangetroffen zoals eigen kabelverbindingen, huurlijnen, telefonie- of straalverbindingen. Deze transporteren op hun buurt de gegevens weer via allerlei communicatieprotocollen variërend van seriële verbindingen tot moderne TCP/IP communicatie.

Binnen grote industriële omgevingen en vitale infrastructuren is men gewend om de netwerkverbindingen dubbel uit te voeren. De focus ligt echter veelal op alleen de centrale ICS systemen en bedrijfsvoeringscentra. Kleinere (onbemande) locatie of individuele ICS componenten in het veld zijn regelmatig slechts via een enkele netwerkverbinding aangesloten. Veel gebouwen zijn bovendien voorzien van slechts een enkel punt waar telecommunicatieverbindingen fysiek binnenkomen. Hun netwerkverbindingen zijn daarmee gevoelig voor lokale verstoringen zoals veroorzaakt door - de veelvuldige - kabelbreuken als gevolg van graafwerkzaamheden. De laatste kilometer(s) netwerkbekabeling (*the last mile* of *local loop*) is, zelfs wanneer de diensten van meerdere telecommunicatieleveranciers worden gebruikt, in de praktijk niet echt redundant. Door een convergentie van netwerktechnieken blijken bovendien van oorsprong gescheiden netwerkverbindingen inmiddels over fysiek dezelfde infrastructuren te lopen. Een vergelijkbaar gebrek aan redundantie kan eveneens binnen de interne bedrijfsnetwerken worden aangetroffen.

Niet zelden zijn (delen van) bedrijfs- of procesbesturingsnetwerken enkelvoudig en bevatten ze fysiek niet-gescheiden netwerkverbindingen. Er is onvoldoende inzicht in de fysieke redundantie van het telecommunicatienetwerk. De mate van redundantie wordt bovendien nogal eens overschat. De heterogene netwerkomgeving maakt het identificeren van kwetsbare plekken moeilijk. Daarnaast zijn moderne netwerkbeveiligingstechnieken daardoor niet overal binnen het PCN inzetbaar.

Connectiviteit en netwerkkoppelingen

De normale en commerciële bedrijfsprocessen worden afhankelijker van data verzameld in en over de industriële processen. ICS worden complexer en integreren steeds verder met bedrijfs- en kantoorautomatiseringssystemen. Bovendien ontstaan in toenemende mate connecties naar ander toepassingen en externe partners. Erg is een behoefte ontstaan van permanente netwerkverbindingen van de ICS omgeving naar de buitenwereld. Koppelingen tussen proces- en kantoornetwerken en integratie tussen kritische en niet-kritische ICT systemen, openen deuren van buitenaf naar de ICS omgeving. Hierdoor kunnen (technische) incidenten binnen de KA gevolgen hebben voor de PA (zoals computervirussen en andere malware).

Daarnaast bieden koppelingen tussen proces- en bedrijfsnetwerken kansen voor een grotere groep van potentiële kwaadwillende opponenten. In plaats van een beperkt aantal (bekende) bedrijfsvoerder, technici en systeembeheerders kunnen alle (interne) medewerkers trachten toegang te verkrijgen tot de procesautomatiseringssystemen. Bovendien omvatten bedrijfsnetwerken weer mobiele gebruikers (laptops, PDA's), draadloze netwerken en koppelingen met andere bedrijven en het internet. Hiermee wordt de deur naar de ICS omgeving wagenwijd geopend. De zichtbaarheid ('exposure') van de ICS wordt enorm vergroot.

Door de toenemende diversiteit van geïntegreerde apparaten wordt het onderling uitwisselen van informatie en het koppelen met ander ICT-voorzieningen gestimuleerd. Hierdoor versmelten voorheen *stand alone* apparaten met de bedrijfsnetwerken. Ook gebouwbeheerssystemen voor verwarming, verlichting, luchtbehandeling, bewakingscamera's en toegangsbeveiligingssystemen worden steeds vaker aangesloten op het algemene bedrijfsnetwerk.

Desondanks is een vaak gehoord geluid bij bedrijven dat de buitenwereld niet gekoppeld is aan de industriële systemen. Echter bij een nadere beschouwing blijken 'uitzonderingen' zoals voorzieningen voor toegang op afstand, leveranciers, een koppeling met een bedrijfssysteem of andere netwerken toch te bestaan. Helaas zijn moderne ICS en PCN omgevingen zelden meer instaat om een claim van 'volledig geïsoleerd' stand te doen houden. Zelfs geïsoleerde ICS netwerken staan meestal toch in contact met de buitenwereld via mobiele

apparatuur zoals (*roaming*) laptops, tablets of USB randapparatuur. Stuxnet
verspreide zich initieel via geïnfecteerde USB geheugensticks (17). ICS
omgevingen zonder netwerkkoppelingen of indirect een verbinding met het
internet, is een mythe!

Toegang op afstand

Vrijwel alle ICS omgevingen hebben voorzieningen voor toegang op afstand. Deze
worden gebruikt door bedrijfsvoerders met piketdienst, onderhoudspersoneel,
ondersteunende technici van de leverancier en de eigen storingswacht of
achtervang. Voorheen werden vooral telefoonverbindingen gebruikt. Deze belden
soms rechtstreeks in op een veldcontroller. Oude, niet meer gebruikte modems,
kunnen nog steeds worden aangetroffen. Tegenwoordig zien we echter dat de
meeste ICS een centrale toegangsvoorziening hebben. Bijna altijd zijn dit TCP/IP
verbindingen met een Virtual Private Network (VPN) techniek over publieke
telecommunicatienetwerken zoals het internet en/of (mobiele) telefonie.

De route die het dataverkeer aflegt over de publieke netwerken is onbekend en
kan zonder beveiligingsmaatregelen, zoals VPN, gemanipuleerd worden. Doordat
de publieke netwerken niet onder de controle staan van het bedrijf, is bovendien
de beschikbaar niet gegarandeerd. Bij grootschalige incidenten kan het daarom
gebeuren dat juist dan toegang op afstand van kritische systemen niet kan
worden uitgevoerd.

Ondanks de aanwezig beveiligingsmaatregelen kunnen (vergeten)
inbelverbindingen (modems) of toegang op afstand voorzieningen een achterdeur
blijven te zijn om binnen te dringen in een ICS of PCN omgeving. Bij een VPN
worden communicatieprotocollen gebruikt die de verbindingen versleutelt en zo
een beveiligde verbindingstunnel tussen de systemen creëert. Voorbeelden zijn
het PPTP, LT2P en IPSEC protocol. Deze laatste wordt beschouwd als de standaard
voor afgeschermde verbindingen over TCP\IP computernetwerken. Een andere
vorm van VPN maakt gebruik van de beschikbare internet software zoals de web
browser. Hierbij wordt een VPN tunnel gecreëerd met behulp van het SSL of TLS
protocol. Alle vormen van VPN vereisen dat afspraken worden gemaakt tussen de
aangesloten systemen op de beveiligde tunnel die wordt gecreëerd. De wijze
waarop de benodigde (geheime) elektronische sleutels worden aangemaakt en
uitgewisseld is een van de belangrijkste aandachtspunten die bepalen hoe veilig
de tunnel is.

Een kwetsbaarheid is de vanzelfsprekendheid waarmee men verondersteld dat het
gebruik van VPN verbindingen veilig is (Figuur 6). VPN biedt wel afscherming
(vertrouwelijkheid) van het dataverkeer maar geeft geen garanties dat gerichte
cyberaanvallen niet kunnen plaatsvinden via bijvoorbeeld gekaapte

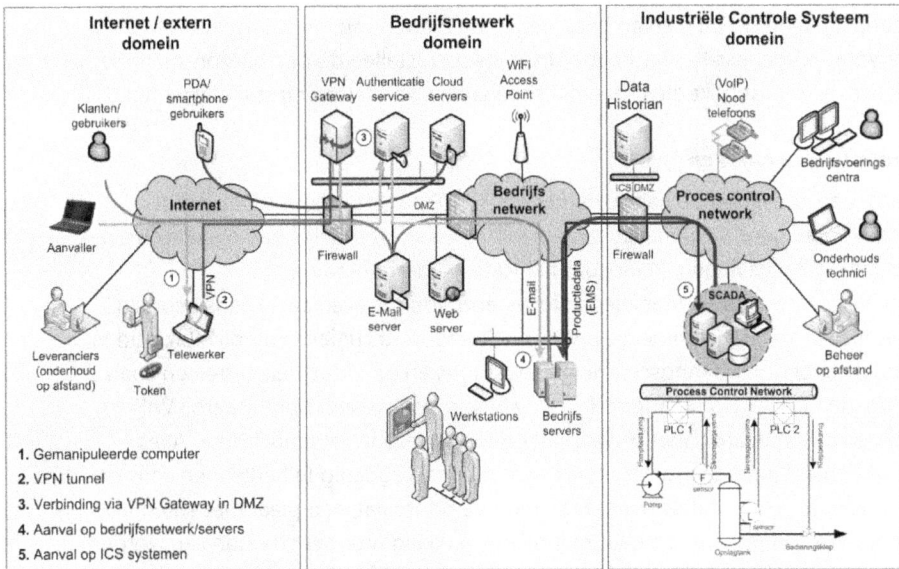

Figuur 6, Netwerkkoppelingen tussen internet, bedrijfsnetwerk en ICS domein

thuiswerkplekken. Deze bevinden zich buiten de invloedssfeer van het bedrijf waardoor beveiligingsinstellingen niet zondermeer zijn af te dwingen. Als de werkplek (via het openbare netwerk waarop hij is aangesloten) is gecompromitteerd, kan een kwaadwillende verbinding maken met deze werkplek om vervolgens via de VPN tunnel ongeautoriseerd toegang te verkrijgen tot het bedrijfsnetwerk. Hierbij is de VPN tunnel in eerste instantie geïnitieerd door de gebruiker die, zoals bedoeld, netjes is geauthentiseerd met bijvoorbeeld een toegangstoken. Omdat de verbinding versleuteld is, kan een kwaadwillende onopgemerkt meeliften door bijvoorbeeld de firewall. Extra beschermende maatregelen worden maar mondjesmaat toegepast.

Een en ander wordt geïllustreerd in Figuur 6. Deze toont een ICS omgeving welke is verbonden met het bedrijfsnetwerk via een afgeschermd netwerksegment (DMZ) en een firewall. Binnen het DMZ bevindt zich een data historian server om gegevens van het ICS beschikbaar te maken in het bedrijfsnetwerk. Het PCN heeft verder een voorziening voor toegang op afstand en gebruikte IP-telefonie naar de (onbemande) locaties zoals onderstations. Het bedrijfsnetwerk is op zijn buurt via een eigen DMZ en firewall verbonden aan het internet. Het biedt diensten als e-mail, webservices en bedrijfstoepassingen aan interne gebruikers en thuiswerkers. Uiteraard zijn de telewerkvoorzieningen beveiligd met een VPN en zijn gebruikers voorzien van toegangstokens voor een aanvullende authenticatie. Via het meeliften op de VPN verbindingen of gecompromitteerde bedrijfsservers

85

verbonden aan het internet, verkrijgt een aanvaller toegang tot de interne
bedrijfssystemen. Eén hiervan haalt gegevens binnen van het ICS en gebruikt
hiervoor het beheerderswachtwoord van het geïnstalleerde databaseprogramma.
De aanvaller misbruikt dit systeem als toegangspoort (*stepping stone*) naar het ICS.

Draadloze netwerken

Naast een convergentie naar Ethernet en TCP/IP als netwerkprotocol, wordt
steeds vaker gebruik gemaakt van draadloze netwerken. Dit is niet nieuw voor
industriële omgevingen. Radiocommunicatie, straalverbindingen,
satellietcommunicatie, mobiele telefonie, enzovoort is allemaal al eens gebruikt.
Wat nieuw is, is dat commerciële WiFi en Bluetooth technieken nu bijvoorbeeld in
fabrieken, bedrijfsvoeringscentra, onderstations en op industriële terreinen zoals
raffinaderijen worden aangetroffen. Bovendien zien we een trend waarbij WiFi of
Bluetooth standaard vanaf de fabriek is geïntegreerd in veldapparatuur. Alles
krijgt een antenne. Soms zijn ze niet eens meer als zodanig te herkennen en is de
hele WiFi of GSM module aangebracht op de printplaat, compleet met antenne.
De fysieke component versmelt met de netwerklaag waarover de signalen worden
getransporteerd. In OSI-model termen: laag 0 (de fysieke laag) versmelt met laag
3 en 4 (de netwerk- en transportlagen).[29]

Met het gemeengoed worden van WiFi en Bluetooth, dringt het gebruik van
(commerciële) mobiele apparatuur zoals PDA's en tabletcomputers door tot in de
procesautomatisering. Zo worden PDA's met WiFi gebruikt op industriële
complexen. De beveiliging en het beheer van deze mobiele apparaten, het
mogelijk verlies of diefstal daarvan levert, kwetsbaarheden op die voorheen alleen
voor de kantoorautomatisering golden.

Het gebruik van draadloze netwerkcommunicatie opent nieuwe aanvalsvectoren.
Het typerende van draadloze netwerken is dat het signaal redelijk simpel is af te
luisteren. Door een zwakke beveiliging van GSM, SMS, WiFi en Bluetooth, is de
communicatie te onderscheppen en te manipuleren. Daarnaast is het GSM-
netwerk zelf kwetsbaar. De verouderde beveiliging van het GSM-protocol A5/1 is
met eenvoudige middelen te omzeilen waarmee communicatie kan worden
afgeluisterd. UMTS en GPRS gebruiken encryptie-algoritmen die minder
kwetsbaar zijn (18). Draadloze communicatie is bovendien eenvoudig te verstoren:
bewust (door een stoorzender), onbewust (falende apparatuur) of zelfs door
natuurlijke oorzaken (zonnevlekken).

---

[29] Het OSI-model kent zeven lagen. Het is een gestandaardiseerd middel om te beschrijven hoe data
worden verstuurd over een computernetwerk. Het zorgt er voor dat er compatibiliteit en interoperabiliteit
is tussen de verschillende types van netwerktechnologieën van organisaties over de hele wereld. De lagen
zijn, van hoog naar laag: toepassing, presentatie, sessie, transport, netwerk, datalink en fysiek.

Onbeveiligde communicatieprotocollen

Een groep van kwetsbaarheden zitten in de industriële controle communicatieprotocollen zelf. Veel gebruikte netwerktopologieën en – protocollen zijn nooit ontwikkeld met een kijk op beveiliging zoals wie die nu kennen. Vrijwel alle communicatieprotocollen zoals DNP3, OPC, Modbus of ICCP bevatten tekortkomingen. Maatwerk (*proprietary*) protocollen, waarvan altijd werd aangenomen dat die veilig zouden zijn vanwege hun onbekendheid, zijn niet beter. Vooral de oudere protocollen ondersteunen geen vercijfering van gegevens (encryptie), authenticatie of geavanceerde integriteitscontroles (19). Ontvangen gegevens en commando's worden niet gecontroleerd op manipulatie. ICS gebruiken communicatieprotocollen die niet zijn ontwikkeld met een geïntegreerd authenticatie en autorisatie mechanisme. Wederzijdse authenticatie wordt zelden toegepast. Deze zwakheden maken de communicatie onder meer kwetsbaar voor aanvallen van binnenuit (*man-in-the-middle attacks*).

Doordat geen vercijferen van de gegevens wordt gebruikt, wordt alle data in leesbare vorm (*clear text*) verzonden over de computernetwerken. Zonder aanvullende maatregelen zoals netwerksegmentatie of VPN kan de communicatie worden onderschept en meegelezen. Deze bevat niet alleen data die kan worden 'afgeluisterd' maar ook gebruikersnamen en wachtwoorden zoals bij het gebruik van HTTP, Telnet of FTP.

Met het toenemende gebruik van Ethernet en TCP/IP als standaard wordt de situatie er niet beter op. Het Internet Protocol (IP) is nooit ontwikkeld voor de vijandige omgeving waarin het tegenwoordig figureert. Vele kwetsbaarheden en mogelijkheden tot misbruik zijn bekend (20). Ethernet, TCP/IP en aanvullende communicatieprogramma's zoals Telnet, SNMP, SMTP, FTP en TFTP kennen een scala aan zwakheden en bekende aanvalstechnieken.

Beschikbaarheid van netwerkbeveiligingsmiddelen

Netwerkbeveiliging zoals we dat kennen in het ICT domein, komt pas kijken binnen ICS omgevingen. Het specifieke karakter van realtime communicatieverbindingen, robuustheid, betrouwbaarheid en industriële communicatieprotocollen, maken dat standaard COTS technieken zoals firewalls en intrusie detectiesystemen (IDS) maar beperkt kunnen worden ingezet en effectief zijn. Firewalls zijn onvoldoende bekend met specifieke ICS datacommunicatieprotocollen, kunnen onacceptabele vertragingen introduceren in tijd-kritische processen en dienen soms te voldoen aan ongebruikelijke (extreme) operationele condities (21).

Grip op ICS Security

Werkstations en servers

Een ICS bestaat niet alleen uit industriële veldapparatuur en veldcontrollers. Data historians, ondersteunende servers, HMI werkstations enzovoort maken gebruik van standaard platformen en besturingssystemen. Deze systemen – binnen de ICT ook wel aangeduid als de eindpunten (*end-points*) of knopen (*nodes* of *hosts*) - zijn lang niet altijd goed beveiligd. Ze bevatten beheerscripts, batchbestanden, of programmeer- en ontwikkelcode. Net als andere componenten bevatten ze mogelijk onbekende services, software en instellingen. Met het gebruik van besturingssystemen als Windows en Linux is de kans dat er naast de ICS programmatuur nog additionele software op ICS systemen geïnstalleerd is alleen maar toegenomen. Zulke extra software kan onopgemerkt kwetsbaarheden bevatten waarlangs een systeem kan worden aangevallen of geïnfecteerd met malware.

Evenmin zijn de netwerkenverbindingen van werkstations of servers apart beschermd. Dynamische ARP wordt ondersteund zonder deze te controleren, DNS servers vanuit het bedrijfsnetwerk maken ze afhankelijk van de beschikbaarheid van externe systemen, netwerkpoorten zijn niet afgesloten. Zonder een effectieve beveiliging, zoals antivirus, *end-point security, hardening* en lokale firewalls, blijven ze kwetsbaar.

Vergeten apparaten

Met het normaler worden van gedigitaliseerde toepassingen en een 'virtualisering van intelligentie' (zie hoofdstuk 2), neemt het gebruik van op computernetwerken aangesloten – geïntegreerde - apparatuur om ons heen toe. Tegelijkertijd worden de besturingssystemen en programmatuur geavanceerder. Software wordt steeds meer direct geïntegreerd (*embedded software* of *firmware*) in apparatuur gemaakt voor een specifieke taak. Het aanpassen of vervangen door nieuwe versies van dergelijke programmatuur is nauwelijks of in het geheel niet mogelijk. Voorbeelden zien we bijvoorbeeld bij ICT apparatuur maar ook bij klimaatbeheersingssystemen of gebouwtoegang- en camerasystemen.

Veel van deze apparatuur valt niet onder de verantwoordelijkheid van bij voorbeeld de ICT afdeling of een ICS bedrijfsvoeringscentrum. In veel gevallen worden dergelijke apparaten onderhouden en beheerd door een extern bedrijf. Er ontstaat een gebrek aan overzicht waar kwetsbaarheden zich allemaal kunnen bevinden. Op het eerste oog eenvoudige ICT componenten, zoals netwerkprinters, scanners of (netwerk)schakelapparatuur, kunnen ongemerkt openingen in de beveiliging creëren. Aanvallen vinden niet alleen plaats via het computernetwerk maar bijvoorbeeld ook doordat printers interne harde schijven bevatten waarop een kopie van alle (niet gewiste) printopdrachten zijn achtergebleven. Deze harde schijven kunnen bijvoorbeeld tijdens een onderhoudsbeurt door een kwaadwillende monteur worden uitgelezen. Netwerkprinters zijn vaak niet beveiligd met authenticatie en autorisaties en draaien onveilige services zoals SNMP, Telnet en FTP (22).

In-band communicatie

ICT systemen worden meestal beheerd over hetzelfde fysieke computernetwerk als waarover het overige netwerkverkeer wordt getransporteerd (in-band). Zo kan het gebeuren dat alarmering- en monitoringsignalen van ICS componenten worden verzonden over hetzelfde (fysieke) computernetwerk als waarover beheersfuncties of ander ICT dataverkeer plaatsvindt. Hierdoor is in voorkomende situaties mogelijk onvoldoende bandbreedte beschikbaar voor het transport van bijvoorbeeld cruciale stuurinformatie of ICS instructies. Bovendien kan door een uitval van een netwerkcomponent geen beheerinstructies meer op afstand worden uitgevoerd via een alternatieve netwerkroute.

Omgekeerd worden bijvoorbeeld GSM/UMTS verbindingen gebruikt binnen de aansturing en alarmering van procesautomatisering. Op (kleinere) afgelegen locaties is niet altijd, of onvoldoende betrouwbare, dekking van het mobiele netwerk aanwezig. Analoge telefonieverbindingen worden daarom nog gebruikt om, buiten het overige process control network (out-of-band), alarmeringssignalen door te geven. De meeste technisch storingen echter treden op met de (oudere) analoge modemverbindingen.

Convergentie naar TCP/IP netwerken vindt ook plaats bij de technische (fysieke) beveiliging. Steeds meer lopen alle signalen voor (brand- en inbraak)alarmering, camera's, etcetera niet meer over analoge telefonielijnen maar via moderne computernetwerken.

Compromitteerde straling (TEMPEST/EMSEC)

Wanneer een elektronisch apparaat aanstaat, geeft deze elektronische straling af. Deze uitgestraalde elektromagnetische energie van elektronica (zoals van een computerbeeldscherm) kan over enige afstand worden opgevangen waarna het originele elektronische signaal valt te herconstrueren. Uit deze opgevangen (residu)straling kan eventueel informatie worden verkregen of worden afgeleid. Zodoende kan bijvoorbeeld op afstand worden 'meegekeken' op een computerbeeldscherm.

Bij het onbedoeld afgeven van straling die informatie bevat, wordt gesproken van compromitterende straling. Een systeem kan daarnaast compromitteerde signalen afgegeven in de vorm van geluid.
Compromitterende residustraling is een sidechannel die met eenvoudige middelen in de directe nabijheid van het apparaat worden opgevangen. Met

geavanceerde apparatuur kan compromitterende straling soms al vanaf tientallen meters afstand worden opgevangen. Hoewel dit geen probleem is bij dagelijkse consumenten elektronica en toepassingen, kan het een serieus probleem zijn als met de desbetreffende elektronische apparatuur vertrouwelijke of geclassificeerde informatie wordt verwerkt.

Om de kwade effecten van elektronische straling tegen te gaan, zijn een serie standaarden opgesteld hoe elektronische apparaten te ontwerpen om compromitterende straling te vermijden. Deze standaarden staan bekend als TEMPEST of *Emissions Security* (EMSEC).

Elektromagnetische aanvallen (EMP)

Elektronische apparaten en ICT apparatuur zijn gevoelig voor elektromagnetische straling die hierop wordt gericht. Dit kan, indien vatbaar, leiden tot storingen, een onbetrouwbare werking, vernietiging van gegevens of zelfs het uitschakelen van het gehele systeem. Binnen industriële omgevingen is dit een onderkend probleem. Om deze rede wordt bijvoorbeeld gekozen voor glasvezelverbindingen in plaats van normale koperverbindingen. Kwetsbaarheden ten aanzien van elektromagnetische aanvallen of de mogelijke gevolgen van hoog frequente straling zijn echter relatief onbekend. Dergelijke methoden zijn wel bekend bij militaire- en inlichtingenorganisaties. Met elektromagnetische aanvallen wordt bedoeld: aanvallen met wapens die een sterke puls afgeven (EMP) waardoor gevoelige elektronica componenten stoppen met functioneren.[30]

Het uitvoeren van elektromagnetische (EMP) aanvallen of het op afstand afluisteren (TEMPEST) van elektronica componenten vereist technische kennis en geavanceerde middelen. Bovendien bestaan er in veel situaties eenvoudigere aanvalsvormen die leiden tot een vergelijkbaar resultaat. De kans dat langs elektromagnetische weg aanvallen plaatsvinden door criminelen of vanuit een terroristisch oogmerk (dadergroepen II of III) wordt dan ook als laag in geschat.

Tijdsynchronisatie via GPS

Voor het functioneren van vrijwel alle computer, netwerk en ICS apparatuur is het essentieel dat de onderlinge tijd van de systemen correct is. De integriteit van gegevens worden hier in belangrijke mate door beïnvloed. Om de tijd op alle apparatuur goed ingesteld te houden, kan gebruik gemaakt worden van een eigen tijdsbron, bijvoorbeeld een centrale tijdserver, of een openbare tijdsservice op het internet. Een andere bron, die goed gebruikt kan worden als er geen

---

[30] Voorbeelden zijn High Power Microwave wapens ingezet om bijvoorbeeld de ontsteking van de auto van een verdachte uit te schakelen.

internet of netwerkverbinding aanwezig is, is via een satellietnavigatiesysteem (GNSS). Dit komt zeker in industriële omgevingen regelmatig voor.

Het bekendste en vooralsnog wereldwijd operationeel enige GNSS dat kan worden gebruikt is het Amerikaanse *Global Positioning System* (GPS). [31] Door een interne computer uit te rusten met een GPS ontvanger wordt een nauwkeurig tijdsignaal verkregen. GPS levert deze tijdinformatie op basis van een atoomklok.

Technische storingen van de GNSS zullen zich altijd met enige regelmaat voordoen. De voornaamste zijn het afschermen of volledig ontbreken van een signaal, een onnauwkeurigheid die buiten de vereiste limiet kan liggen of een lange periode voor het maken van een (eerste) positiebepaling (*time to first fix*).

GPS is gevoelig voor het opzettelijk storen van het signaal (*jamming*) waardoor geen tijdsynchronisatie kan plaatsvinden. Geavanceerder, en daarmee moeilijker om uit te voeren, zijn aanvallen waarbij een vals GPS signaal wordt uitgezonden om GPS ontvangers in de buurt te misleiden (*spoofing* en *meaconing*). Storen kan al plaatsvinden met eenvoudige zenders met een zeer beperkt vermogen (100 µW) doordat het GPS signaal zelf een laag vermogen heeft. Het storen van GPS is relatief eenvoudig en goedkoop.
Storen en misleiden van de GPS kan worden bewerkstelligd door een vaste of mobiele opstelling waarbij in een (klein) gebied rondom de (zich verplaatsende) stoorzender geen GPS dekking kan worden verkregen of een aangepast signaal wordt uitgezonden (23).

Intelligente netten

Hoewel intelligente netten (*smart grids*) geen echte direct kwetsbaarheid ten aanzien van apparatuur en programmatuur zijn, is het toch de moeite waard om hier even te noemen. Namelijk neemt met de komst van intelligente netten de mogelijkheid om vitale infrastructuur langs andere wegen digitaal te gaan aanvallen toe. Lokale energievoorzieningen worden door slimme meters mogelijk kwetsbaar voor cyberaanvallen die relatief weinig technologische kennis vereisen. Een risico van slimme meters schuilt eveneens in de mogelijke schending van privacy van individuele gebruikers, omdat er in de onderlinge communicatie tussen verschillende apparaten onontkoombaar gegevens worden uitgewisseld waaruit het leefpatroon van personen valt af te leiden. Door misbruik van deze gegevens neemt de kans op fraude en criminaliteit toe.

---

[31] Satelliet positiebepalingsystemen met een dekking boven Nederland zijn GPS (eigendom van de Verenigde Staten van Amerika), GLONASS (een Russisch systeem) en Galileo (een initiatief van de Europese Unie, actief vanaf 2010).

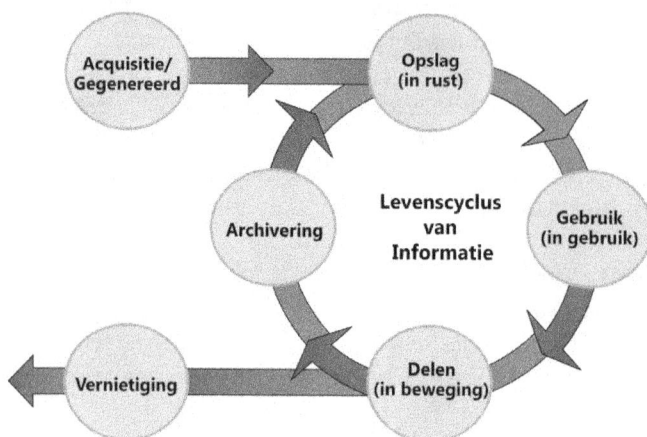

Figuur 7, Levenscyclus van informatie

5.4 De gegevens

Industriële controle systemen hebben betrouwbare, integere gegevens met een hoge mate van beschikbaarheid nodig om te functioneren. Daarnaast verzamelen ze allerlei gegevens voor latere analyses, controle en verantwoording. Deze informatie is een waardevol en essentieel bezit voor een bedrijf maar is op zichzelf eveneens kwetsbaar. Daarom moet naast ICS security ook algemene informatiebeveiligingsaspecten in acht worden genomen. Men wil nu eenmaal niet dat alle financiële of commerciële informatie, personeelsbestanden, toegangscodes, ICS configuratiegegevens, interne procedures of details over getroffen beveiligingsmaatregelen algemeen bekend raken.

De voornaamste kwetsbaarheden direct in relatie tot gegeven, zijn:
- ontbreken van informatiemanagementbeleid;
- geen classificaties van informatie;
- datalekkage;
- recycling van apparatuur;
- mobiele apparatuur en gegevensdragers;
- verlies of diefstal van gegevensdragers;
- meta-data, locatiegegevens, geo-data;
- versnipperde opslag van gegevens;
- lokale dataopslag bij telewerken en toegang op afstand;
- informatie gepubliceerd in open bronnen.

Informatiemanagementbeleid

Informatie wordt verkregen, gegenereerd of ontwikkeld. Als informatie eenmaal aanwezig is wordt hij opgeslagen, gebruikt en verwerkt, gedeeld en uitgewisseld, gearchiveerd voor latere raadpleging of vernietigd. In alle fasen van deze levenscyclus dienen informatiebeveiligingsmaatregelen te zijn getroffen. Veel organisaties kennen geen formele procedures voor de vernietiging van (digitale) informatie. De controle over de gegevens is traditioneel gebaseerd op (van te voren bepaalde) toegangscontroleregels. De toegang tot gegevens wordt maar sporadisch aangepast gedurende de levenscyclus van de informatie. Er is veelvuldig sprake van situaties waarin ontwikkelaars de beschikking krijgen over productiegegevens voor testdoeleinden of waarin derden na oplevering nog toegang hebben tot de bedrijfsomgeving of in het bezit blijven van ter beschikking gestelde materialen en informatie.

Classificaties van informatie

Het belang van informatie voor kwaadwillende opponenten wordt bij lang niet alle bedrijven als zodanig onderkend. Bij veel bedrijven - ook binnen de procesautomatisering - is het classificeren van informatie niet gebruikelijk. Het ontbreekt aan een beveiligingsbeleid en -maatregelen gekoppeld aan het belang van de gegevens. Dit geeft onduidelijkheid over wat wel en niet mag ten aanzien van bijvoorbeeld het delen van informatie en het opslaan van gegevens.

Datalekkage

Gevoelige informatie kan op talloze manieren onbedoeld uitlekken. Dit hoeft niet alleen het gevolg te zijn van cyberaanvallen. Andere oorzaken zijn onder meer de gebruikers zelf, het afvoeren van middelen, het verliezen van gegevensdragers en via meta-data. Onder datalekkage wordt over het algemeen alleen het uitlekken van gevoelige informatie als gevolg van een technische oorzaak of het verlies van gegevensdragers verstaan maar enkele voorbeelden van onbewust datalekken via mensen worden hierna eveneens besproken.

De gebruikers (de menselijke factor) zijn zonder meer de zwakste schakel. Doordat medewerkers artikelen en berichten plaatsen op openbare websites (zoals sociale media, wiki's of in forums) of onbewust gevoelige informatie met derden uitwisselen, kan vertrouwelijke informatie uitlekken. Een voorbeeld is het onbedoeld prijsgegevens van gevoelige informatie over vitale objecten en infrastructuren, kritische ICS installaties, of beveiligingsincidenten. Dit gebeurt bijvoorbeeld doordat de meeste mensen nu eenmaal graag praten over hun werk. Men bespreekt tijdens seminars, vakbeurzen, of via chatsessies op websites details met vakgenoten. Ook het voeren van een (telefoon)gesprek in een publieke ruimte is een veelvoorkomende situaties waarbij gevoelige informatie kan worden opgevangen door anderen.

Grip op ICS Security

Een andere oorzaak waardoor vertrouwelijke informatie uitlekt, is het (bewust) publiceren omdat dit wordt vereist door wet- en regelgeving. Hierbij wordt soms onbedoeld meer informatie gevraagd te delen of verstrekt als voor de uitvoering van de wet- en regelgeving strikt noodzakelijk is. Dit zien we bijvoorbeeld bij de verstrekking van vergunningen waarbij details over het industriële proces of technische installaties worden vereist die niet per se noodzakelijk zijn voor de beoordeling van de aanvraag.

Daarnaast zijn vooral het onzorgvuldig afvoeren van middelen (of recyclen) en de vernietiging van informatie een bron van datalekkage. Gemiddeld blijkt één op de vijf tweedehands mobiele telefoons, laptops en computers nog gevoelige informatie te bevatten (24). Verschillende bedrijven geven hun oude apparatuur bovendien weg in het kader van liefdadigheid of recyclingprojecten. Zonder dat het bedrijf dit weet, begint recyclede apparatuur aan een tweede leven of wordt hergebruikt in anderen landen.

Gevoelige informatie lekt tevens uit door bedieningsfouten, fouten in systeemconfiguraties of door meta-data (extra aanvullende informatie die, meestal automatisch, samen met een computerbestand wordt opgeslagen). Gegevens lekken bijvoorbeeld via koppelingen met achterliggende databases waardoor meer informatie op een publieke website terecht komt dan de bedoeling was, meta-data wordt gekoppeld aan gepubliceerde documenten of het achterblijven van testgegevens. [32]

Mobiele apparatuur en gegevensdragers

Diefstal en verlies van (mobiele) apparatuur of gegevensdragers (zoals USB geheugensticks of SD flashcards) is één van de belangrijkste oorzaken van het ongewenst openbaar worden van informatie. [33] Beveiligingsmaatregelen ten aanzien van deze apparatuur worden zelden getroffen: 90% van de bedrijven versleutelt informatie op smartphones niet. Voor USB geheugensticks ligt dit rond de 70% en voor laptops op 65% (25).

Mobiele apparatuur draagt verder bij aan de wens om altijd bereikbaar en productief te kunnen zijn op tijden en plekken waar het de werknemer uitkomt. Daarnaast willen vooral specialisten en professionals hun eigen apparatuur zoals

---

[32] In november 2007 werd bijvoorbeeld toen door een fout gedurende 3 weken de namen en functies van duizenden marine medewerkers op de openbare internet site van het Commando Dienstencentra gepubliceerd.

[33] Zo werd in februari 2006 militaire gevechtsinstructies t.a.v. Afghanistan openbaar nadat een USB-stick was verloren in een huurauto. In januari 2007 werd door het verlies van een USB-stick gegevens over de lijfwachten van premier Balkenende bekend evenals gegevens over de Nederlandse ambassade in Polen en andere gevoelige informatie.

laptops blijven gebruiken. Niet zelden wordt beveiligingsbeleid gepasseerd door dergelijke hardware toch aan te sluiten op het bedrijfsnetwerk (*rogue devices*) (26).

Versnipperde opslag van gegevens

Ongeautoriseerde toegang of het lekken van gegevens kan optreden doordat niet meer bekend is waar gegevens nu eigenlijk zijn opgeslagen. Door de behoefte informatie altijd overal te kunnen raadplegen, vervaagt de grens tussen werk en privé gebruik van apparatuur. Medewerkers verwachten dat deze (privé) middelen net zo gebruikt mogen worden op en voor het werk (bekend als *Bring Your Own Device*). Zakelijke laptops worden privé gebruikt, privé PC's worden gebruikt voor telewerken en de zakelijke agenda en adresboeken worden gesynchroniseerd met privé smartphones. Gegevens zijn zo in een toenemende mate redundant opgeslagen in verschillende bestanden en op meerdere locaties. Back-ups worden niet alleen op het werk gemaakt en bewaard maar ook op privé opslagmedia. Bij het gebruiken van online (cloud)diensten wordt de dataopslag zelfs geheel buitenshuis geplaatst. Naarmate het bedrijf groter is, wordt het steeds onduidelijker waar gegevens zich bevinden en wie daar toegang toe kan hebben. Deze problematiek speelt zich in het bijzonder af binnen het domein van de kantoorautomatisering maar zal ook steeds meer een rol gaan spelen binnen het domein van de procesautomatisering.

Lokale dataopslag bij telewerken en toegang op afstand

Het aanmelden vanaf een externe locatie (telewerken/thuiswerken) en draadloze netwerken vormt een andere kwetsbaarheid die de integriteit en vertrouwelijkheid van gegevens kan aantasten. Bedrijfsgegevens worden lokaal op laptops, tablets, smartphones en thuiscomputers opgeslagen. Het geven van prioriteit aan mobiliteit en interoperabiliteit leidt tot het omzeilen van het beveiligingsbeleid. Zo wordt vertrouwelijke informatie niet-versleuteld verzonden omdat de ontvangende partij onbekend is met encryptietechnieken of omdat gebruikersvriendelijke encryptieprogramma's niet beschikbaar zijn. Een ander veel voorkomende kwetsbaarheid is het gebruik van doorstuurregels (*forwarding rules*) binnen e-mail programma's: alle e-mail gestuurd naar het zakelijke e-mailadres wordt doorgestuurd naar een privé- of ander e-mailadres. Van deze mogelijkheden wordt veelvuldig gebruik gemaakt wanneer alternatieven onvoldoende beschikbaar zijn.

Informatie in open bronnen

Informatie over ICS is niet geheim of moeilijk verkrijgbaar. Openbare informatie over ICS ontwerp, onderhoud, communicatieprotocollen, enzovoort zijn eenvoudig binnen handbereik via het internet. Leveranciers prijzen hun producten aan, verkopen demonstratie apparatuur en software en leveren via internet ondersteuning aan hun klanten. Bovendien zijn er wereldwijd maar een paar grote

ICS leveranciers die natuurlijk hun handleidingen in het Engels beschikbaar maken. Daarnaast zijn er over de hele wereld veel (ex)-werknemers, specialisten, (onder)aannemers en andere eindgebruikers van dezelfde ICS-apparatuur die hun kennis en ervaring delen. Informatie en middelen zijn dus beschikbaar voor allerlei potentiële tegenstanders en indringers van over de hele wereld.

Informatie wordt – en kan – bijna nooit van het internet verwijderd. Eenmaal gepubliceerde informatie kan dus telkens weer worden gevonden. Ook verouderde informatie bevat veel aanknopingspunten voor kwaadwillende opponenten om een eerste verkenning op een veilige afstand te kunnen uitvoeren. Het is voor een persoon met relatief weinig kennis toch mogelijk om met de beschikbare informatie ongeautoriseerde toegang te verkrijgen met het gebruik van geautomatiseerde aanval en datamining tools als eenvoudige kwetsbaarheden – zoals het ingesteld laten staan van standaard wachtwoorden – niet zijn gedicht.

> *For protecting your information and other resources,*
> *the attacks are irrelevant. The way you protect against*
> *compromise is by closing your vulnerabilities.*
> **(Ira Winkler, Spies Among Us, 2005)**

5.5 De organisatie

Historisch speelde veiligheid wel, maar beveiliging geen rol bij de procesautomatisering. Specifieke maatwerktechnieken, een beperkt aantal directe telecommunicatieverbindingen en de gesloten omgeving maakt dat beveiliging als afdoende werd ervaren. Bij de meeste industriële bedrijven is de organisatie van beveiliging daardoor nog onvolwassen.

De voornaamste kwetsbaarheden in relatie tot de organisatie zelf, zijn:
- geen goedgekeurd beveiligingsbeleid;
- versnipperd risicomanagement en beleid;
- gescheiden fysieke, ICT en ICS aanpak;
- ontbreken van continu en cyclische beveiligingsorganisatie;
- onvoldoende beveiligingsprocedures;
- geen duidelijke taken, rollen en verantwoordelijkheden;
- onvoldoende scheiding van functies/rollen;
- geen borging in de lijnorganisatie;
- geen ICS personeel met aangewezen security taken;
- onvoldoende budgettering;
- gebrekkige afstemming beveiligingsbehoefte;
- ontoereikend object- en middelenbeheer (asset management);
- geen formeel configuratie, wijziging en probleembeheer;

- geen of gebrekkige test- en ontwikkelomgeving;
- onvoldoende authenticatie en autorisatiebeleid;
- logistieke keten/aanschaf van apparatuur
- naleving en audits;
- onvoldoende kwaliteit van loggegevens;
- geen structurele en formele controle van logbestanden;
- onvoldoende voorbereiding op incidenten;
- eenzijdige focus op beschermde maatregelen (geen 24x7 IDS capaciteit);
- geen oefenen van (ICS) noodprocedures bij cyberaanvallen;
- geen integratie met personeelsbeleid.

Beveiligingsbeleid

Een onderbouwde en gedragen aanpak van beveiliging is het best geborgd door de uitgangspunten en de relaties daarvan met de bedrijfsdoelstellingen en verplichtingen, op te nemen in een beleidsdocument. Dit schept niet alleen duidelijkheid maar het laat tevens de betrokkenheid vanuit de directie zien. Het geeft mandaat voor de effectuering van beveiligingsmaatregelen. Helaas hebben niet alle bedrijven al een door de directie goedgekeurd beveiligingsbeleid opgesteld. Daarnaast zijn bij veel bedrijven het fysieke beheer van faciliteiten, gebouwen en objecten gescheiden van het beheer van de computernetwerken en ICT. Bovendien is bijna altijd het beheer van de ICS en PCN procesautomatisering organisatorisch gescheiden van de ICT organisatie ten behoeve van de overige bedrijfssystemen en kantoorautomatisering.

Dit werkt een versnipperd en niet-gestructureerd beheer van risico's in de hand. Het identificeren en aanpakken van kwetsbaarheden gebeurt ad hoc waardoor zwakke plekken lang op ongemerkt kunnen blijven of risico's onvoldoende worden onderkend. Door een verdere scheiding met een beleid ten aanzien van het personeel en de toewijzing van verantwoordelijkheden, mist het bedrijf de mogelijkheid om effectief en efficiënt om te gaan met beveiligingsrisico's.

Beveiligingsorganisatie en procedures

Beveiliging is een complex en continu cyclisch proces. Althans, zo zou het moeten zijn. Beveiliging is niet iets dat er later maar even tegenaan geplakt kan worden om vervolgens vergeten te worden. Nee, het loont alleen maar om het managen van risico's zinvol en kostenbewust te doen, als dit structureel plaatsvind en onderdeel wordt van de normale bedrijfsvoering. Het inrichten van beveiligingsorganisatie en procedures volgens een Security Management System (SMS) helpt om hierbij een Plan-Do-Act-Check cyclus te realiseren. Zonder vastgelegde beschrijving van de organisatie rondom beveiliging zullen procedures ontbreken of ontoereikend zijn, taken en bevoegdheden onduidelijk blijven en beveiligingsmaatregelen misschien wel worden bedacht maar nooit geëvalueerd of getoetst of deze later nog steeds functioneren en voldoen.

Verantwoordelijkheden, taken en rollen

Wie is eigenlijk de baas over het ICS en het PCN? Wie beheert de netwerkverbindingen? Wie regelt de uitwijkvoorzieningen? Wie kent de autorisatie toe? Wie ziet toe op het werk en de toegang op afstand van leveranciers? Veel ICS omgevingen zijn gegroeid in de loop van de tijd. Wie wat doet, wie wat weet en wie wat mag, zijn vaak historisch ontstane situaties. Maar zijn daarbij alle benodigde beveiligingstaken eveneens geborgd? Zijn rapportage en escalatielijnen duidelijk? En zijn de mensen wel voldoende toegerust om hun beveiligingstaken uit te voeren? Bedrijfsvoerders zijn normaal niet gewend om met cyber security dreigingen zoals we die vandaag de dag tegenkomen om te gaan.

Zonder een beveiligingsbeleid en een beveiligingsorganisatie is het waarschijnlijk dat verantwoordelijkheden, taken en bevoegdheden evenmin niet eenduidig zijn toegekend. Uiteraard zal iedere managers en medewerker naar beste eer en geweten omgaan met de informatie en systemen waarmee hij of zij in aanraking komt of het beheer over voert. Echter een structurele borging van beveiliging mist in de lijnorganisatie. Een verantwoordelijk directielid of staffunctionaris zoals een Security Officer zal niet zijn aangewezen. Het niet toewijzen van verantwoordelijkheden en taken op het gebied van risicobeheersing en beveiliging werkt het maken van fouten, het niet voldoen aan regelgeving of het lopen van (onbekende) risico's in de hand.

Op financieel terrein zijn bedrijven gewend om de administratieve organisatie en interne controle (AO/IC) op orde te brengen. Als het gaat over de inrichting van beheersprocessen of beveiliging is dat nogal eens anders. Daarbij zal het niet helder vastleggen van ieders rol gepaard gaan met onvoldoende scheiding van (organisatorische) functies. Dit geeft ruimte aan misleiding (social engineering), fraude of cyberaanvallen van binnenuit. Nota bene; vanuit een technisch perspectief van dieptebeveiliging en het creëren van veerkracht is het eveneens onwenselijk om te veel functionaliteiten op een enkel ICT of ICS systeem onder te brengen.

Budgettering

Veel bedrijven ervaren beveiliging als hinderlijk en kostbaar. De meeste beveiligingsmaatregelen worden getroffen vanuit een zeker eigenbelang of opgelegde wet- en regelgeving. De continuering van diensten moet voldoende zijn gewaarborgd omdat bij te veel verstoringen klanten overstappen naar een concurrent of discontinuïteit leidt tot grote schadeclaims. Het langdurig of permanent in stand houden van een hoog niveau van beveiliging is kostbaar. Zelf kleine – betaalbare – en makkelijk te treffen maatregelen worden vaak al als te veel moeite en te duur gezien (27). Aspecten als tegenvallende bedrijfsresultaten, marktwerking, liberalisering, fusies en internationalisering werken uitstellen en bezuinigen in hand. Bedrijven met vitale infrastructuur onderkennen hun maatschappelijke belang. Dit betekent echter nog steeds niet dat (extra) beveiligingsmaatregelen gericht op verbetering van de weerstand en veerkracht zonder een direct eigen belang als vanzelfsprekend (vrijwillig) worden getroffen. Beveiliging blijft meestal een sluitpost op de iedere begroting.

Object- en middelenbeheer

Bij veel bedrijven zijn er vaak talloze apparaten aan te wijzen die in onvoldoende mate worden meegenomen in beheercycli en beveiligingsaanpassingen (updates en patches). Deze vergeten apparaten zijn meestal bijvoorbeeld netwerkprinters, bewakingscamera's, multimedia-apparatuur en industriële veldapparatuur. Juist dergelijke geïntegreerde apparaten vormen een zeer kwetsbare groep. Dit komt omdat deze apparaten in de regel niet beschikken over eenvoudige bedieningsmogelijkheden en vanwege de doorgaans decentrale opstelling. Het is niet of nauwelijks mogelijk om een patch te draaien of een chip te vervangen. Ze worden zelden voorzien van nieuwe software (*firmware*). Daarnaast brengen leveranciers minder updates uit dan bij reguliere software het geval is.

Bovendien waren geïntegreerde apparaten voorheen nooit gekoppeld aan andere systemen of aan het internet. Ze worden beheerd door monteurs en technici die onvoldoende vanuit ICT of beveiligingsperspectief redeneren. Zij zien de gevaren van de relatie tussen de digitale gegevens met de fysieke wereld onvoldoende, waardoor kwetsbaarheden mogelijk niet onderkent of gerapporteerd worden.

Configuratie, wijziging en probleembeheer

Hoewel configuratie- en wijzigingsbeheer wordt toegepast bij de meeste bedrijven, is het formeel gebruik hiervan nog lang niet vanzelfsprekend en wijdverspreid binnen ICS omgevingen. Daarnaast kenmerkt de werkwijze binnen de procesautomatisering, zeker bij de kleinere bedrijven, zich door informele procedures. Kritische configuraties worden vergeten veilig te stellen. Het ontbreken van een goede test- en ontwikkelomgeving (OTAP) vereist foutloze planningen en aanpassingen; alles moet in één keer goed. Het vooraf testen of oefenen van alternatieven of herstelprocedures (*rollback*) kunnen maar deels worden uitgevoerd.

Alle wijzigingen en aanpassingen aan de infrastructuur en systemen kunnen bovendien aanleiding zijn voor het ontstaan van nieuwe kwetsbaarheden of achterdeuren (*backdoors*). Bij grote wijzigingen dient dan ook een nieuwe risicoinschatting gemaakt te worden. Helaas blijft deze stap te vaak achterwege. Er kan bovendien een vals gevoel van veiligheid worden gecreëerd wanneer oplossingen te snel worden geïmplementeerd. Een voorbeeld hiervan is het invoeren van IDS, IPS of single sign-on. Deze systemen bevinden zich op de meest gevoelige posities binnen het computernetwerk. Zonder adequate procedures, beheer en eigen technische beschermingsmaatregelen, is de effectiviteit beperkt en kunnen aanvallers ze juist misbruiken als een springplank voor hun aanvallen.

Met het oog op de complexiteit van de ICS systemen en de noodzakelijke borging van stabiliteit en continuïteit van het bewaakte en bestuurde industriële proces, worden ICS <u>niet</u> structureel en regelmatig voorzien van nieuwe aanpassingen. Slechts bij een goed onderbouwd en significant belang is het bespreekbaar om een wijziging aan te brengen. En dan nog alleen als een onderhoudsperiode beschikbaar is. Al met al heerst er bij industriële bedrijven vaak een cultuur om pas iets te maken als het daadwerkelijk kapot is of op basis van onderhoudsprognoses kapot kan gaan (*'if it's not broken, don't fix it'*).

Logistieke keten/aanschaf van apparatuur

Een frequent vergeten aspect is de logistiek van aangeschafte hardware en software (28). Het is meestal niet bekend waar deze nu eigenlijk vandaan komt. Onderdelen van vrijwel alle bekende merken worden geproduceerd of geassembleerd in maar een beperkt aantal landen. Door de globalisering is de logistieke aanvoerketen (*supply chain*) van nagenoeg niet te beveiligen. De nadruk ligt van oudsher op de fysieke beveiliging van de logistieke keten, zoals bescherming tegen diefstal, smokkelen, ontduiking van grensmaatregelen (douane) en fraude. Nieuwe dreigingen zijn er bijgekomen zoals diefstal van intellectuele eigendommen, vervalste producten[34], export van sterke encryptie, verborgen achterdeuren in hardware of software (*backdoors*) voor toegang op afstand, logische bommen (*logic bombs*) en andere 'extra' functionaliteit (bijvoorbeeld *keyloggers*). Kwaadwillende opponenten kunnen bijvoorbeeld hardware vooraf voorzien van malware. In militaire en inlichtingenkringen, wordt het injecteren van aangepaste hardware en software in de logistieke keten al langer toegepast voor o.a. spionage (28). Een andere dreiging in de logistieke keten is een gebrek aan kwaliteitscontrole bij de fabrikanten, leveranciers en onderaannemers. Door een gebrek aan 'ICT hygiëne' tijdens het productieproces, bijvoorbeeld door onvoldoende beveiligingsmaatregelen, kan al in het productieproces kwaadaardige software op de producten terechtkomen.[35]

---

[34] In januari 2008 startte de FBI een groot onderzoek naar valse (Cisco) routers.
[35] In oktober 2006 werden TomTom navigatiesystemen (Linux-based) verscheept besmet met verschillende (Windows-based) malware en computervirussen. In het najaar van 2006 werd bij

Hoe kan men controleren dat apparatuur die arriveert op locatie niet al geïnfecteerd is? Welke maatregelen heeft de fabrikant getroffen? En de transporteurs? Bovendien, kleine bedrijven hebben niet altijd de middelen om zware beveiligingsmaatregelen te treffen. Grote bedrijven kopen onderdelen in bij kleine bedrijven en kunnen zo ongemerkt geïnfecteerd raken.

Naleving en audits

Misschien niet de spannendste fase van een cyclisch beveiligingsrisicomanagement aanpak, maar wel noodzakelijk, is het regelmatig controleren of beveiligingsmaatregelen voldoen en worden nageleefd. Bij audits wordt de opzet, het bestaan en de werking van maatregelen getoetst. Afwijkingen op vastgestelde beveiligingskaders, normen en maatregelen moeten kunnen worden verklaard. Mogelijk wordt een goede aanleiding blootgelegd om een beveiligingsmaatregel aan te passen, te verbeteren of juist te laten vervallen. Zonder de handhaving van een beveiligingsbeleid, toezicht op de naleving van maatregelen en procedures, of het regelmatig verifiëren of maatregelen nog wel voldoende de risico's afdekken, is er geen sprake van een geborgen en cyclisch beveiligingsproces binnen het bedrijf.

Voorbereiding op incidenten

Een organisatieprobleem is het onvoldoende testen van noodsituaties. Uitwijkprocedures en uitzonderingssituaties worden onregelmatig beoefend of missen diepgang. Zo worden bijvoorbeeld onderlinge afhankelijkheden of de logistieke keten (zoals de aanvoer van brandstof voor de noodstroomvoorzieningen) onvoldoende meegenomen. Het omgaan met een gerichte cyberaanval op de ICS wordt zelden geoefend.

Niet zelden blijken noodvoorzieningen niet of slechts gedeeltelijk te functioneren. Als noodvoorzieningen worden misbruikt voor de dagelijkse levering van diensten - bijvoorbeeld voor een capaciteitsuitbreiding - blijken ze ineens niet meer te bestaan of onbruikbaar in echte noodsituaties.

Een regelmatig over het hoofd gezien aspect is het handhaven en garanderen van het beveiligingsniveau tijdens incidenten en uitwijksituaties. Juist in crisissituaties,

---

verschillende Apple iPods het (Windows) computervirus RavMon geconstateerd. In het najaar van 2007 kwamen harde schijven van Maxtor, gefabriceerd in China, op de markt die een computervirus bevatten. De infectie was ontstaan tijdens de kwaliteitstesten. Rond Kerst 2007 verschenen plotseling veel verschillende besmette producten, zoals USB geheugensticks, digitale fotocamera's en GPS systemen op de markt. Begin 2008 bleken de USB installatiesleutels voor HP ProLiant servers besmet te zijn.

als er onder hoge tijdsdruk ingrijpende beslissingen moeten worden gemaakt en ad hoc wordt gehandeld, is het bedrijf kwetsbaar voor het uitlekken van gevoelige informatie of een gerichte cyberaanval omdat beveiligingssystemen niet functioneren of procedures niet langer worden gevolgd.

Incidentopvolging

Incidentopvolging is het nemen van acties om, om te gaan met een incident dat optreedt. Incidentafhandeling omvat de herstel- en uitwijkacties om vervolgens terug te keren naar de normale situatie. Niet zelden ontbreekt het aan duidelijke verantwoordelijkheden en taken, adequate procedures en voldoende middelen.

Incidentafhandeling wordt vaak gezien als onderdeel van de bedrijfscontinuïteitsplannen (BCM) van een organisatie. Beveiligingsaspecten blijven daardoor onderbelicht. Cyberincidenten zijn lastig als zodanig te herkennen. Ze zijn verborgen in de digitale wereld. Bovendien zijn het in eerste instantie kleine onbeduidende gebeurtenissen zoals een kleine verstoring op een ICT apparaat, een kortstondig niet-werkend programma of een melding in logbestand. Zonder een structurele analyse kunnen cyberaanvallen lang sluimeren en pas te laat worden ontdekt. Hierdoor kan er niet efficiënt lering worden getrokken uit de voorgedane gebeurtenissen, kunnen maatregelen niet worden geëvalueerd en kan de situaties zich dus herhalen. Eenmaal geconfronteerd met een incident, zijn bedrijven onbekend met het veiligstellen van (digitale) sporen voor forensisch onderzoek of met de wettelijke (on)mogelijkheden om te kunnen optreden.

5.6   Diensten van derden

Door de toenemende mate van in- en uitbesteding van diensten, vervaagt de grens tussen interne en externe verantwoordelijkheden, voorzieningen en systemen die gebruikt worden om een bepaald deel van de ICS en PCN functionaliteit te vervullen. De afhankelijkheid van andere diensten of apparatuur buiten het eigen bedrijf is niet altijd duidelijk en kan daardoor worden vergeten bij het bepalen van beveiligingsmaatregelen. Daarnaast staan externe leveranciers en dienstverleners verder af van de kernactiviteiten van het eigen bedrijf. Hierdoor kan het voorkomen dat ze bij incidenten te langzaam of verkeerd reageren. Bovendien hebben externe partijen andere belangen, loyaliteiten en (verborgen) agenda's.

In contracten en dienstenovereenkomsten (*service level agreements)* wordt in de meeste gevallen weinig concreet invulling gegeven aan aspecten als (informatie)beveiliging en bedrijfszekerheid. Impliciete verwachtingen zijn bijvoorbeeld niet expliciet gemaakt in afspraken en eisen t.a.v. hersteltijden en hersteldoelstellingen of fysieke, personele of organisatorische beveiligingsmaatregelen.

Enkele kwetsbaarheden in relatie tot het gebruik van diensten van derden, zijn:
- onduidelijke verantwoordelijkheden en taken;
- onbekende (keten)afhankelijkheden;
- onbekende kwetsbaarheden en mogelijk 'backdoors';
- geen eenduidige incidentopvolgingsprocedures;
- geen zicht op ingezet personeel bij derden;
- verspreiding van vertrouwelijke informatie;
- onbekendheid met beveiligingsprocedures;
- juridische consequenties en aansprakelijkheid;
- geen controle op handhaving en naleving bij derden;
- geen beveiligingsovereenkomsten met onder-leveranciers;
- geen toezicht op onder-leveranciers;
- onduidelijke communicatielijnen en geen 'single points of contact' (SPOC);
- faillissement, fusie of overname van leverancier.

5.7 De omgeving en fysieke aspecten

De industriële controle systemen staan niet op zich. Ze vormen een essentieel instrument voor de bedrijfsvoering. Externe invloeden die kwetsbaarheden in de hand kunnen werken zijn bijvoorbeeld wijzigende wetgeving, regulering of samenwerkingsverbanden. Vanuit ICS security perspectief zijn vooral de fysieke aspecten interessant.

In veel sectoren dienen ICS om onbemande onderstations aan te sturen en te bewaken. De ICS netwerken strekken zich soms over grote afstand, meerdere landen en fysiek extreme gebieden uit. Ze liggen vrijwel altijd wel ergens op of nabij publiek toegankelijk terrein of delen voorzieningen met openbare telecommunicatienetwerken. De uitgestrektheid van ICS omgevingen maken de fysieke beveiliging die nodig is om de integriteit en beschikbaarheid van de ICS veldapparatuur, PCN netwerkcomponenten en bekabeling te beschermen tot een serieuze uitdaging.

Ter plekke is de fysieke toegang tot ICS apparatuur evenmin altijd af te schermen. Ruimtes waarin ISC apparatuur staat opgesteld kan bijvoorbeeld niet altijd worden afgesloten omdat deze voor meerdere doeleinden wordt gebruikt. ICS veldapparatuur staan bijvoorbeeld opgesteld in ruimtes gedeeld met brandmeldingsinstallaties, telefooncentrales of (nood)stroomvoorzieningen die tevens voor ander onderhoudspersoneel toegankelijk moeten zijn. Installaties en apparatuur verspreid langs bijvoorbeeld pijpleidingen, kabelverbindingen, in onbemande onderstations, grote fabriekshallen of open industrieterreinen maken het treffen van fysieke maatregelen niet eenvoudig.

Kwetsbaarheden in relatie tot de omgeving en de fysieke aspecten van ICS, zijn:
- fysieke toegang door onbevoegden;
- slechts toegangsbeveiliging;
- universele sleutels of slecht sleutelbeheer;
- onbemande locaties;
- gecombineerde locaties met andere partijen;
- geografisch verspreide locaties;
- wijd vertakte PCN netwerken;
- beperkte telecommunicatie mogelijkheden;
- geen redundantie of noodvoorzieningen op locatie;
- hoge zichtbaarheid van locaties (kenmerkend in landschap);
- ligging op openbaar terrein;
- afgelegen locaties;
- moeilijk bereikbaar;
- extreme klimatologische en geografische condities;
- beperkingen i.v.m. veiligheidseisen (*safety regulations*).

5.8   Top 10 kwetsbaarheden

Zoals we hebben kunnen vaststellen zijn ICS omgevingen complex en gebonden aan veel randvoorwaarden en technisch beperking. Als er al een top van de meest voorkomende of bedreigende kwetsbaarheden valt te maken, zijn dat waarschijnlijk – met de menselijke factor aan kop - de volgende tien:

1. Gebrek aan bewustzijn en bedrijfscultuur
2. Ontoereikend beleid en procedures
3. Geen effectieve dieptebeveiliging
4. Wijzigingenbeheer (patchmanagement)
5. Gebrekkige identificatie, authenticatie en autorisatie mechanismen
6. Standaard configuraties en wachtwoorden
7. Interoperabiliteit, connectiviteit en (externe) netwerkverbindingen
8. Inherente zwakheden van ICS apparatuur en communicatieprotocollen
9. Geen 'end-point' bescherming (open netwerkpoorten, USB, extra software)
10. Geen detectiecapaciteit voor cyberaanvallen (firewalls, IDS, logbestanden)

6 ICS Security Architectuur

Dit boek beschrijft alleen enkele principes en begrippen die iedereen betrokken bij ICS security een keer moet hebben gehoord. Omdat dit boek slechts een eerste kennismaking tot het vakgebied is, worden geen complete technologische concepten uitgewerkt. Dit hoofdstuk gaat slechts kort in op begrippen als kwaliteitskenmerken, identificatie en authenticatie, dieptebeveiliging en enkele securitytechnieken.[36]

> *If you think technology can solve your security problems,*
> *then you don't understand the problems,......and you don't*
> *understand the technology.*
> *(Bruce Schneider, Amerikaanse cryptografiedeskundige)*

6.1 De kwaliteitskenmerken van beveiliging

De beveiliging van informatie en ICT voorzieningen richt zich vooral op de aspecten beschikbaarheid, integriteit, vertrouwelijkheid, onweerlegbaarheid en controleerbaarheid. De eisen die gesteld worden aan deze beveiligingsaspecten - samen ook wel kwaliteitseisen of kwaliteitskenmerken genoemd - dienen meestal als randvoorwaarden voor de keuze van te treffen beveiligingsmaatregelen. Vaak is een waardering van de (bedrijfs- en productie)processen nodig om het gewenste beveiligingsniveau van ICT-systemen vast te stellen. Kort gezegd: hoe belangrijker een bepaald proces, des te hoger de kwaliteitseisen voor de benodigde ICT-systemen. [37]

Vanuit het belang van de vitale infrastructuur en industriële automatisering, wordt de nadruk bijna altijd gelegd op de aspecten beschikbaarheid en integriteit daar waar het strategische of kritische processen of diensten betreft.

Beschikbaarheid

Beschikbaarheid is een kwaliteitskenmerk dat aangeeft in hoeverre een object, dienst, systeem of component zonder belemmering tijdig toegankelijk is voor de geautoriseerde gebruikers. De beschikbaarheid wordt in de regel als een

---

[36] Een uitgebreid overzicht met beveiligingstechnieken en hun voor- en nadelen binnen een ICS omgeving is onder meer te vinden in de ISA99 standaard (33).
[37] Vaak worden de kwaliteitskenmerken afgekort als BIV, BIVOC of in Engelse literatuur als CIA.

percentage gepresenteerd, waarbij een hogere waarde een positievere uitkomst is dan een lage waarde. Voor ICS is beschikbaarheid het waarborgen dat (geautoriseerde) gebruikers (of geautomatiseerde processen) op de juiste momenten tijdig toegang hebben tot de voor de vitale diensten en producten benodigde voorzieningen.

Technisch wordt er veel gedaan om de beschikbaarheid van de kritische ICS systemen en veldapparatuur te borgen. De infrastructuur architectuur van een ICS omgeving kenmerkt zich door een hoge mate van redundantie. Kritische componenten zijn dubbel of driedubbel uitgevoerd. Faalt een PLC, dan neemt een andere het over. Apparatuur is voorzien van dubbele voedingen, aangesloten op onafhankelijke stroomvoorzieningen en noodstroom (UPS). Computernetwerken zijn van twee verschillende types of aangelegd in een ringstructuur zodat onderbrekingen nog geen interruptie in de verbindingen hoeven te betekenen.

Binnen technische (ICS) omgevingen is het gebruikelijk om de beschikbaarheid te borgen door preventief onderhoud gepleegd op basis van inschattingen wanneer een component zal gaan bezwijken. Voor deze bepaling worden bijvoorbeeld *Mean time between failures* (MTBF) waardes bepaald of *Failure mode and effects analysis* (FMEA) uitgevoerd. Echter de beschermende maatregelen zijn getroffen vanuit een puur technisch en bedrijfscontinuïteit perspectief en maar beperkt effectief om kwaadwillende opponenten tegen te houden (zie ook punt 'Centralisatie' bij de kwetsbaarheden onder paragraaf 0).

Integriteit

Integriteit is een kwaliteitskenmerk voor gegevens, een object of dienst dat de betrouwbaarheid weergeeft. Een betrouwbaar gegeven is juist (rechtmatigheid), volledig (niet te veel en niet te weinig), tijdig (op tijd) en geautoriseerd (gemuteerd door een persoon die gerechtigd is de mutatie aan te brengen). Voor ICS is integriteit het waarborgen van de correctheid, volledigheid en tijdigheid van informatie en verwerking daarvan noodzakelijk voor de levering van vitale diensten en producten.

Technische maatregelen om de integriteit van gegevens te waarborgen is vrijwel inherent aan alles wat met computernetwerken en ICS te maken heeft. Alle communicatieprotocollen hebben een vorm van foutcontrole en veldapparatuur heft fout- en diagnose routines om de betrouwbare werking te kunnen vaststellen. Echter vanuit een beveiligingsperspectief bieden deze maatregelen vaak geen of weinig bescherming tegen kwaadwillende opponenten. Aanvullende technische maatregelen zoals *message authentication codes* (MAC) of digitale certificaten voor wederzijdse authenticatie worden nog maar sporadisch toegepast binnen ICS omgevingen.

Vertrouwelijkheid

Vertrouwelijkheid is een kwaliteitskenmerk van gegevens puur in het kader van de informatiebeveiliging. Met vertrouwelijkheid (exclusiviteit) wordt bedoeld dat een gegeven alleen te benaderen is door iemand die gerechtigd is het gegeven te benaderen. Wie gerechtigd is een gegeven (informatie) te benaderen wordt vastgesteld door de eigenaar van het gegeven (de informatie).

Technisch kan vertrouwelijkheid worden ingevuld door het versleutelen van bestanden, communicatiekanalen of e-mailberichten. Als sleutel kan een wachtwoord worden gebruik. Het nadeel daarvan is dat dit wachtwoord weer moet worden gedeeld met alle ontvangers. Een andere methode is door het gebruiken van PKI technieken. Iedereen heeft dan een zogenaamd sleutelpaar. Dit is een eenmalig aangemaakt sleutelpaar bestaande uit een privé en een publieke sleutel. De publieke sleutel kun je aan iedereen geven waarmee je wenst te communiceren. Je privé sleutel houdt je voor je. Omdat de privé sleutel niet een wachtwoord is maar een kleine beveiligd bestandje op de computer van persoon B of op een smartcard (token) in bezit van alleen persoon B, bestaat dus geen groot gevaar dat het wachtwoord kan worden geraden of meegelezen. De publiek sleutel is niet geheim en kan dus gewoon via het internet worden verspreid.

Onweerlegbaarheid

Onweerlegbaarheid is een kwaliteitskenmerk voor een object of dienst dat de mate weergeeft waarin onbetwistbaar bewezen kan worden dat een partij een valse ontkenning geeft van deelname in het geheel of deel van een communicatiestroom. Onweerlegbaarheid moet voorkomen dat iemand een bepaalde handeling kan ontkennen. Heeft iemand het wel gedaan?

Technisch wordt onweerlegbaarheid eigenlijk alleen maar adequaat ingevuld met PKI technieken met digitale certificaten (zie onder asymmetrische cryptografie). Als van een bericht of document de afzender moet worden aangetoond, kan dit doordat de opsteller deze voorziet van een elektronische handtekening. Dit is een unieke controlewaarde berekend voor het betreffende bestand met behulp van een privésleutel van de opsteller. Iedere ontvanger van het bericht of bestand (dat dan overigens niet versleuteld hoeft te zijn) kan dan aan de hand van een bijpassende publieke sleutel van de afzender vaststellen dat het bericht door de unieke sleutel van de persoon is ondertekend en direct zien of deze daarna nog (onbevoegd) is gewijzigd.

Controleerbaarheid

Controleerbaarheid is een kwaliteitskenmerk voor een object of dienst dat de mate waarin het mogelijk is kennis te verkrijgen over de structurering (documentatie) en de werking van een object weergeeft. Tevens omvat dit

Grip op ICS Security

kwaliteitskenmerk de mate waarin het mogelijk is vast te stellen dat het proces, de procedures en/of de verwerking van informatie in overeenstemming met de eisen ten aanzien van de kwaliteitseisen wordt uitgevoerd.

De kwaliteitskenmerken van beveiliging worden, bezien vanuit het bedrijfs- of industriële proces, bij veel bedrijven volgens de volgende criteria beoordeeld in hoog, middel of laag.

	Essentieel (HOOG)	Belangrijk (MIDDEL)	Wenselijk (LAAG)	Geen criterium
Beschikbaar	Is onmisbaar; slechts in uitzonderlijke gevallen niet operationeel	Is wezenlijk; nauwelijks uitval tijdens openingstijden	Is noodzakelijk; een enkele keer uitval is aanvaardbaar	Is niet nodig; er hoeven geen garanties gehaald te worden
Integriteit	Is onontbeerlijk; het bedrijfsproces eist foutloze informatie	Is detecteerbaar; een zeer beperkt aantal fouten is toegestaan	Is actief; het bedrijfsproces tolereert enkele fouten	Is passief; extra integriteit bescherming is niet nodig
Vertrouwelijk	Is dwingend; bedrijfsbelangen worden ernstig geschaad als ongeautoriseerden toegang krijgen	Is cruciaal; gegevens alleen toegankelijk voor direct betrokkenen	Is afgeschermd; gegevens alleen ter inzage voor een bepaalde groep	Is openbaar; gegevens hoeven niet afgeschermd te worden
Onweerlegbaar	Is verplicht; bewijs van identiteit afzender is noodzakelijk voor het bedrijfsproces	Is nodig; bewijs is van groot belang	Is zinvol; bewijs is handig	Is niet relevant; bewijs is niet van belang
Controleerbaar	Is onontbeerlijk of verplicht; onafhankelijke verificatie van functioneren, verwerken van informatie en het voldoen aan kwaliteitseisen, is noodzakelijk.	Is aantoonbaar, (onafhankelijke) verificatie van het verwerken van informatie en het voldoen aan kwaliteitseisen, is nodig voor de belangrijkste (deel)processen	Is gewenst, (onafhankelijke) verificatie van het verwerken van informatie en het voldoen aan gestelde kwaliteitseisen, is zinvol	Is niet relevant; (onafhankelijke) verificatie is niet van belang

Tabel 1, Kwaliteitskenmerken wegingstabel

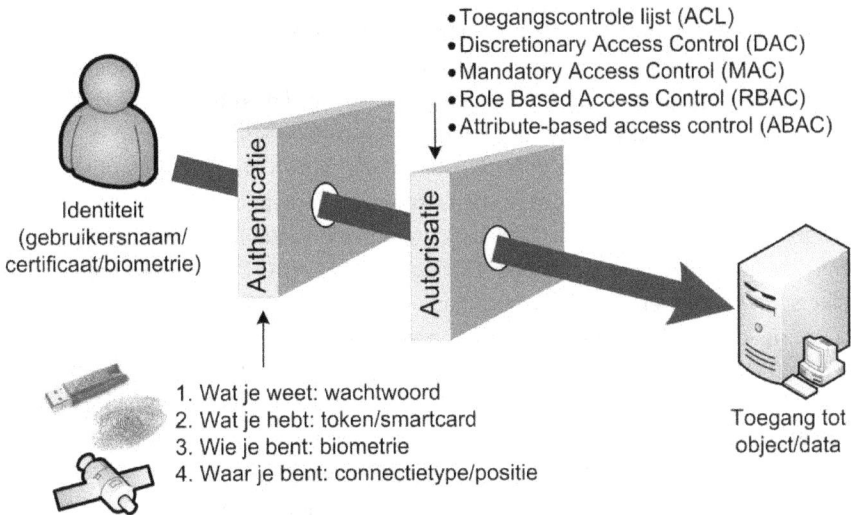

Figuur 8, Identificatie, authenticatie en autorisatie proces

6.2 Identificatie, authenticatie en autorisatie

Een essentieel proces in iedere beveiligingsstrategie, zowel fysiek als digitaal, gaat over het toegang verlenen aan bevoegde personen of geautomatiseerde computerprocessen. Dit verloopt altijd in drie fasen, namelijk identificatie, authenticatie en autorisatie, die onderling principieel verschillen. Ze kunnen door andere personen, organisaties of systemen op verschillende momenten in een toegangscontroleproces worden toegepast.

Het zorgvuldig vastleggen, registeren en beheren van gebruikersidentiteiten en echtheidskenmerken is zo belangrijk dat dit een apart aandachtsgebied is binnen de informatiebeveiliging namelijk *Identity & Access Management*.

Identificatie

De eerste stap in een toegangscontroleproces, identificatie, is het kenbaar maken van de identiteit van een subject (een persoon of een (computer)proces). Bij identificatie zegt een gebruiker dus wie hij is. De identiteit wordt gebruikt om de toegang van het subject (de gebruiker) tot een object (zoals een server of computerbestand) te beheersen. De identiteit kan tevens gebruikt worden om bijvoorbeeld de omgeving, opmaak of instellingen van een systeem op de gebruiker af te stemmen. Identificatie kan op verschillende manieren plaatsvinden zoals een inlogscherm, biometrisch kenmerk of een smartcard (token) met digitaal certificaat.

Authenticatie

De tweede stap in een toegangscontroleproces, authenticatie, is het proces waarbij iemand, een computer of applicatie nagaat of een gebruiker, een andere computer of applicatie daadwerkelijk is wie hij beweert te zijn. Authenticatie is dus het proces om te controleren of de opgegeven geclaimde identiteit wel echt is. Ben je wie je zegt dat je bent? De controle of een opgegeven bewijs van identiteit klopt vindt meestal plaats door vast te stellen of deze overeenkomt met opgeslagen echtheidskenmerken. Deze zijn bijvoorbeeld vastgelegd in een authenticatiesysteem, zoals een database (bijvoorbeeld een RADIUS server) met gebruikerseigenschappen of wachtwoord hash-waarden. Deze zijn eerder als bewijs van de identiteit voor een gebruiker geregistreerd.

Authenticatie kan plaatsvinden op basis van: (i) iets wat je weet (een wachtwoord), (ii) iets wat je hebt (zoals een token), (iii) wie je bent (op basis van biometrische kenmerken zoals een vingerafdruk, irisscan of stemherkenning), of (iv) waar je bent (bijvoorbeeld geografische positie of logische verbinding met het computernetwerk zoals op een extern of intern netwerksegment). Als de authenticatie plaatsvindt op basis van twee in plaats van één enkel criteria, noemen we dit twee-factor authenticatie. De sterkste vorm van twee-factor authenticatie is een toegangstoken of smartcard voorzien van een wachtwoord of pincode. Biometrische eigenschappen, in het bijzonder vingerafdrukken, zijn in tegenstelling tot wat vaak wordt gedacht relatief eenvoudig te dupliceren en dus minder veilig. Authenticatie op basis waar je bent is misschien wel een nuttige aanvulling maar volstrekt onveilig als primaire authenticatiemethode.

Autorisatie

De derde stap in een toegangscontroleproces, autorisatie, is het proces waarin een subject (een persoon of een proces) rechten krijgt op het benaderen van een object (zoals gegevens in een database, een computerbestand of een systeem). Bij de meeste autorisatiemodellen wordt de toegangsvorm (bijvoorbeeld alleen leesrechten) toegekend door de object of data eigenaar. Vaak bestaan autorisaties uit toegangscontrolelijsten voor groepen van gebruikers of individuele gebruikers die zijn opgeslagen samen met het object. Op basis van een vastgestelde identiteit verleent het beveiligingssysteem de toegestane rechten, bijvoorbeeld lees- en schrijfrechten op een computerbestand.

6.3   Dieptebeveiliging

Dieptebeveiliging of diepteverdediging (*defense in depth*) is een beveiligingsstrategie waarbij meerdere verdedigingslagen in en rond een te beveiligen object of data (informatie) zijn aangebracht om de weerstand en veerkracht tegen aanvallen te vergroten.

Weerstand (*resistance*) is de mate waarmee een object, proces of systeem bestand is tegen dreigingen door middel van getroffen preventieve maatregelen.

Veerkracht (*resilience*) is de mate waarmee een object, proces, of systeem (de gevolgen van) dreigingen (dynamisch) kan opvangen zonder dat hierbij direct (significante) schade ontstaat waardoor de continuering of integriteit en betrouwbaarheid van de kritische functies in gevaar worden gebracht.

> *Een goede beveiligingsstrategie en -architectuur bieden weerstand én veerkracht door het aanbrengen van meerdere verdedigingslagen én een uitgebalanceerde mix van verschillende soorten beveiligingsmaatregelen.*

Bij dieptebeveiliging wordt het falen van één verdedigingslaag opgevangen door de volgende laag. Dit is een verstandige strategie welke al eeuwen wordt toegepast. In de Middeleeuwen gold dit als uitgangspunt voor het bouwen van burchten. Binnen de informatiebeveiliging en ICS omgeving kunnen we bijvoorbeeld menselijke, fysieke, netwerk, applicatie en datalagen onderscheiden. Ze worden beschermd door bijvoorbeeld firewalls, netwerkbufferzones (zoals een DMZ), het harden van componenten (*hardening*), beperking van benodigde toegangsrechten (*least privilege*) en functiescheiding.

Bij dieptebeveiliging gaat het er om een juiste mix te realiseren van soorten maatregelen. Zo kunnen fysieke en technische (ICT) maatregelen elkaar versterken. Tegelijkertijd moet aandacht worden besteed aan mensen en organisatie. Bovendien bestaat een goede beveiligingsstrategie niet alleen uit verdedigingen (beschermende) maatregelen maar ook uit voorzieningen om aanvallen of verdacht gedrag tijdig te kunnen signaleren en hierop te kunnen reageren. Dieptebeveiliging is dus het geheel aan op elkaar afgestemde en gelaagde beveiligingsmaatregelen waarbij een evenwichtige balans wordt gemaakt tussen waar desbetreffende maatregelen aangrijpen (organisatorisch, personeel, fysiek of (ICT) technisch) en waarbij deze gezamenlijke maatregelen preventief, detectief en reactief optreden zodat voldoende weerstand en veerkracht ontstaat ten aanzien van dreigingen.

Beveiligingsmaatregelen staan nooit op zichzelf. Het treffen van een maatregel kan niet los worden gezien van de wisselwerking met andere maatregelen. Cybersecurity maatregelen zijn nutteloos zonder fysieke, organisatorisch of personele maatregelen. Zo is het onzinnig om alleen te investeren in dikke deuren en kluizen als ondertussen iedereen gevoelige informatie op USB geheugenstick kan kopiëren of per e-mail verzenden.

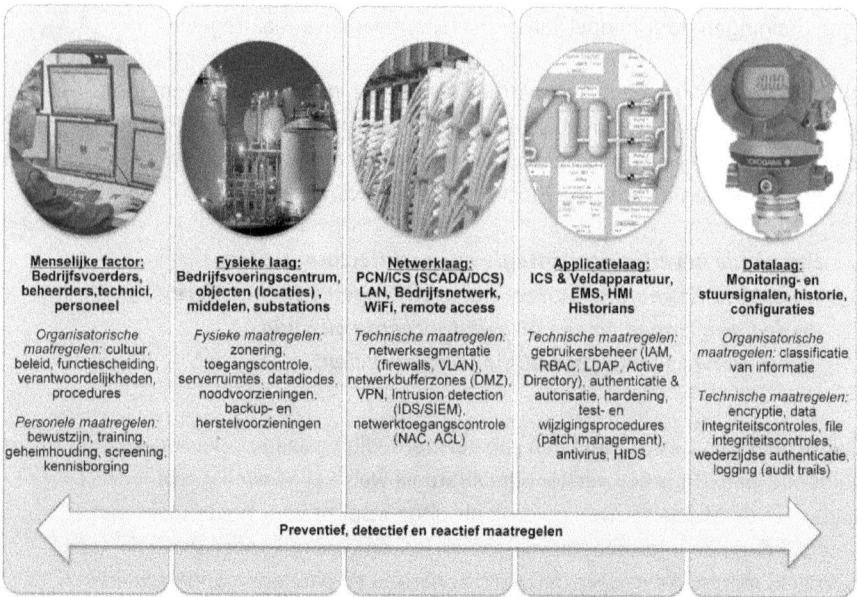

Figuur 9, Dieptebeveiligingsmodel met voorbeeld maatregelen

Dit boek behandelt niet allerlei beveiligingsmaatregelen. Dit is simpelweg te afhankelijk van iedere specifieke situatie. Bovendien is het scala aan oplossingen, technieken, procedures, enzovoort bijna oneindig. We volstaan hier daarom om alleen verschillende werkingsgebieden van maatregelen te benoemen en enkele specifieke belangrijke technische beveiligingstechnieken toe te lichten.

6.3.1 Preventief, detectief en reactief maatregelen

Beveiligingsmaatregelen kunnen bestaan uit preventieve (beschermende), detectieve (alarmerende), of reactieve (repressieve en corrigerende) maatregelen.[38]

Een balans tussen deze type maatregelen staat niet op zichzelf. Het is weinig zinvol om alle maatregelen te focussen op bescherming zonder dat er voorzieningen zijn waarmee kan worden gezien of er een inbraakpoging of cyberaanval plaatsvindt of dat er procedures zijn om op te kunnen treden.

---

[38] Niet te verwarren met - maar wel sterk lijkend op – de stappen pro-actie, preventie, preparatie, repressie en nazorg, die veel worden gehanteerd in de fysieke beveiliging, rampen- en crisisbestrijding.

112

In de 'normale' fysieke wereld is dit vrij evident. Geen ICS omgeving zonder een brandmeldinstallatie, een bedrijfsbrandweer en een ontruimingsplan. In de digitale wereld vinden we dit vaak nog lastig. Een schatting is dat 90% van het budget wordt gespendeerd aan beschermende ICT maatregelen zoals firewalls, toegangstokens, antivirus en patchmanagement. De rest van de aandacht en middelen moet worden verdeeld over detecterende maatregelen zoals een IDS, organisatorische aspecten en personele maatregelen zoals bewustzijncampagnes.

De noodzakelijke balans tussen preventieve (P), detectieve (D) en reactieve (R) maatregelen kan geïllustreerde worden met de formule:

Preventie > Detectie + Reactie

Hiermee wordt uitdrukking gegeven aan de stelling dat preventieve maatregelen niet oneindig sterk of eeuwig bestand hoeven te zijn tegen iedere gebeurtenis of (cyber)aanval. Ze hoeven slechts dusdanige weerstand op te werpen dat een gebeurtenis of aanval kan worden gedetecteerd en dat er vervolgens adequaat en tijdig op kan worden gereageerd. De correctieve acties die dan volgen zouden een eventueel verder falen van de preventieve maatregelen moeten kunnen ondervangen.

> *90% is spent on protection. Spending lots of money to keep people out, while they are already in.*
> *(Anonymous security consultant, 2010)*

Opnieuw is in de fysieke wereld dit makkelijker herkenbaar. Een kluisdeur mag best kapot gemaakt worden met bijvoorbeeld een snijbrander als er ondertussen maar een alarm af gaat én een bewakingsdienst de tijd heeft om in te grijpen voordat de dader met zijn buit kan wegkomen. In de cyberwereld gelden deze principes net zo. Echter is het detecteren van, en reageren op, gebeurtenissen vele male complexer.

6.3.2   Organisatorische, personele, fysieke en technische maatregelen

Een indeling in preventief, detectief of reactief maatregelen, is eerder al handig gebleken om te bepalen of er voldoende balans zit tussen de maatregelen om dieptebeveiliging te realiseren. Echt praktisch is deze indeling echter niet als het gaat om maatregelen te implementeren en in stand te houden. Daarom worden beheersmaatregelen ook wel gecategoriseerd als organisatorische, personele, fysieke of technische (ICT/ICS) maatregelen.

Organisatorische maatregelen

Organisatorische maatregelen hebben betrekking op de wijze waarop het bedrijf of de procedures functioneren en zijn ingericht. Organisatorische maatregelen omvatten bijvoorbeeld de administratieve organisatie en interne controle (AO/IC), een zoneringsplan, autorisatiematrices (logisch toegangscontrole beheer), classificatie van informatie en systemen, clean desk beleid, in- en uitvoer regels voor goederen en incidentopvolgingsprocedures. Essentieel zijn tevens het beheer van, en de omgang met, ICT en ICS middelen waarbij aandacht moet zijn voor: het configuratiebeheer, wijzigingsbeleid, probleem- en incidentbeheer en de serviceverlening aan eindgebruikers en interne klanten. Minstens zo belangrijk is verder hoe wordt omgegaan met ontwikkeling, testen, oplevering en in productie name van nieuwe systemen en programmatuur.

Beveiliging is niet absoluut. Het is daarom belangrijk om voorbereid te zijn als het onverhoopt toch misgaat. Vooraf kaders bepalen hoe we omgaan met incidenten vergroot onze slagvaardigheid. Incidentopvolging, voorbereiding op het uitvoeren van (digitaal) forensische onderzoek (*forensic readiness*) en het opzetten en beoefenen van bedrijfscontinuïteitsplannen en uitwijkvoorzieningen zijn essentiële organisatorische maatregelen om te treffen.

Personele maatregelen

Personele maatregelen zijn maatregelen die worden genomen ten aanzien van personeelsleden, bezoekers of (tijdelijk) ingehuurd personeel. Voorbeelden zijn: onderzoek van referenties en antecedenten (*pre-employment screening*), geheimhoudingsverklaringen, in- en uitdiensttredingsprocedures, sturing op bedrijfscultuur en een sanctiebeleid. Voor ICS is het relevant om extra aandacht te besteden aan personeel met veel verantwoordelijkheid en/of (noodzakelijke) bevoegdheden, zoals systeembeheerders en bedrijfsvoerders.

Fysieke maatregelen

Fysieke maatregelen zijn tastbare maatregelen die op een specifieke locatie (object) zijn genomen. Hiertoe behoren bijvoorbeeld terreinafscheidingen, toegangsroutes, brand detectiesystemen, inbraakalarmen, (periferie)verlichting, kluizen, opbergmiddelen en het merken van bedrijfsmiddelen. Bij de fysieke maatregelen neemt de invloed en afhankelijkheid van ICT en telecommunicatienetwerken sterk toe. De gebruikte beveiligingsmiddelen zijn in toenemende mate technologisch complexe detectieapparatuur (sensoren) en centrale bedienings- en alarmeringssystemen. Voorbeelden zijn toegangsbeveiligingssystemen waarbij tourniquets, slagbomen, deursystemen en toegangspaslezers zijn gekoppeld aan een centraal toegangscontrolesysteem. Camerasystemen en andere detectiemiddelen worden eveneens steeds slimmer waarbij beelden en alarmeringen worden uitgelezen door automatische analyseprogrammatuur op centrale systemen.

Technische (ICT/ICS) maatregelen

Technische ICT/ICS maatregelen zijn beveiligingsmaatregelen en -aanpassingen die getroffen worden op bijvoorbeeld de computersystemen, ICS veldapparatuur en in telecommunicatienetwerken. Deze maatregelen kunnen bestaan uit beschermende maatregelen zoals firewalls, DMZ netwerken, VPN's, antivirus, harden van systemen (*hardening*), encryptie of authenticatie tokens. Detecterende maatregelen zijn vooral IDS op netwerken en SIEM systemen voor het verzamelen en correleren van (log)gegevens. Reactieve maatregelen bestaan onder meer uit herstelvoorzieningen (backups), uitwijkvoorzieningen, noodstroom, netwerk- en systeemredundantie. Voor een goede dieptewerking moeten de technische maatregelen zich niet concentreren aan alleen de randen van de infrastructuur maar zijn uitgesmeerd over alle elementen zoals apparatuur, programmatuur en databescherming (zie Figuur 9).

> *We cannot solve the problem by using the same kind of thinking we used when we created them.*
> (Albert Einstein, Nobel Prize for Physics in 1921. 1879-1955)

6.4   Security als onderdeel van ontwerp, gebruik en gebruiker

Drie andere beveiligingsprincipes waar we beheersmaatregelen rondom kunnen groeperen zijn: *security by design, security by operations* en *security by user.*

Security by design

Security by design gaat er vanuit dat beveiliging een integraal onderdeel vormt van iedere (hardware of software) toepassing. In de praktijk is dit veelal niet het geval omdat leveranciers niet worden geprikkeld de beveiliging van producten de aandacht te geven die het verdiend; door hevige concurrentie en een snelle 'time to market' worden beveiligingsaspecten nogal eens onderbelicht bij de ontwikkeling. Daarnaast worden oplossingen steeds meer kant-en-klaar geleverd of bestaan ze uit geïntegreerde systemen. Van de klant kan dan niet worden verwacht dat deze zelf nog alle details leert kennen en beveiligen.

Een betere borging van beveiliging kan worden gestimuleerd door het gebruik van certificeringen of het stellen van beveiligingseisen aan leveranciers, zoals op basis van de DHS *"Cyber Security Procurement Language for Control Systems"* of de WIB 2.0 richtlijnen. Een andere aanpak is om voldoende variatie aan te brengen in de gebruikte systeem- en netwerkarchitectuur. Door het gebruiken van verschillende systemen, technieken en apparatuur wordt voorkomen dat een monocultuur ontstaat die de ICT/ICS omgeving extra kwetsbaar kan maken.

Security by operations

Security by operations gaat er vanuit dat beveiliging een integraal en structurele geborgd onderdeel is van de normale bedrijfsvoering en de organisatie-inrichting. Beveiligingseisen moeten gedurende de gehele levenscyclus van systemen en informatie zijn geborgd. Voor ICS omgeving liggen hier belangrijke uitdagingen op het gebied van onder andere patchmanagement, netwerkkoppelingen, onbemande locatie, beheer op afstand, en toenemende gebruik van COTS apparatuur, technieken en TCP/IP. Op het gebied van informatiebeveiliging vormt de toenemende diversiteit en versnippering van data een uitdaging; door een verschuiving naar mobiele platformen in combinatie met cloud computing kan data zich immers overal bevinden. Informatiebeveiliging zou zich daarom meer moeten richten op de beveiliging van de data zelf, in plaats van de randen van de infrastructuur af te schermen voor onbevoegden. De sleutel hiertoe ligt in versleuteling van bestanden. Daarnaast is er op het gebied van *asset management* regelmatig sprake van vergeten apparaten, apparaten die in onvoldoende mate worden meegenomen in beheercycli en beveiligingsaanpassingen. Vooral geïntegreerde apparaten zijn kwetsbaar op dit gebied: het beheer van dergelijke apparaten (netwerkprinters, bewakingscamera's of multimedia-apparatuur) is vaak ingewikkeld vanwege ontoegankelijke software en fysiek lastig te bereiken hardware.

Security by user

Security by user gaat er vanuit dat beveiliging een integraal en structureel geborgd aspect is van alle menselijke acties en handelen. De menselijke factor is vrijwel altijd de zwakste schakel in de beveiliging. Langs de as van de gebruiker wordt gefocust op het ontwikkelen en continue op peil houden van het bewustzijn van gebruikers, optimaliseren van procedures, beschikbaar stellen benodigde (beveiligings)middelen en screening. Daarnaast kunnen technische maatregelen worden getroffen met een focus op de eindgebruiker, zoals privacy beschermende middelen, data encryptie, lokale firewalls en antivirus (end-point security) en gebruikersvriendelijke beveiligingssoftware.

6.5   Technische (ICT/ICS) maatregelen

Hierna worden enkele securitytechnieken beschreven. Deze beschrijvingen kunnen echter onmogelijk volledig zijn omdat nieuwe technieken continue worden ontwikkeld of verbeterd. Als introductie op het gebied van ICS security is het echter wenselijk om gehoord te hebben van enkele, voor ICS omgevingen essentiële, technische beveiligingsconcepten.

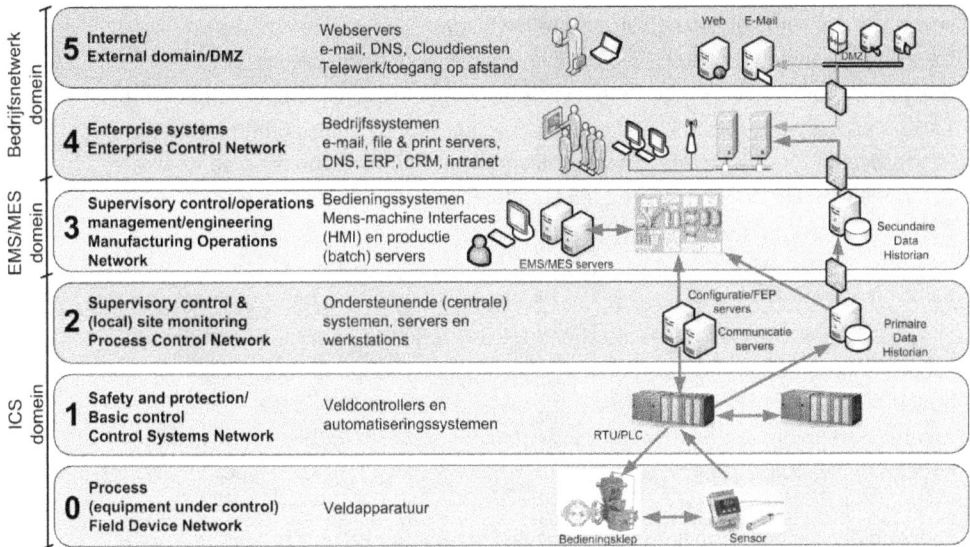

Figuur 10, Security zones in het ISA99 model

6.5.1 Beveiligingszones en –kanalen

Voor grote complexe systemen is het niet praktisch om dezelfde mate van beveiliging voor alle componenten te vereisen. Verschillen kunnen worden aangepakt met behulp van zones. Een beveiligingszone (*security zone*) is een logische groep van fysieke, informatie(systemen) die dezelfde beveiligingseisen delen. Een zone heeft een grens, namelijk de scheiding tussen elementen die zijn opgenomen en welke zijn uitgesloten van de zone. Er kunnen zones binnen zones worden ingesteld (*subzones*) waarmee nog verder invulling wordt gegeven aan een dieptebeveiliging.

Het concept van een zone betekent dat (fysieke en of logische) middelen in een zone van zo wel binnen- als buitenaf mogelijk toegankelijk moeten zijn. Zelfs binnen een ICS omgeving zonder verdere netwerkverbindingen met de buitenwereld, zoals het bedrijfsnetwerk, zal er communicatie tussen de onderlinge componenten, systemen en veldapparatuur nodig zijn. Het beveiligingsniveau dat geldt voor de zone bepaalt de mogelijke communicatie en de vereiste autorisatie om informatie en mensen uit te wisselen of te verplaatsen binnen en tussen beveiligingszones. Andere beveiligingszones kunnen daarbij worden beschouwd als vertrouwd of niet-vertrouwd.

117

Grip op ICS Security

Binnen ICS omgevingen worden de specifieke communicatievoorzieningen die nodig zijn ook wel beschouwd als aparte beveiligingszones; de zogenaamde beveiligingskanalen (*conduits*). De beveiligingskanalen verbindingen componenten binnen een zone of ze verbindingen verschillende zones onderling. Ze kunnen bestaan uit een kleine lokaal computernetwerk (zoals Ethernet) maar bijvoorbeeld ook uit een mix van verschillende verbindingstechnieken en fysieke componenten. De ISA99 en IEC 62443 standaarden werken uitgebreid met beveiligingszones en –kanalen (29).

6.5.2 Netwerk firewalls

Firewalls zijn netwerksystemen die al het netwerkverkeer tussen de verschillende netwerksegmenten controleren en toegangsregels afdwingen. Het zijn de belangrijkste voorzieningen om security zones te creëren. Firewalls kunnen worden onder verdeeld in toestandloos (*stateless*) en toestandbewust (*statefull*) netwerk firewalls, en applicatie firewalls.

Eenvoudige toestandloos firewalls leggen alleen toegangsregels op, op basis van netwerkadressering (IP-adressen) en soort dataverkeer (TCP, UDP, ICMP). Ze filteren slechts wat er door heen mag (*packet filtering*). Hierbij wordt alleen op zogenaamde netwerkpoorten onderscheidt gemaakt in het soort verkeer. Inhoudelijk worden de datapakketten die de firewall passeren niet gecontroleerd. Zulke firewalls kunnen eventueel wel de adressering van het netwerkverkeer aanpassen (NAT).

Bij toestandsbewuste (statefull) firewalls wordt niet alleen de afzender/ontvanger van het netwerkverkeer wordt gecontroleerd maar tevens het soort en de logische volgorde van het netwerkverkeer om te bepalen of deze de firewall mogen passeren. Een applicatie firewall opereert op een hoger niveau door bovendien te kijken naar de inhoud van het dataverkeer en te beoordelen of deze voldoet aan de verwachtingen zoals type inhoud en opmaak van het datapakket. Ondanks al deze beschermingstechnieken kan een aanvaller nog steeds gemanipuleerde gegevens verbergen in het dataverkeer. Zo kan een netwerkfirewall voor de gek worden gehouden door dataverkeer te versturen over netwerkpoort 80. Zonder een inhoudelijke controle zal de firewall niet opmerken als het geen standaard HTTP (web) verkeer betreft en de verbinding toestaan (mist HTTP überhaupt is toegestaan natuurlijk).

Het scheiden van ICS netwerken in security zones is één van de meest elementaire beveiligingsmaatregelen. Op netwerkniveau moet een scheiding tot stand komen via toestandsbewuste (statefull) firewalls. Multihomed computers (computers met meerdere netwerkkaarten/aansluitingen) of routers met ACL (netwerkapparatuur met toegangscontrolelijsten op basis van netwerk (MAC of IP) adressen) zijn

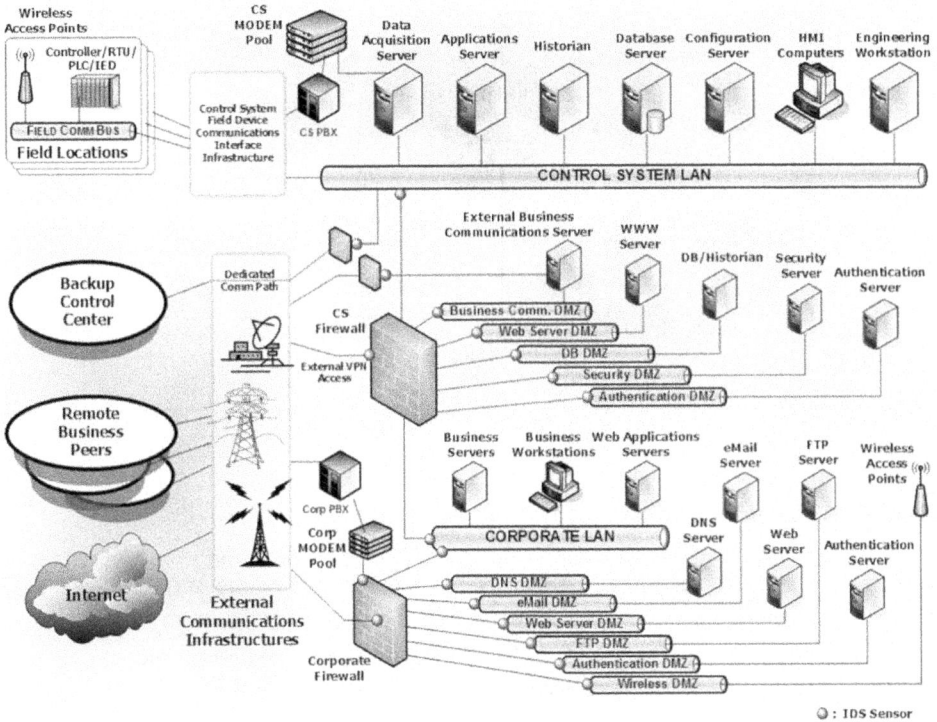

Figuur 11, Dieptebeveiliging en netwerkzonering (bron: NIST SP800-82)

onvoldoende. Hardware-matige scheidingen door middel van *data diodes* die het netwerkverkeer slechts in eenrichting laten passeren, zijn een waardevolle aanvulling op firewalls.

6.5.3   Intrusie detectiesystemen en SIEM

Het is essentieel om naaste beschermende maatregelen ook mechanismen en procedures te implementeren binnen de organisatie om indringers te detecteren. Eventuele cyberaanvallen moeten kunnen worden geanalyseerd en gecorreleerd om adequaat te kunnen reageren. De standaard logging van besturingssystemen en applicaties is beperkt om detectie van geavanceerde cyberaanvallen te faciliteren. Aanvullende detectiesystemen - zogenaamde *intrusion detection systems* (IDS) - leveren een schat aan waardevolle informatie en kunnen verdacht gedrag eerder helpen signaleren. Er vallen netwerk- en host-IDS en IPS oplossingen te onderscheiden (30).

Systems (hosts)

Host-based vulnerability scanners	**(File) Integrity checkers**	**Host-based intrusion detection systems**

Vulnerability assessment (scheduled) ———————————————————— Intrusion detection (realtime)

Network-based vulnerability scanners		**Network-based intrusion detection systems**

Networks

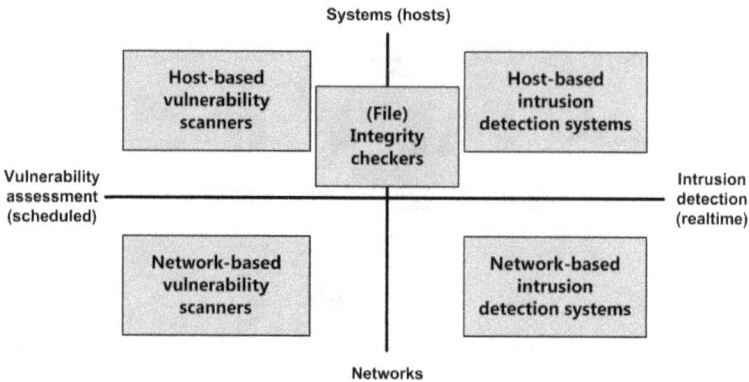

Figuur 12, Verschillen tussen kwetsbaarheidsscanners en IDS

Netwerk IDS oplossingen kunnen in 'realtime' het data verkeer analyseren op bekende aanvalspatronen *(signature-based)*. Dit is tegenwoordig echter ontoereikend om geavanceerde cyberaanvallen of nieuwe (onbekende) *zero-day* aanvallen te kunnen detecteren. Moderne IDS oplossingen trachten daarom om aanvullend afwijkingen van verwachte patronen te herkennen. Een moeilijkheid daarbij is dat ICS communicatieprotocollen nog onvoldoende door IDS oplossingen worden herkend of kunnen worden geanalyseerd. Netwerk-gebaseerde IDS sensoren worden vooral geplaatst bij de ingangen tot het eigen ICS netwerk en op belangrijke netwerksegmenten. Netwerk IDS sensoren zijn normaal passieve - eenrichting - componenten die het netwerkverkeer aftappen maar niet (kunnen) onderbreken.

Host-based IDS oplossingen bestaan meestal uit extra software *(agent)* geïnstalleerd op platformen zoals servers of andere computersystemen. Ze monitoren continu systeem parameters en logbestanden en sturen verdachte gebeurtenissen naar een centraal IDS systeem. Met een host-based IDS kunnen zaken in de gaten worden gehouden die niet via het netwerk te detecteren zijn zoals mislukte aanmeldpogingen of misbruik van toegangsrechten. Bovendien kunnen gebeurtenissen over een langere periode worden gemeten.

Intrusion prevention systems (IPS) zijn (netwerk) IDS systemen die naast detectie ook een reactieve functie hebben. Ze worden bijvoorbeeld net als een firewall 'in-line' geplaatst met de systemen of netwerken die ze moeten beschermen. Bij een gedetecteerde gebeurtenissen kunnen ze (selectief) het netwerkverkeer blokkeren of bijvoorbeeld een firewall instructies geven om bepaalde verbindingen te weigeren.

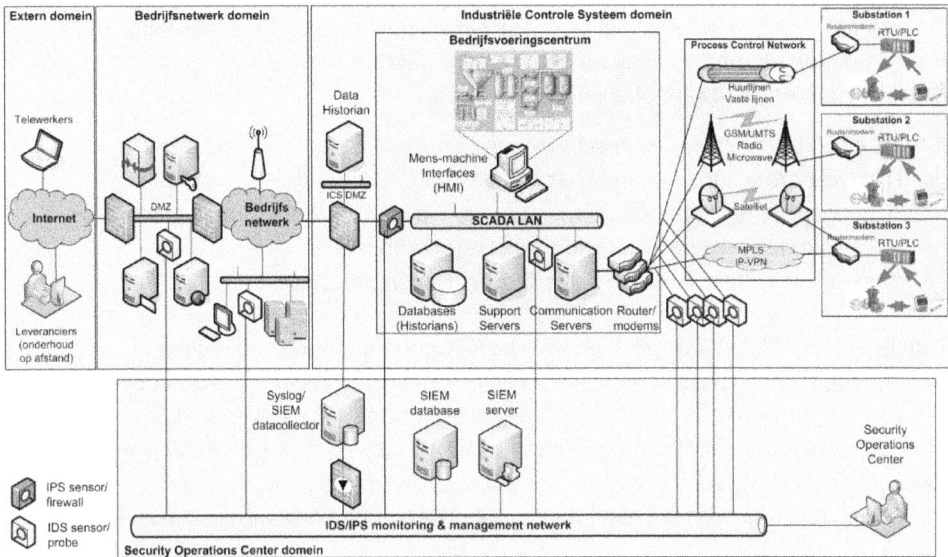

Figuur 13, IDS/IPS sensor locaties en SOC netwerk

IDS of IPS systemen bevinden zich op de meest gevoelige posities binnen het computernetwerk om aanvallen te detecteren en, bij IPS, automatisch te blokkeren. Door ze te bestoken met gemanipuleerde datapakketjes of door foutieve configuraties kunnen deze systemen echter eveneens worden gecompromitteerd en daarmee een achterdeur het computernetwerk in vormen of zelf een 'denial of service' veroorzaken. IDS – en in het bijzonder IPS - systemen moeten daarom zeer zorgvuldig worden ingezet in kritische omgevingen.

Naast IDS oplossingen kunnen integriteit- (*integrity*) en kwetsbaarheden (*vulnerability*) scanners worden gebruikt. Deze worden ingezet om op vooraf geplande momenten systemen te analyseren op eventuele zwakheden, afwijkingen en wijzigingen in software.

Security Information and Event Management (SIEM) systemen helpen om de gegevens van IDS systemen te verwerken. Bovendien zijn veel computersystemen en componenten in staat om zelfstandig gebeurtenissen op te slaan in een logbestand en dit naar een centraal systeem door te sturen. SIEM oplossingen verzamelen en correleren dergelijke meldingen.

121

Grip op ICS Security

Ze worden gebruikt om beveiligingsgegevens centraal vast te leggen en te rapporteren voor bijvoorbeeld het afleggen van verantwoording. Ze analyseren waarschuwingen (*syslog* meldingen) gegenereerd door bijvoorbeeld netwerksystemen, hardware of applicaties.

IDS/IPS en SIEM zijn essentieel maar vereisen veel expertise en mankracht. Er zijn namelijk twee grote uitdagingen (i) het omgaan met de grote hoeveelheid data en foutmeldingen, (ii) het continue, 24 uur per dag, 7 dagen in de week in de gaten houden en kunnen reageren op meldingen. Deze taken worden daarom vaak belegd bij, of uitbesteed aan, een apart *Security Operations Center* (SOC).

Aangezien een IDS het inbraakalarm voor de ICT omgeving is, heeft het geen zin om hierin te investeren als er niet tevens een proces is ingeregeld om meldingen te onderzoeken en hierop eventueel te reageren. Net zo goed dat we het brandalarm niet even uitzetten omdat we niet gestoord willen worden, moet ook de opvolging van meldingen van een IDS 24x7 worden uitgevoerd. Je weet immers nooit vooraf wanneer een cyberaanval plaatsvindt of hoelang die duurt!

6.5.4 Werkplekken

Informatiebeveiliging beperkte zich niet tot centrale ICS servers, rekencentra of (PCN) computernetwerken. Bedreigingen komen vanaf of via de interne systemen en werkplekken. Bovendien wordt in een ICS omgeving juist gewerkt met laptops en USB geheugensticks voor het uitwisselen van informatie en software buiten het besloten ICS domein. Daarnaast dragen de vergaande mobiliteit en individualisering van de werkplek – in het ICT domein - bij aan het risiconiveau waaraan een organisatie bloot staat. Bovendien zien we een toename van gemengd zakelijk en privé gebruik op zelf meegebrachte apparatuur *(Bring Your Own Device)*.[39] Een goede werkplekbeveiliging is daarom een essentieel onderdeel in een totaal pakket van procesmatige en technische maatregelen om te zorgen dat deze beschikbaar blijven en er geen ongeautoriseerde toegang tot het ICS domein, andere bedrijfsmiddelen of informatie via de werkplek mogelijk is.

Verschillende (technische) maatregelen welke gemakkelijke kunnen worden genomen en behoren tot de '*best-practices*' zijn onder andere hard disk encryptie, een lokale firewall, *sandbox* of virtualisatie, anti-malware en configuratie aanpassingen (*hardening*). Daarnaast is het aan te bevelen om sterke twee-factor authenticatie met een toegangstoken voorzien van een wachtwoord of pincode te gebruiken voor alle mobiele werkplekken (laptops).

---

[39] Een alternatief voor de ongecontroleerde BYOD kan zijn om werknemers te laten kiezen uit een breed aanbod van verschillende apparatuur maar waar de werkgever wel de (beveiligings)controle over kan behouden (*Choose Your Own Device*).

Mobiele apparatuur zou verplicht een volledig versleutelde harde schijf met opstart bescherming (*Pre-Boot Authentication*) moeten hebben om deze te beschermen tegen verlies of diefstal waarbij onbevoegde personen fysiek toegang hebben tot de computer. Een ander belangrijk onderdeel van de algemene bescherming van de werkplek is het configureren van het besturingssysteem (hardening). Zonder alle mogelijke maatregelen te bespreken, kan hierbij gedacht worden aan het instellen van het account en wachtwoordbeleid, toegangsrechten op bestanden en folders, authenticatie en encryptie van de netwerkcommunicatie, uitzetten van overbodige services en toegang van buitenaf (delen van bestanden met andere, helpdesk service, infrarood, Bluetooth, enzovoort).

Wanneer een werkplek aanstaat en in gebruik is, is de lokale firewall wellicht de belangrijkste beschermende component. Een lokale firewall moet drie essentiële functies voor de bescherming van de werkplek kunnen vervullen; een netwerk bewakingsfunctie (statefull firewall), bewaking en eventueel blokkering van besturingssysteem activiteiten en het bijhouden van alle gebeurtenissen (logging).

Werkplekbeveiligingsmaatregelen

- Volledig versleutelde harde schijf
- Opstart bescherming (*Pre-Boot Authentication*)
- Netwerk firewall met netwerk- en besturingssysteem bescherming
- Wireless en Bluetooth firewall
- Besturingssysteem firewall (*sandbox*)
- Malware bescherming (antivirus) en integriteitscontroles
- Geen beheerdersrechten (*administrator*) voor gebruikers
- Verwijderen of uitzetten van overbodige services (*hardening*)
- Sandbox of virtualisatie van bijzondere toepassingen
- Token, smartcard of vingerafdruk logon
- Versleutelde e-mail en bestanden (digitale certificaten)
- Centraal beheer- en monitoring
- Fysieke bescherming (antidiefstal, robuustheid, beeldschermfilters)
- Backup- en herstelvoorzieningen

Tabel 2, Werkplekbeveiligingsmaatregelen

6.5.5   Cryptografie

Het versleutelen - ook wel coderen, vercijferen of encryptie genoemd - van gegevens is een basistechniek binnen de informatiebeveiliging. Encryptietechnieken wijzigen leesbare tekst in onleesbare tekst via een omrekenalgoritme. We kennen drie soorten encryptietechnieken:

- Symmetrische encryptie waarbij één sleutel wordt gebruikt voor het versleutelen (onleesbaar maken) en het ontsleutelen (leesbaar maken) van tekst. Symmetrische encryptie wordt veel toegepast voor bijvoorbeeld draadloze netwerken. Het is een snelle methode maar lastig te beheren en op te schalen.

- Asymmetrische encryptie gebruikt een zogenaamd sleutelpaar. Deze bestaat uit een publiek en een privaat deel die onlosmakelijk met elkaar zijn verbonden. Het wordt in het bijzonder gebruikt voor het vertrouwelijk en onweerlegbaar uitwisselen van gegevens. De verzender versleutelt hierbij de gegevens met een het publieke sleutelgedeelte van ontvanger(s) die het weer kan ontsleutelen met het private sleutelgedeelte.

- Hash-functies zijn encryptietechnieken die in principe eenrichtingsverkeer zijn. Eenmaal versleutelt is geen methode meer om de gegevens weer leesbaar te maken. Deze methode wordt bijvoorbeeld veel gebruikt voor het opslaan van wachtwoorden, het creëren van controlewaardes en voor digitale handtekeningen.

Encryptie wordt gebruikt voor bijvoorbeeld het bieden van vertrouwelijkheid door gegevens in onleesbare vorm te kunnen verzenden (zoals via VPN of e-mail), voor het kunnen controleren van de afzender (onweerlegbaarheid en digitale handtekeningen), het garanderen van bezorging bij de ontvanger (via PKI) en voor het kunnen verifiëren of gegevens correct zijn aangekomen (integriteitscontroles). Encryptietechnieken worden naast elkaar gebruikt. Zo worden asymmetrische methodes gebruik om bijvoorbeeld symmetrische sleutels uit te wisselen. Het voordeel is dat snelle asymmetrische versleuteling kan plaatsvinden en toch efficiënt en zeer frequent de geheime sleutel te kunnen wisselen.

De sterkte van een encryptietechniek ligt in de gebruikte geheimen sleutels (de sleutellengtes). De wijze waarop de encryptie werkt (het algoritme) moet uiteraard goed en sterk zijn, maar niet geheim. De beste encryptietechnieken zijn die welke openbaar en gepubliceerd zijn zodat iedereen eventuele zwakheden heeft kunnen melden. Encryptietechnieken verouderen omdat in de loop der tijd de rekenkracht van computers toeneemt waardoor aanvallen waarbij sleutels worden geprobeerd (*brute-force*) op den duur wel succesvol kunnen zijn. Tevens komen na verloop van tijd mogelijk nieuwe kwetsbaarheden of aanvalstechnieken aan het licht.[40]

De AGA no.12 standaard gaat uitgebreid in om de (on)mogelijkheden om cryptografie toe te passen in ICS omgevingen.

---

[40] Symmetrische encryptie met DES of hash-functies als MD4, MD5 en SHA-1 worden tegenwoordig als zwak gezien. Het symmetrische AES256, de hash-functie SHA-2 en de asymmetrische RSA en Diffie-Hellman algoritmes worden als de huidige minimale standaard beschouwd.

6.6   Classificatie van Informatie

Het is belangrijk dat informatie alleen in bezit is van, en toegankelijk is voor, bevoegde personen. Door informatie te classificeren, is het eenvoudiger om de omgangsvormen van informatie voor iedereen duidelijk te maken. Het classificatieniveau bepaalt vervolgens de noodzakelijke of verplichte maatregelen die kunnen bestaan uit eisen ten aanzien van opslag, vervoer, verstrekking, of het gebruik op thuiswerkplekken, laptops en buiten de organisatie.

Hoewel ICS omgevingen vooral worden geassocieerd met techniek en beschikbaarheid van systemen, is het classificeren van informatie eveneens belangrijk. Het informatiebeveiliging vakgebied behandelt dit onderwerp uitgebreid. Er wordt hier daarom volstaan met het vermelden van een aantal essentiële uitgangspunten, zoals die gelden in bijvoorbeeld de ISO 27002, de belangrijkste informatiebeveiligingsstandaard.
Algemene classificatie van informatie uitgangspunten zijn:

- Informatiebeveiliging is de verantwoordelijk van de directie en het management;
- Informatiebeveiliging maakt deel uit van de dagelijkse bedrijfsvoering;
- De opsteller, manager of eigenaar van informatie bepaalt het niveau van vertrouwelijkheid en daarmee het classificatieniveau;
- Alle informatie moet worden geclassificeerd.

Als er geen classificatieschema voorhanden is, kan gebruik gemaakt worden van een universele classificatie van informatie ten aanzien van de vertrouwelijkheid, het zogenaamde *traffic-light* model (TLP), die vier niveaus onderscheid: *Rood (geheim), Geel (vertrouwelijk), Groen (besloten)* en *Wit (openbaar)*.

6.7   Backup- en herstelvoorzieningen

Incidenten zullen zich altijd voordoen. Een goed beveiligingsstrategie en architectuur zorgen voor een juiste voorbereiding in o.a. materiaal, mensen, kennis, procedures en mandaat om te handelen. Bovendien moeten verschillende uitwijk- en herstelscenario's regelmatig beoefend worden om procedures en kennis actueel te houden en te verbeteren.

Voor een ICS omgeving is het belangrijk om bovendien extra te letten op het duidelijk vastleggen, beschrijven en testen van aspecten zoals:

- uitwijk- en herstelprocedures, op- en afschakelplannen;
- systeeminformatie met software versies en configuraties;
- plant/applicatiedata, productiedata, historische data;
- applicaties, originele software en licenties;
- netwerk topologie, datastromen, gebruikte communicatieprotocollen;
- beschrijving van hersteldoelstellingen (RTO en RPO) voor alle componenten.

Dieptebeveiligingsdoelstellingen voor ICS
Enkele ICS beveiligingsdoelstellingen voor dieptebeveiliging zijn:[41]
• Afgestemde organisatorisch, personeel, fysiek en (ICT) technisch maatregelen
• Balans tussen preventief, detectief en reactief maatregelen
• Behouden van – voldoende - functionaliteit bij storingen (*fail-safe*)
• Beperking van logische toegang tot ICS en PCN (gebruikersbeheer).
• Geen of een enkel gecontroleerde koppeling met bedrijfsnetwerk
• Een enkele gecontroleerde beheer op afstand voorziening
• Geen internetkoppelingen
• Zonering van fysieke ruimtes
• Fysieke toegangsbeveiliging van ICS apparatuur
• Fysieke bescherming van en netwerk- en veldapparatuur
• Zonering van (PCN) computernetwerken (netwerksegmentatie)
• Afgeschermde netwerkbufferzones (DMZ)
• Netwerkencryptie (IPSEC, VPN) over onbeveiligde verbindingen
• Harden van (servers, veldcontrollers) componenten (*hardening*)
• Beperking van benodigde toegangsrechten (*least privilege*)
• Functiescheiding tussen rollen van gebruikers
• Sterke, van kantoordomein gescheiden, aanmeldnamen of toegangstokens
• Onafhankelijkheid van bedrijfssystemen (zoals DNS, DHCP, E-mail)
• Test- en wijzigingsprocedures (*patch management*)
• Vastleggen van loggegevens en monitoren t.b.v. audit trails
• Antivirus en integriteitscontroles
• Toepassen van sterke en wederzijdse authenticatie tussen ICS componenten en veldapparatuur onderling
• Encryptie van vertrouwelijke communicatie en informatie
• Bescherming van werkplekken, mobiele apparatuur en gegevensdragers (USB geheugensticks)
• Intrusion detection (IDS) en centrale alarmering (SIEM)
• Classificatie van informatie
• Backup- en herstelvoorzieningen

Tabel 3, Dieptebeveiligingsdoelstellingen voor ICS

---

[41] Deze komen overeen met de belangrijkste beveiligingsmaatregelen genoemd in standaarden van onder meer de NIST, NERC, ISA99, ISO 27002, CPNI en het Nationaal Cyber Security Centrum (NCSC).

7 Security en ICS standaarden

Beveiliging van complexe industriële processen vergt kennis en expertise op veel uiteenlopende terreinen. Het bestrijkt vakgebieden zoals procesengineering, ICT, informatiebeveiliging, ICS security, en bedrijfscontinuïteit. Ieder vakgebied kent zijn eigen standaarden en richtlijnen. Ze geven inzicht, verschaffen overzicht, dienen als controlelijsten of geven praktische aanwijzingen hoe maatregelen te implementeren.

> *Beveiligingsstandaarden zijn een instrument om grip te houden op het brede werkveld van security, om een basisbeveiligingsniveau te helpen vastleggen, om kennis en ervaringen te delen, en om – indien nodig – het treffen van maatregelen af te kunnen dwingen.*

Dit hoofdstuk somt enkele bekende en relevante beveiligingsnormen en richtlijnen op. Binnen deze wirwar van standaarden worden – passende bij het integrale informatiebeveiligingsraamwerk - als eerste informatiebeveiliging en bedrijfscontinuïteit besproken. Daarna komen de specifiekere ICS standaarden aanbod. Daarnaast wordt kort ingegaan op de Nationale Risicobeoordeling welke relevant is voor ICS omgevingen binnen vitale infrastructuren.

In bijlage B is een uitgebreid overzicht - gesorteerd naar onderwerp - opgenomen van aanbevolen informatiebeveiliging en ICS security literatuur en standaarden om verder te raadplegen.

7.1 Informatiebeveiliging

De afgelopen 15 jaar zijn er veel algemene, en voor specifieke sectoren aangepaste, informatiebeveiligingstandaarden ontstaan. Veel van deze inzichten, aanwijzingen en methodes zijn uitstekend toepasbaar binnen industriële omgevingen hoewel de uitwerking in maatregelen natuurlijk geheel anders kan uitpakken. De bekendste zijn de ISO 27001, ISO 27002, en NERC en NIST standaarden. Andere, voor ICS meestal minder relevante standaarden en richtlijnen, zijn onder meer van de Open Security Architecture organisatie, NORA, OWASP, SABSA en ITIL. Daarnaast is in het kader van informatiebeveiliging vaak nog wetgeving t.a.v. persoonsgegevens van toepassing (Wet Bescherming Persoonsgegevens) of ter bescherming van de Staat (VIR-BI).

127

NEN-ISO/IEC 27000 series "Code van Informatiebeveiliging"

NEN-ISO/IEC 27001 is dé standaard voor informatiebeveiliging die richtlijnen en algemene principes geeft voor het initiëren, implementeren, onderhouden en verbeteren van informatie beveiligingsmanagement binnen een organisatie. De standaard is breed toepasbaar en vertegenwoordigd de algemeen geaccepteerde doelen voor informatiebeveiliging. Onder informatie worden alle vormen van (fysieke en digitale) gegevens, documenten, communicatie, conversatie, berichten, opnames en foto's verstaan.

NEN-ISO/IEC 27002 is dé "Code voor Informatiebeveiliging" en omvat doelstellingen en maatregelen op de volgende gebieden van informatiebeveiliging: beveiligingsbeleid, organisatie van informatiebeveiliging, configuratiebeheer, personeel, fysieke en omgevingsbeveiliging, communicatie en operationeel management, toegangscontrole, informatiesystemen acquisitie, ontwikkeling en onderhoud, incidentmanagement, bedrijfscontinuïteit management (BCM) en compliance.

NIST SP800 series

NIST SP800 series zijn veel gerefereerde standaarden uitgegeven door het Amerikaanse National Institute of Standards and Technology. NIST SP800-14 – *"Generally Accepted Principles and Practices for Securing Information Technology Systems"* en NIST SP800-53 – *"Recommended Security Controls for Federal Information Systems and Organizations"*, zijn de bekendste en definiëren veel aspecten van beveiligingsprocedures en –technieken.

NCSC publicaties

Het Nederlandse Nationaal Cyber Security Centrum (NCSC) geeft regelmatig whitepapers en factsheets over actualiteiten, zoals de *"Checklist beveiliging van ICS/SCADA systemen"*, de *"Beveiligingsrisico's van online SCADA-systemen"* en de *"Beveilig apparaten gekoppeld aan internet"*. Daarnaast heeft het NCSC beveiligingsrichtlijnen uitgeven voor de o.a. webapplicaties, mobiele apparaten, cloudcomputing en sociale media.

7.2   Bedrijfscontinuïteit

Standaarden op het gebied van BCM zijn minder voorhanden en minder specifiek dan informatiebeveiligingsstandaarden. Bovendien zien we dat BCM aandachtspunten al zijn opgenomen in de IB standaarden. Enkele BCM raamwerken die eveneens toepasbaar kunnen zijn binnen industriële omgevingen zijn de BS25999, ISO 22301, ISO/IEC 27031 en NEN 7131.

BS 25999 Business continuity management

British Standard (BS) 25999 is de standaard op het gebied van Business Continuity Management. De standaard wordt gepubliceerd door de British Standards Institution (BSI), de National Standards Body van het Verenigd Koninkrijk (UK). De BS 25999 vervangt PAS56, gepubliceerd in 2003 over hetzelfde onderwerp. De BS 25999 serie omvat twee standaarden. De eerste, "*BS 25999-1 Code of Practice for BCM*", behandelt de processen, uitgangspunten en terminologie. De tweede, "*BS 25999-2 A Specification for BCM*", is een standaard voor implementatie van continuïteitsbeheer, op basis waarvan certificering kan plaatsvinden. De standaard geeft een invulling aan het hoofdstuk Continuïteitsmanagement van de Code voor Informatiebeveiliging.

ISO 22301 Societal security - Business continuity management systems - Requirements

ISO 22301 is de opvolger en vervanger van de BS 25999-2 standaard. De ISO 22301 volgt een risico-gedreven aanpak en legt meer de nadruk op het stellen van doelen, het bijhouden van prestaties en KPIs zodat het thema bedrijfscontinuïteit dichter bij het topmanagement komt te staan. De standard is bovendien veeleisender en gedetailleerder dan zijn voorganger.

ISO/IEC 27031 Guidelines for ICT Readiness for Business Continuity

ISO/IEC 27031:2011 beschrijft concepten en principes van de ICT voorbereiding voor bedrijfscontinuïteit en geeft een raamwerk voor het identificeren en specificeren van specifieke aspecten (zoals prestatiecriteria, ontwerp en implementatie). De standaard omvat alle gebeurtenissen en incidenten die van invloed kunnen zijn, inclusief beveiligingsincidenten.

NEN 7131 Security, preparedness and continuity management systems

NEN 7131 "*Societal security – Security, preparedness and continuity management systems – Requirements with guidance for use*" gaat over het plannen en het aantoonbaar maken van de veerkracht van de organisatie (*Organizational Resilience)* in reactie op incidenten die de bedrijfscontinuïteit bedreigen. De NEN 7131 is gebaseerd op de ASIS SPC.1-2009 die in verschillende landen, waaronder de USA, is ingevoerd. De NEN 7131 heeft veel overeenkomst met de ISO 28000 (security management systeem voor de supply chain), maar is breder van opzet en diepgang. Het managementsysteem komt overeen met die van ISO 9001 (kwaliteit), ISO 14001 (milieu), OHSAS 18001 (arbo) en ISO 27000 (informatiebeveiliging).

Een normenkader voor ICS security

Een eenduidig normenkader voor een ICS omgeving bestaat niet. De meeste richtlijnen dekken alleen selectief bepaalde aandachtsgebieden af. Een samenstelling van verschillende richtlijnen kan echter dienen als een goed basisnormenkader dat zowel organisatorische, fysieke, personele en technische aspecten voor informatiebeveiliging, ICS security en bedrijfscontinuïteit bestrijkt. Een basisnormenkader voor ICS is:[42]

- ISO/IEC 27001 *Information security management systems — Requirements*

- ISO/IEC 27002 *Code of practice for information security management*

- NIST SP800-53 *Recommended Security Controls for Federal Information Systems and Organizations* (NIST SP800-82)

- IEC 62443-3 *Security for industrial process measurement and control – Network and system security*

- ISA-99.03.03 *Security for Industrial Automation and Control Systems: System security requirements and security assurance levels* (IEC 62443)

- IEC 62443-2-4 *Security for industrial process measurement and control - Network and system security Part 2-4: Certification of IACS supplier security policies and practices* (WIB),

- ISO 22301 *Societal security - Business continuity management systems – Requirement* (BS 25999)

- NEN 7131 *Societal security – Security, preparedness and continuity management systems – Requirements with guidance for use* (ASIS SPC.1-2009)

Tabel 4, Normenkader voor ICS security

7.3   ICS Security

Veel ICS beveiligingstandaarden die de afgelopen jaren zijn opgesteld, zijn afgeleide werken van informatiebeveiligingsstandaarden die specifieker zijn toegeschreven op de industriële omgeving of zelfs een specifieke sector, zoals de elektriciteitssector of de chemische industrie. Daarbij zijn zowel generieke standaarden voor industriële omgevingen ontstaan als ook verschillende documenten met richtlijnen voor een bepaald aspect, zoals het toepassen van firewalls of cryptografie binnen een industrieel netwerk.

---

[42] Aanvullende 'best practices' (zie bijlage B) uitgegeven door bijvoorbeeld CPNI en NIST (zoals SP800-30, -40, -41 en -82) geven aanwijzingen hoe deze normen verder toe te passen in een industriële omgeving.

De NIST SP800-82 en de ISA99 - die min of meer als basis voor ICS worden gehanteerd - zijn verworden tot wat de ISO 27002 "Code voor Informatiebeveiliging" is als verankering voor informatiebeveiliging. Andere bekende publicaties worden uitgegeven door onder meer de International Electro-technical Commission (IEC), de North American Electric Reliability Corporation (NERC), het Department of Homeland Security (DHS), het Idaho National Laboratory (INL), het Centre for the Protection of the National Infrastructure (CPNI) en de American Gas Association (AGA).

ISA99 Security for Industrial Automation and Control Systems

ISA99 is een ICS security standaard opgesteld door de International Society of Automation die een breed verschillende aanbevelingen gebaseerd op de fysieke en logische locatie van componenten en hun belang voor een betrouwbare uitvoering van het industriële proces. ISA99 is onderverdeeld in een aantal documenten. De meeste hiervan bevinden zich in de conceptfase of bestaan nog helemaal niet. Alleen ISA TR99.03.01 met beschrijvingen van security technologieën is afgerond. Desondanks geniet de ISA99 binnen het industriële domein aanzien als richtlijn. De ISA99 werkdocumenten worden gebruikt door de International Electrotechnical Commission voor het verder ontwikkelen van de IEC 62443 *"Veiligheid voor industriële meet- en regeltechniek – Netwerk en Systeem security"* standaard. Het raamwerk van de ISA99 en de IEC 62443 lopen daarom parallel aan elkaar.

ISA99 deelt een ICS omgeving in naar functionele gebieden welke als aparte security zones worden gezien en definieert hierbij vervolgens de interconnectiviteit en koppelingen (*conduits*) tussen deze zones en de beveiligingsmaatregelen om dit af te dwingen.

ISA99 organiseert de beveiligingsrichtlijnen in zeven deelgebieden met eisen (*Foundational Requirements*) die de basis moeten vormen voor de borging van de beveiliging (SAL). Deze deelgebieden zijn:
- toegangscontrole (*identification and authentication control*);
- gebruikscontrole (*use control*);
- data integriteit (*data integrity*);
- data vertrouwelijkheid (*data confidentiality*);
- datastromen (*restricted data flow*);
- incidentopvolging (*timely response to events*);
- beschikbaarheid van middelen (*resource availability*).

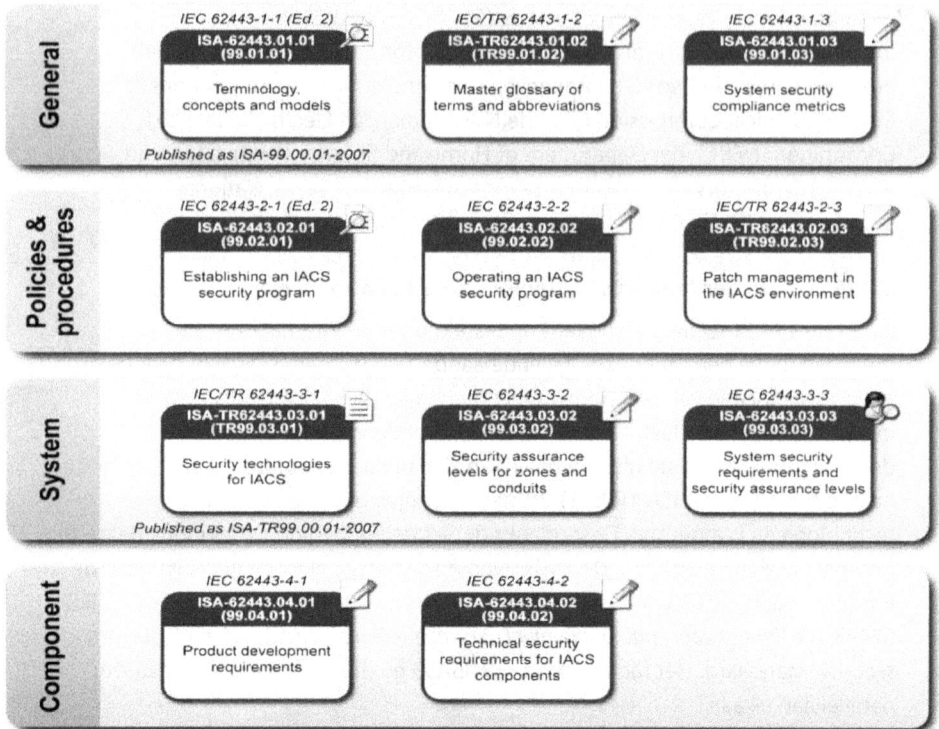

Figuur 14, Het IEC 62443/ISA99 raamwerk (bron: ISA)

NIST SP800-82 Guide to Industrial Control Systems Security

National Institute of Standards and Technology (NIST) SP800-82 biedt richtlijnen voor het beveiligen van ICS, met inbegrip van SCADA, DCS en andere systemen die controlefuncties uitvoeren. De SP800-82 is eigenlijk een toelichting hoe de algemenere beveiligingsstandaard NIST SP800-53 toe te passen in industriële omgevingen. Het document geeft een overzicht van ICS en systeem topologieën, identificeert typische bedreigingen en kwetsbaarheden van deze systemen en geeft aanbevelingen voor tegenmaatregelen om de bijbehorende risico's in te perken. De standaard omvat veel verschillende methoden en technieken voor het beveiligen van ICS. NIST adviseert om de standaard niet louter te gebruiken als een checklist om een specifiek systeem te beveiligen maar stimuleert het uitvoeren van een op risico gebaseerde beoordeling en het op maat toepassen van de richtlijnen en oplossingen om aan specifieke beveiligings-, bedrijfs-en operationele vereisten te voldoen.

NERC CIP Cyber Security

North American Electric Reliability Corporation (NERC) standaarden bieden een cyber security raamwerk voor het identificeren en beschermen van kritieke objecten en middelen in de elektriciteitssector. De standaard onderkent de verschillende rollen, en de kritieke en kwetsbare middelen nodig om de leveringszekerheid te borgen. De NERC CIP 002, 003 en 007 behandelen algemene informatiebeveiliging aspecten. NERC CIP 001, 008 en 009 Cyber Security gaan over bedrijfscontinuïteit, terwijl NERC CIP 004 personele aandachtspunten beschrijft. De NERC CIP standaard is verplicht voor de elektriciteitssector binnen de USA.

NISCC Guide on Firewall Deployment for SCADA and Process Control Networks

De National Infrastructure Security Coordination Centre (NISCC, nu onderdeel van CPNI in de UK) heeft richtlijnen opgesteld om SCADA en PCN-systemen te isoleren van het internet en bedrijfsnetwerken door het gebruik van firewalls. De standaard gaat in op architecturen, de configuratie en het beheer van firewalls in een industriële omgeving.

AGA Report no. 12 - Cryptographic Protection of SCADA Communications

De American Gas Association heeft een richtlijn opgesteld voor het omgaan met cryptografie binnen industriële omgevingen. AGA 12 geeft aanwijzingen om cryptografie tijdelijk toe te passen in bestaande omgevingen en een lange termijn visie voor nieuwe systemen. AGA komt hierbij tot de slotsom dat cryptografische maatregelen niet op zichzelf staand kunnen worden ingevoerd. Een compleet beveiligingsprogramma zal nodig zijn om bijbehorend software- en sleutelbeheer en procedures te borgen.

7.4   Aanschaf en onderhoud

Met het complexer worden van ICT componenten, hardware en software, en de complexiteit van grote ICT ontwikkeltraject, zijn standaarden ontwikkeld voor het toetsen van beveiligingsniveaus en het borgen van de kwaliteit van ontwikkelen en beheren van software. Daarnaast zijn enkele specifieke richtlijnen opgesteld voor industriële omgevingen. Deze richten zich vooral op het helder vastleggen van (beveiligings)eisen voor het ontwikkelen een aanschaffen van industriële systemen. Bekende normen zijn van het Amerikaanse DHS, de WIB en OLF. Daarnaast zijn er diverse ISO standaarden die eveneens in ICS omgevingen prima toepasbaar zijn.

Grip op ICS Security

DHS Cyber Security Procurement Language for Control Systems

Het Amerikaanse DHS heeft samen met de private sector het initiatief genomen om de beveiliging van industriële systemen te verbeteren door te komen tot een gezamenlijke taal om de beveiligingsaspecten te beschrijven bij het specificeren en aanschaffen van componenten; de *"Cyber Security Procurement Language for Control Systems"*. Door beveiliging beter te specificeren in aanbesteding hoopt men dat dit leidt tot een integratie van beveiliging in industriële controlesystemen. De werkgroep bestond uit 242 vertegenwoordigers uit de publieke en particuliere sector en van ruim 20 leveranciers.

OLF No. 104 Information Security Baseline Requirements for Process Control, Safety and Support ICT Systems

De OLF richtlijn 104 *"Information Security Baseline Requirements for Process Control, Safety and Support ICT Systems"* van de Norwegian Oil Industry Association is een vergelijkbaar initiatief als die van het Amerikaanse DHS maar richt zich in het bijzonder op de eigen olie en offshore industrie. Het document bevat de OLF Information Security Baseline Requirements (ISBR) welke worden beschouwd als "best practice" en die aansluiten op de ISO/IEC 27001 standaard voor informatiebeveiliging.

WIB M2784 X10 Process Control Domain - Security Requirements for Vendors

De WIB M2784 X10 standaard (versie WIB 2.0) van de International Instrument Users Association, een groep van ICS gebruikers opgericht in 1962, specificeert eisen en geeft richtlijnen voor leveranciers van ICS systemen. De eisen zijn expliciet opgesteld door en vanuit het perspectief van industriële eindgebruikers, onafhankelijk van leveranciers. Een belangrijk verschil is dan ook dat – in tegenstelling tot bijna alle andere standaarden – de WIB geen betrekking heeft op de eigen organisatie maar op die van een externe ICS leverancier. De WIB kan bijvoorbeeld worden toegevoegd aan een programma van eisen en draagt alleen gedeeltelijk bij aan het invullen van de eigen beveiligingsmaatregelen.

De WIB dekt vier aandachtsgebieden (*process areas*) af: de organisatie van de leverancier, systeem capaciteit, systeem acceptatietesten en in gebruik name, en onderhoud en ondersteuning. Hieronder zijn basis eisen (*base practices*) geformuleerd. Deze zijn een brons, zilver of goud niveau toegekend om het volwassenheidsniveau aan te geven dat kan worden behaald door de leverancier. Als een leverancier zowel qua organisatie en geleverde oplossing aantoont te voldoen aan de eisen, is de oplossing PCD Security Compatible.

IEC 62443-2-4 "Security for industrial process measurement and control - Network and system security Part 2-4: Certification of IACS supplier security policies and practices"

De nieuwe IEC 62443-2-4 *"Security for industrial process measurement and control - Network and system security Part 2-4: Certification of IACS supplier security policies and practices"* is in principe de hiervoor genoemde WIB 2.0 PCD standaard. Het verschil met de oorspronkelijk richtlijnen is dat de richtlijn als internationale IEC standaard nog meer zichtbaarheid, draagvlak en toepassing zal krijgen. Een essentieel verschil met andere standaarden hierbij is dat dit een door eindgebruikers opgesteld algemeen pakket van eisen is.

ISO/IEC 15408-1 Evaluation criteria for IT security (Common Criteria)

De ISO/IEC 15408 *"Information technology — Security techniques — Evaluation criteria for IT security"*, ook wel bekent als de *'Common Criteria'*, definieert twee vormen voor het uitdrukken van IT-beveiliging functionele en zekerheidseisen. Het beschermingsprofiel (PP) zorgt dat algemene herbruikbare sets van beveiligingseisen kunnen worden vastgelegd. Dit beschermingsprofiel kan gebruikt worden door potentiële consumenten voor de specificatie en de identificatie van producten met IT-beveiligingsfuncties die voldoen aan hun behoeften. Het beveiligingsdoel (ST) specificeert de beveiligingseisen en beveiligingsfuncties voor een bepaald product of systeem, genaamd het doel van de evaluatie (TOE), om te evalueren. Het beveiligingsdoel wordt beoordeeld waarna een garantieniveau op een schaal van 1 tot 7 (EAL) kan worden afgegeven.

ISO/IEC 12207:2008 Systems and software engineering -- Software life cycle processes

ISO/IEC 12207 legt een gemeenschappelijk kader vast voor de levenscyclus van de software processen, met goed gedefinieerde terminologie, waarnaar kan worden verwezen door de software-industrie. Het bevat processen, activiteiten en taken die moeten worden toegepast tijdens de aanschaf van een software product of dienst en tijdens de ontwikkeling, exploitatie, het onderhoud en verwijdering van software producten.

ISO 28000 Specification for security management systems for the supply chain

ISO 28000 specificeert de eisen voor een security management system, inclusief de kritische aspecten ten aanzien van de logistieke keten.

7.5   De Nationale Risicobeoordeling

De belangstelling voor ISC security komt vooral voort uit de afhankelijkheid van de moderne samenleving van industriële controle systemen voor de instandhouding van de vitale infrastructuur. Vanuit het belang van nationale veiligheid en bescherming van vitale infrastructuur staan de schijnwerpers daarom tegenwoordig volop gericht op ICS. Nationale veiligheid gaat om het beschermen van voor onze samenleving vitale belangen. Het voorkómen van crises en rampen of, wanneer ze toch optreden, het beperken van de impact op de samenleving.

Voorop op het gebied van ICS security lopen de Verenigde Staten van Amerika, het Verenigd Koninkrijk en enkele andere Europese landen, waaronder Nederland.

Binnen Nederland zijn er diverse bedrijven die diensten of producten leveren die vitaal zijn voor het functioneren van onze samenleving. Uitval of verstoring daarvan veroorzaakt economische of maatschappelijke ontwrichting op (inter)nationale schaal. Uitval kan direct of indirect leiden tot veel slachtoffers. Zo is de Nederlandse samenleving in hoge mate afhankelijk van de beschikbaarheid en betrouwbaarheid van vitale infrastructuur zoals elektriciteit, gas, olie, drinkwater, telecommunicatie en ICT. Driekwart van de bedrijven en organisaties geeft aan in sterke mate of zelfs volledig afhankelijk te zijn van ICT (31).

De Nederlandse vitale infrastructuur is onderverdeeld in een twaalftal vitale sectoren. Deze sectoren zijn energie (elektriciteit, gas, olie), telecommunicatie, drinkwater, keren en beheren oppervlakte water, chemische en nucleaire industrie, transport, financieel verkeer, openbaar bestuur, rechtsorde, openbare orde en veiligheid, gezondheidszorg en voedsel.[43] Daarnaast maakt men onderscheid in vitale objecten en vitale infrastructuur.

- Vitale objecten gaat over fysieke locaties, gebouwen of voorzieningen die onderdeel uitmaken van vitale sectoren of infrastructuur, of die aanslag gevoelig kunnen zijn.

- Vitale infrastructuur gaat over producten, diensten en de onderliggende processen die, als zij uitvallen, maatschappelijke ontwrichting kunnen veroorzaken.

Er is sprake van maatschappelijke ontwrichting als er veel slachtoffers zijn, grote (economische) schade, aantasting van de democratie, het Nederland territorium, de internationale positie van Nederland en/of als herstel van vitale voorzieningen zeer lang gaat duren en er geen reële alternatieven voorhanden zijn. De

---

[43] Het European Programme for Critical Infrastructure Protection (EPCIP) benoemt in het bijzonder de elektriciteit en telecom/ICT sectoren als een prioriteit.
http://ec.europa.eu/information_society/policy/nis/docs/comm_ciip/comm_pdf_2009_0149_f_en.pdf

bescherming van de vitale infrastructuur is erop gericht om de weerbaarheid van deze infrastructuur te vergroten, zodat de continuïteit van de dienstverlening kan worden gegarandeerd.

Er is sprake van een gevolg wanneer dreigingen zich daadwerkelijk voordoen en een effect hebben op de vitale infrastructuur. Hierbij moet men alert zijn op mogelijke ketengevolgen. Zo leidt uitval van kritische telecommunicatienetwerken tot grootschalige uitval of belemmering van ICT diensten en de levering van andere vitale producten of goederen. Bovendien hoeft het verlies aan functionaliteit of beschikbaarheid van een vitaal object of kritische voorziening, zoals uitval van een ICS, niet direct plaats te vinden zodra een incident optreedt maar kan sprake zijn van een geleidelijke degradatie of gedeeltelijke uitvallende voorzieningen.

De Nederlandse overheid hanteert een risicobeoordelingsmethodiek om de bedreigingen en risico's op nationaal niveau inzichtelijk te helpen maken. Voor bedrijven die deel uitmaken van een vitale infrastructuur of sector, kan bij het omgaan met risico's voor ISC security het nuttig zijn bij deze risicobeoordelingsmethodiek aan te sluiten.

Jaarlijks evalueert de overheid verschillende dreigingsscenario's die relevant kunnen zijn voor Nederland in de Nationale Risicobeoordeling. Afhankelijk van de ernst voor de maatschappij en de economie en/of de omvang op lokaal, regionaal of landelijke niveau, worden de gevolgen hierbij gecategoriseerd als catastrofaal (totale uitval), zeer ernstig (langdurige en/of grootschalige uitval), ernstig (tijdelijke en/of regionale uitval), aanzienlijk (kortstondig en/of lokaal incident) of beperkt. Daarbij worden tien verschillende gebieden waar de gevolgen zich kunnen manifesteren onderscheiden (zie Tabel 5).[44]

---

[44] Bron: *http://www.rijksoverheid.nl/bestanden/documenten-en-publicaties/rapporten/2010/03/09/werken-met-scenario-s-risicobeoordeling-en-capaciteiten-in-de-strategie-nationale-veiligheid/werkenmetscenariosrisicobeoordelingencapaciteitenindestrategienationaleveiligheid.pdf*

Grip op ICS Security

Aspect / Klasse	Catastrofaal (E)	Zeer ernstig (D)	Ernstig (C)	Aanzienlijk (B)	Beperkt (A)
Aantasting van het Nederlands territorium	groot	beperkt	-	-	-
Aantasting van de internationale positie van Nederland	groot	beperkt	imago schade	vermelding in media	-
Doden en zwaar gewonden	> 10.000	< 10.000	< 1000	< 100	< 10
Gewonden / chronisch zieken	aanzienlijk >10.000	groot <10.000	groot <1000	beperkt <100	<10
Gebrek aan primaire levensbehoeften	al omvattend	langdurig/ grootschalig > 1 mlj.	tijdelijk/ regionaal < 1 mlj.	kortstondig/ lokaal < 100.000	<10.000 getroffenen
Kosten (materiële schade)	> 50 miljard euro	< 50 miljard euro	< 5 miljard euro	> 500 miljoen euro	> 50 miljoen euro
Schade aan flora en fauna	> 60% > 10.000 km^2	40% - 60% < 10.000 km^2	20% - 40% <1000 km^2	<20% <100 km^2	-
Verstoring van het dagelijks leven	verlamming >60%	ernstig 40% - 60%	aanzienlijk 20% - 40% > 1 miljoen	beperkt <20% < 1 miljoen	Hinderlijk < 100.000 getroffenen
Aantasting van de democratie	ontwrichting	politieke onstabiliteit	protest	-	-
Psychosociale impact (woede en angst)	paniek	onrust	protest	-	-

Tabel 5, Nationale Risicobeoordeling wegingstabel

138

8 Risicomanagement

In de voorgaande hoofdstukken zijn verschillende trends besproken, de werking en belangrijkste componenten van een ICS toegelicht, mogelijke dreigingen en kwetsbaarheden benoemd en enkele beveiligingsprincipes uitgelicht. Dit hoofdstuk verbindt deze verschillende aspecten door ze te plaatsen binnen de kaders van risicomanagement. Omwille van de aard van dit boek wordt daarbij niet te diep ingegaan op de verschillende soorten aanpakken, methodieken, enzovoort.

> *Beveiligingsmaatregelen in industriële omgevingen zijn onderdeel van complexe en grote infrastructurele projecten, moeilijk te budgetteren, en kunnen jaren duren voor te zijn ingevoerd. We moeten nu plannen voor toekomstige bedreigingen!*

Dit hoofdstuk beperkt zich tot een introductie in risicomanagement, risicoanalyses en maatregelenselectie, en het creëert begrip hoe één en ander toegepast kan worden binnen een industriële omgeving.

8.1 Wat is risicomanagement?

Iedereen is bezig met beveiliging en risicomanagement. Zonder bewust na te denken over (be)dreigingen maken we aan de lopende band afwegingen en beoordelen we kwetsbaarheden en risico's. Is het veilig om mijn creditcard op deze website te gebruiken? Moet ik de buurman vragen een oogje in het zeil te houden als in van huis ben? Afwegingen en keuzes voor maatregelen zijn echter subjectief. Wat de ene persoon ervaart als een groot risico, is voor een ander misschien geen probleem. Afwegingen worden moeilijker te maken wanneer het gaat over belangen die ons niet direct persoonlijk raken maar die gaan over het bedrijf of de samenleving. Alle betrokken personen en partijen zullen hun eigen subjectieve benadering, invloed en agenda hebben. Naar mate de diversiteit en belangen van partijen toenemen, wordt het steeds belangrijker vast te houden aan een zo objectief mogelijke beschouwing. Welke belangen spelen er? Wat zijn de afhankelijkheden? Wat vinden we nog acceptabele schade? Wat moet nu eigenlijk worden beveiligd tegen wie en wat?

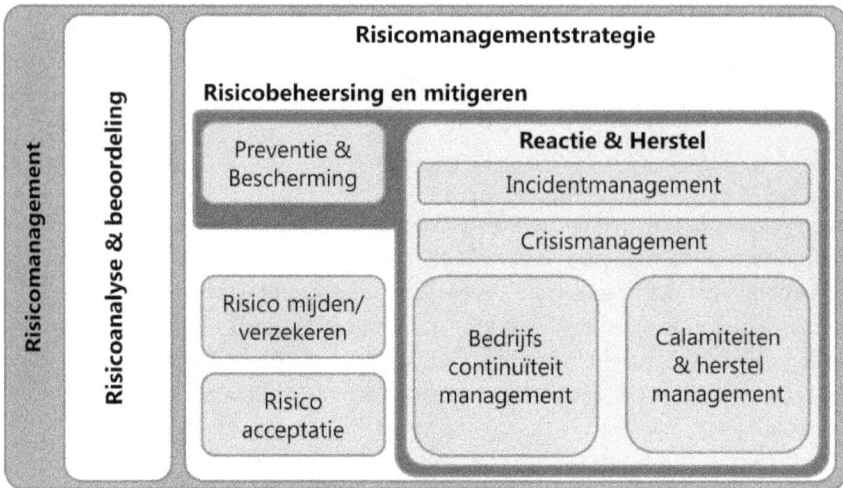

Figuur 15, Risicomanagement raamwerk

Zonder een gestructureerde aanpak leidt het omgaan met risico's nergens toe. Althans, niet tegen acceptabele kosten en met een zinvolle bijdrage aan het wegnemen of verkleinen van risico's. Risicomanagement is het proces van het beheersen van risico's ten aanzien van de organisatorische of bedrijfsactiviteiten (inclusief missie, functies of reputatie), activa en middelen, of personen, en omvat: (i) het uitvoeren van een risicoanalyse en beoordeling, (ii) het ontwikkelen van een risicomanagementstrategie, (iii) het voorbereiden op onvoorziene gebeurtenissen door reactie- en herstelprocedures waaronder voor incidentopvolging, bedrijfscontinuïteit management, crisis- en calamiteiten management, en (iii) de inzet van technieken en procedures voor de continue beheersing van risico's en de bewaking van de status.

> **Risicomanagement is het proces van continu identificeren en beoordelen van risico's en het vaststellen en aanpassen van beheersmaatregelen.**

Risicomanagement heeft betrekking op bijvoorbeeld operationele of financiële bedrijfsvoeringsaspecten of de uitvoering van een project. In het kader van beveiliging wordt ingezoomd op de bescherming tegen moedwillig veroorzaakte risico's. In plaats van de algemene term 'beheersmaatregelen' wordt daarom meestal gesproken over 'beveiligingsmaatregelen'.

8.1.1 Wat is een risico?

Een risico kan worden gedefinieerd als de functie van de kans op en het gevolg van een ongewenste gebeurtenis. Dit maakt het mogelijk een waarde toe te kennen aan het gevolg van een ongewenste gebeurtenis. Die waarde is afhankelijk van de ernst van het gevolg. In de diverse literatuur komt min of meer steeds dezelfde definitie van een risico voor. In een brede zin is een risico 'een gevaar voor schade of verlies'. Dit kan worden uitgelegd als de kans dat als een bepaalde situatie zich voordoet, dit leidt tot het ontstaan van een nadelig effect.
Vrijwel alle risicoanalysemethoden hanteren daarbij een functie die te herleiden valt tot: *Risico = Kans x Effect*.

Dit is echter een vrij simplistische voorstelling van zaken. We kunnen meer grip krijgen op risico's door de kans verder onder te verdelen in een waarschijnlijkheid of frequentie dat een gebeurtenis optreedt (de dreiging) en de mogelijkheid dat de gebeurtenis zich daadwerkelijk kan manifesteren (de kwetsbaarheid). We hebben eerder een kwetsbaarheid omschreven als een zwakke plek in bijvoorbeeld de organisatie, een object, installatie of software welke kan worden misbruikt door één of meerdere dreigingen (actoren). Als een ICS omgeving geen zwakke plekken kent die maken dat deze vatbaar is voor een bepaalde dreiging (*threat agent*), dan is er ook geen sprake van een relevante impact als de gebeurtenis zich toch voordoet.

Om het verschil tussen dreiging, kwetsbaarheid en impact tot uiting te brengen, gebruikt de auteur liever de uitsplitsing van,

Kans = Dreiging x Kwetsbaarheid

en dus als formule voor het risico:

Risico = (Dreiging x Kwetsbaarheid) x Effect

In deze definitie wordt ruimte gelaten voor het maken van risicoafwegingen en kan beter rekening worden gehouden met niet te voorziene gebeurtenissen.

8.1.2 Kwantitatieve versus kwalitatieve risico's

De risico's kunnen op verschillende manieren worden uitgedrukt, zoals in een beoordeling van de omvang van de schade aan de bedrijfsvoering of de samenleving die ontstaat in relatie tot een object. De kans en het effect kunnen *kwantitatief* (zoals het aantal keer dat een gebeurtenis zich per jaar voordoet en de verwachte financiële schade in euro's) of *kwalitatief* worden uitgedrukt. Een kwalitatieve risicoweging geeft geen precieze waarden voor de kansen, effecten en risico's maar geeft in veel situaties wel voldoende duidelijkheid over de omvang van een risico en de relatieve samenhang met andere risico's (bijvoorbeeld door rangschikken).

Omdat dreigingen veroorzaakt door kwaadwillende opponenten zich nauwelijks in getallen laten vangen, gaat de voorkeur van de auteur uit naar een *kwalitatieve* risicoanalysemethode als het gaat om ICS security. Hierbij wordt de risicoweging bepaald op basis van een breed onderzoek en expert meningen. Dit in de plaats van een cijfermatige kwantitatieve aanpak wat kan leiden tot een vals gevoel van nauwkeurigheid en schijnveiligheid. Deze aanpak biedt bovendien meer ruimte aan het omgaan met onzekerheid.

8.1.3 Risicoanalyses

Risicoanalyses zijn een onontbeerlijk instrument in risicomanagement. Ze hebben als doel om dreigingen, kwetsbaarheden en de risico's te identificeren. Het gaat hierbij om de relevante bedreigingen, of wel gebeurtenissen die de (vastgestelde) belangen van de organisatie of van vitale bedrijfsprocessen kunnen verstoren of beschadigen. Een risicoanalyse is een weging van de kansen en gevolgen van een ongewenste gebeurtenis. Het leidt tot inzicht in de ernst en waarschijnlijkheid van die gebeurtenis en in de weerbaarheid van een organisatie.

Om dit te kunnen uitvoeren moeten we vooraf een duidelijk beeld hebben van hoe de diverse bedrijfs- of industriële processen verlopen en waar deze afhankelijk van zijn. Het vervolgens op een gestructureerde wijze bepalen van risico's en het selecteren van te treffen maatregelen vormt de kern van het risicomanagement. Omdat risicoanalyses een grote bijdrage leveren aan het verkrijgen van inzicht - en daarmee grip op ICS security - besteden we relatief veel aandacht aan dit onderwerp.

Welke risicoanalysemethode?

Er zijn in de loop der tijd veel bekende en minder bekende risicoanalysemethoden ontwikkeld.[45] Uiteraard heeft iedere methode zo zijn eigen sterke punten en toepasbaarheid. Om de bevindingen van een risicoanalyse op waarde te schatten, is het belangrijk dat de eigenschappen van de gevolgde methode zijn onderkend en inzichtelijk gemaakt. Het onderwerp en bereik van een risicoanalyse, de kennis en ervaring van de uitvoerende personen, en de vereiste diepgang van een risicoanalyse spelen een grote rol in de keuze voor een geschikte methode. Zo zijn er methodes die zich goed lenen om diverse soorten aandachtpunten die de

---

[45] Enkele bekende vormen van risicoanalysemethoden zijn de Business Impact Analyse (BIA), SPRINT, IRAM, A&K-analyse, CRAMM, SABSA, Privacy Impact Analyse (PIA), CARVER, INK, RAM, RAMCAP, FAIR, Attack Trees, Fault Tree Analysis, en de Nationale Risicobeoordeling (NRB).

gehele onderneming raken te verzamelen en inzichtelijk te maken (*enterprise risk management*), financiële of operationele risico's te bepalen, projectrisico's te benoemen of die veiligheid (safety) of (fysieke of digitale) beveiliging (security) onderzoeken. Daarnaast zijn er bij de meeste methoden varianten te onderscheiden tussen snelle (*quick scan*) of uitgebreide modellen, *kwantitatieve* versus *kwalitatieve* analyses, of tussen zelfonderzoeksmethodes *(self-assessments)* en expert aanpakken. Desondanks bestaan er veel overeenkomsten en gezamenlijke uitgangspunten tussen de verschillende risicoanalysemethodes.

Planning en uitvoering

Voor het uitvoeren van risicoanalyses binnen een complexe en kritische omgeving, zoals bij industriële productie- en besturingsprocessen, is het volgen van een gestructureerde formalistische methode belangrijk. Zonder een dergelijke aanpak verliest men al snel het overzicht of zijn de resultaten niet juist te beoordelen. Risicoanalyses zijn een cyclisch en interactief proces. Vaak worden er verschillende locatiebezoeken, interviewrondes en groepssessies met materiedeskundigen en verantwoordelijke managers gehouden. De uitvoerende analist moet flexibel zijn en kunnen schakelen tussen gedetailleerde inhoud en grote strategische lijnen. Bovendien moet er worden opgelet dat er geen (gekleurd) groepsdenken ontstaat of dat belangrijke partijen worden gemist om hun inbreng te geven. Een goede risicoanalyse maakt bovendien de onzekerheid transparant. Ervaring, expertise en formele training zijn daarom essentieel voor het uitvoeren of begeleiden van risicomanagement en risicoanalyses in complexe ICS omgevingen.

Bij het uitvoeren van risicoanalyses is een goede *afbakening* erg belangrijk. Gaat de risicoanalyse over het gehele industriële proces, alle bedrijfsprocessen of slechts een enkele fysieke locatie? Daarnaast is de *aard* van de risicoanalyse een sturende randvoorwaarde. Gaat het alleen om risico's rondom moedwillige verstoringen of om een brede *all hazards* risicoanalyse waarin bijvoorbeeld ook natuurrampen en technisch of menselijk falen moet worden meegenomen? Gaat het alleen over het binnendringen door externen, de daden van (gefrustreerde) medewerkers of alleen technische ICT/ICS georiënteerde risico's?

Een derde aandachtspunt zijn de *typen effecten en schade*. Gaat het alleen om schade voor het bedrijf of ook om schade die buiten de poort ontstaat, bijvoorbeeld milieuschade of een emissie van een gevaarlijke stof, of bij klanten omdat het eigen bedrijf geen producten meer kan aanleveren en afspraken met afnemers niet kan nakomen? Gaat het alleen om economische schade of juist om 'doden buiten de poort' of juist over allebei?

Een aandachtspunt wat vooraf zeker moet worden vastgesteld is de gewenste *diepgang* van de risicoanalyse en de tijdshorizon waarop deze betrekking heeft.

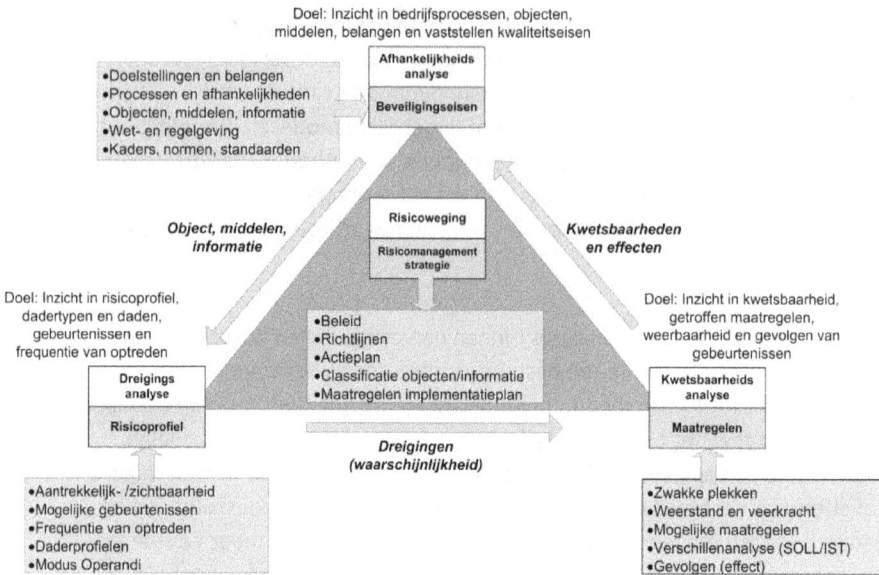

Doel: Inzicht in bedrijfsprocessen, objecten,
middelen, belangen en vaststellen kwaliteitseisen

Afhankelijkheids analyse

•Doelstellingen en belangen
•Processen en afhankelijkheden
•Objecten, middelen, informatie
•Wet- en regelgeving
•Kaders, normen, standaarden

Beveiligingseisen

Object, middelen, informatie

Risicoweging

Risicomanagement strategie

Kwetsbaarheden en effecten

Doel: Inzicht in risicoprofiel,
dadertypen en daden,
gebeurtenissen en
frequentie van optreden

Dreigings analyse

Risicoprofiel

•Beleid
•Richtlijnen
•Actieplan
•Classificatie objecten/informatie
•Maatregelen implementatieplan

Doel: Inzicht in kwetsbaarheid,
getroffen maatregelen,
weerbaarheid en gevolgen van
gebeurtenissen

Kwetsbaarheids analyse

Maatregelen

*Dreigingen
(waarschijnlijkheid)*

•Aantrekkelijk- /zichtbaarheid
•Mogelijke gebeurtenissen
•Frequentie van optreden
•Daderprofielen
•Modus Operandi

•Zwakke plekken
•Weerstand en veerkracht
•Mogelijke maatregelen
•Verschillenanalyse (SOLL/IST)
•Gevolgen (effect)

Figuur 16, Risicoanalyse stappen

Hoe ver wordt vooruitgekeken? Wordt de risicoanalyse uitgevoerd als een eerste impactanalyse op hoofdlijnen om vervolgens vast te stellen op welke deelgebieden extra risicoanalyses nodig zijn? Of moet juist heel erg de diepte in worden gegaan om details boven tafel te krijgen zodat gericht specifieke maatregelen kunnen worden bepaald en investeringsvoorstellen kunnen worden bezien op hun veiligheidswinst, kosten en baten?

Essentieel bij de uitvoering van risicoanalyses is een actieve betrokkenheid van het verantwoordelijk management. Dit kan bijvoorbeeld door ze te betrekken bij belangrijke tussenstappen en besluitvormingsmomenten. Immers, zij hebben een belangrijke rol bij het beslissen over de opvolging naar aanleiding van de risicoanalyse, zoals het treffen van aanvullende beveiligingsmaatregelen.

Stappen in een risicoanalyse

Dit boek introduceert geen nieuwe risicoanalysemethode maar doorloopt verschillende stappen om risico's in kaart te brengen en om tot keuzes voor beheersmaatregelen te komen. Hierbij beschrijven we vier generieke deelanalyses voor een kwalitatieve risicoanalyse. Hoewel niet altijd zo duidelijk afgebakend bij alle risicoanalyses, doorlopen we de afhankelijkheidsanalyse, dreigingsanalyse, kwetsbaarheidsanalyse en de risicoweging.

8.2   Afhankelijkheidsanalyse

Een afhankelijkheidsanalyse brengt in kaart wat de belangrijkste processen en middelen van het bedrijf zijn: de cruciale bedrijfsonderdelen of bedrijfsprocessen waarvan het zeer ongewenst is als ze bijvoorbeeld uitvallen of beschadigd raken. Daarnaast wordt in kaart gebracht waarvan deze bedrijfsprocessen afhankelijk zijn voor het functioneren: te denken valt aan bijvoorbeeld grondstoffen, koelwater en een belangrijk pompstation. Een afhankelijkheidsanalyse geeft antwoord op de vragen: Waarom moet er worden beveiligd? Wat moet worden beveiligd? Hoe hoog moet de mate van beveiliging zijn?

Deze eerste stap in een risicoanalyse moet een eenduidig beeld vastleggen van de eigen bedrijfsprocessen en de middelen (objecten, voorzieningen, systemen, mensen, enzovoort) die daarbij een rol spelen. Daarnaast is het belangrijk welk kwaliteitseisen gesteld moeten worden aan deze middelen om de uitvoering van de bedrijfsprocessen te borgen. Kwaliteitseisen zijn bijvoorbeeld beveiligingseisen ten aanzien van de beschikbaarheid en het correct functioneren van een component. Daarbij legt een afhankelijkheidsanalyse dikwijls ook vast wat de normen zijn die we moeten hanteren voor het niveau van deze beveiliging.

Een afhankelijkheidsanalyse legt de fundering voor het verdere risicomanagement vast. De resultaten en de benoemde kwaliteitskenmerken vormen de basis voor een langere periode. De risicomanagementstrategie, het beveiligingsbeleid en het treffen van beveiligingsmaatregelen zullen hierop zijn gebaseerd. Een zorgvuldige uitvoering is daarom van groot belang.

Een afhankelijkheidsanalyse kent meestal de volgende stappen:
1. Inventarisatie processen, objecten en middelen
2. Vaststellen belangen en afhankelijkheden
3. Waardering van processen, objecten en middelen
4. Vaststellen van kwaliteitskenmerken

Stap 1: Inventarisatie processen, objecten en middelen

De afhankelijkheidsanalyse begint met het in kaart brengen van de belangrijkste processen, objecten, middelen (*assets*) en informatie van het bedrijf.[46] Wat zijn de cruciale bedrijfsonderdelen of bedrijfsprocessen?
Meestal kan voor een risicoanalyse hierbij volstaan worden met een beschrijving van de meest kritische bedrijfsprocessen op hoofdlijnen. Daarnaast zullen we de verschillende processen die direct ondersteunend zijn aan het uitvoeren van deze kritische processen in beeld willen hebben.

---

[46] Ook wel de proces- en middelenanalyse genoemd.

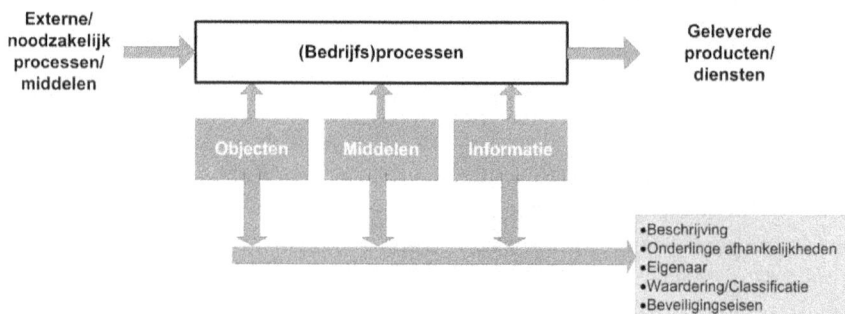

Figuur 17, De afhankelijkheidsanalyse

Per proces, object of middel kunnen aspecten als de eigenaar, het type (intern of extern), locatie, configuratie en een korte beschrijving worden vastgelegd. We willen bijvoorbeeld alle locaties kennen, centrale systemen, netwerktopologie en netwerkkoppelingen, inzicht in datastromen, gebruikte communicatieprotocollen, en algemene werking van het ICS met veldapparatuur en veldcontrollers. Vergeet niet om ook de verschillende soorten informatie te identificeren. Pas echter op om niet al bij de eerste stap van de risicoanalyse te verzanden in een te laag abstractieniveau door te veel details vast te willen leggen.

Een proces- of systeemanalyse – zoals via de SADT-methode (*Structured Analysis and Design Technique*) - kan behulpzaam zijn bij het verkrijgen van inzicht in de middelen en afhankelijkheden. Een procesanalyse is een model om de belangrijke componenten van het bedrijfsproces te beschrijven en aan te geven wat er het proces in gaat en wat er uit komt (informatie, goederen, diensten). Een procesanalyse brengt dus alle ingaande stromen en de middelen die noodzakelijk zijn om te kunnen blijven functioneren (de afhankelijkheden) en de producten die er uiteindelijk 'aan de achterkant' uitkomen in kaart.

Merk op dat het niet relevant is te weten hoe een bepaald proces of systeem precies functioneert en werkt maar - vanuit een beveiligingsperspectief - juist hoe een systeem niet werkt. Hoe kan het proces of systeem zo worden gemanipuleerd dat het faalt?

Stap 2: Vaststellen belangen en afhankelijkheden

Afhankelijkheden (*dependencies*) vormen de relaties tussen de (kritische) processen, objecten en middelen waarbij het ene proces, object of middel noodzakelijk is voor het uitvoeren van het andere proces. Voor ons doel moeten de afhankelijkheden tussen de verschillende materiële en immateriële bedrijfsmiddelen helder gemaakt worden. Het resultaat is dat we inzicht krijgen in wat de beschermingswaardige belangen zijn en waar de risicoplaatsen zich bevinden. Het betreft de kernwaarden voor de organisatie en/of bedrijfsprocessen. Daarbij kan gelden dat het totaal belang meer is dan de som der delen.

Door de doelstellingen van het bedrijf en het belang van de gemaakte producten of geleverde diensten te betrekken in de afhankelijkheidsanalyse, kan antwoord worden gegeven op de vraag waarom er moet worden beveiligd. Wat staat er op het spel?

Meestal worden alleen eerste orde afhankelijkheden beschouwd in een onderzoek, of wel van welke (externe) processen, objecten of middelen van toeleveranciers is (de kwaliteit en continuïteit van) het eigen bedrijfsproces afhankelijk of welke (interne of externe) systemen en voorzieningen zijn noodzakelijk om het proces uit te voeren? Dit leidt tot een antwoord op de vraag wat er moet worden beschermd.

Soms kan het nuttig zijn om het belang van de geleverde producten of diensten te bepalen door op hoofdlijnen ook de eerste orde effecten (directe afhankelijkheden) te onderzoeken voor ketenpartners, gebruikers of afnemers. Dit is zeker relevant voor onderzoeken die het bedrijfsbelang duidelijk overstijgen zoals waar het gaat om nationale veiligheid vraagstukken of de bescherming van vitale infrastructuren. Door deze aspecten mee te wegen kan het belang van de eigen bedrijfsprocessen en eventuele specifieke objecten verder worden bepaald. Nog een stap dieper gaan door indirecte afhankelijkheden en ketenafhankelijkheden te onderzoeken, valt buiten het bereik van een gemiddelde risicoanalyse. Eigenlijk worden dan de belangen voor afnemers, ketenpartners en gebruikers bepaald en dus een afhankelijkheidsanalyse uitgevoerd voor hun processen i.p.v. de eigen bedrijfsprocessen te onderzoeken.

Uiteraard is het goed mogelijk dat uit het onderzoek blijkt dat het proces voor de uitvoering afhankelijk is van een product of dienst geleverd door een externe toeleverancier. Als deze toeleverancier, direct of indirect, op zijn beurt weer afhankelijk is van de eigen geleverde producten of diensten, is de cirkel weer rond. We spreken hierbij over onderlinge of tussenliggende afhankelijkheden (*interdependencies*). Normaal behoort het onderzoeken van dergelijke tussenliggende afhankelijkheden niet tot het bereik van een afhankelijkheidsanalyse.

Stap 3: Waardering van processen, objecten en middelen

Een waardering van de bedrijfsprocessen is nodig om het noodzakelijke beveiligingsniveau van de objecten en middelen vast te stellen. Hoe belangrijker een bedrijfsproces, hoe hoger de kwaliteitseisen voor de benodigde objecten en middelen. Feitelijk is dit alleen maar een tussenstap in de afhankelijkheidsanalyse om de kwaliteitskenmerken te kunnen vaststellen. Om de verdere risicoanalyse en de latere toewijzing van maatregelen hanteerbaar te maken, worden de processen, objecten en middelen in dit stadium vaak gegroepeerd en geclassificeerd als onderdeel van de afhankelijkheidsanalyse.

Voor de waardering kan plaatsvinden, dienen vooraf de relevante wet- en regelgeving, richtlijnen en normenkaders die van toepassing zijn te worden bepaald. Dit kunnen verplichte maar ook zelf opgelegde normenkaders zijn, die aanleiding kunnen zijn om uiteindelijk misschien een hogere waardering toe te kennen dan die welke strikt genomen volgt uit de vastgestelde belangen en afhankelijkheden. Het zo vastgelegde normenkader is bovendien direct bruikbaar voor latere controles en audits.

Een generiek schema om de bedrijfsprocessen te waarderen is *Maatschappelijk vitaal, Vitaal (strategisch), Kritisch* of *Ondersteunend*. Fysieke objecten (locaties) waar de processen plaatsvinden of waar de middelen zich bevinden, kunnen bijvoorbeeld worden gewaardeerd naar *Vitaal (hoog), Noodzakelijk (midden)* of *Handig (laag)*, en middelen, zoals computersystemen, veldcontrollers en - apparatuur naar *Essentieel, Noodzakelijk*, of *Handig*.

Daarnaast kan ook binnen een ICS omgeving een classificatie van informatie gewenst zijn voor het bepalen van beveiligingsmaatregelen en het te realiseren beveiligingsniveau. De informatie, zoals geïnventariseerd in de eerste stap, kan worden gerubriceerd naar een generieke indeling zoals *Rood (geheim), Geel (vertrouwelijk), Groen (besloten)* en *Wit (openbaar)*.
Let op dat de waarderingen het belang in relatie tot de bedrijfsprocessen moet weergeven.

Stap 4: Vaststellen van kwaliteitskenmerken

Uiteindelijk bepalen de bedrijfsdoelstellingen, het belang van de bedrijfsprocessen en zaken als wet- en regelgeving samen de beveiligingseisen (kwaliteitskenmerken) die gesteld worden aan deze bedrijfsprocessen en de objecten, middelen en informatie waar deze afhankelijk van zijn. Ze dienen als randvoorwaarden voor de keuze van beveiligingsmaatregelen. Hiermee wordt antwoord gegeven op de vraag hoe hoog de mate van beveiliging moet zijn.

Proces/object/middel	Waardering	Eigenaar	B	I	V	O	C
Productieproces	Strategisch	Bedrijf	H	H	L	M	M
Bedrijfsvoeringscentrum	Vitaal	Bedrijf	H	-	-	-	-
Human Machine Interface	Essentieel	Bedrijf	H	H	M	-	-
Communicatie servers	Essentieel	Bedrijf	H	H	L	-	-
Data historians	Noodzakelijk	Bedrijf	L	H	M	-	-
Process Control Network	Essentieel	Telecom	H	H	M	-	-
SCADA LAN	Essentieel	Bedrijf	H	H	M	-	-
Veldcontrollers	Essentieel	Bedrijf	H	H	L	-	-
Veldapparatuur	Essentieel	Bedrijf	H	H	L	-	-
Meetgegevens	Geel	Bedrijf	H	H	M	M	H
Besturingsgegevens	Groen	Bedrijf	H	H	L	H	M
Configuratiegegevens	Geel	Bedrijf	M	M	M	L	H
Historische gegevens	Groen	Bedrijf	L	H	M	M	H
Bedrijfsvoerders	Essentieel	Bedrijf	H	H	H	-	-
Storingswacht	Noodzakelijk	Inhuur	M	M	M	-	-

Tabel 6, Resultatentabel afhankelijkheidsanalyse[47]

De kwaliteitskenmerken vormen de slotconclusie van de afhankelijkheidsanalyse. Ze dienen niet alleen als vertrekpunt voor de verdere risicobeheersing maar dienen als kapstok voor bijvoorbeeld een programma van eisen of voorwaarden in een service level agreement. De kwaliteitskenmerken kunnen worden uitgedrukt in een waarde van *essentieel (hoog), belangrijk (middel),* of *wenselijk (laag).*

De resultaten en bevindingen van een afhankelijkheidsanalyse kunnen snel worden weergegeven in een samenvattende tabel (zie Tabel 6).

8.3 Dreigingsanalyse

Om relevante moedwillige dreigingen te identificeren volstaat het – zeker bij risicovolle bedrijven of met een hoge aantrekkelijkheid voor kwaadwillende opponenten – vaak niet om alleen te kijken naar de bedrijfsprocessen en middelen om vervolgens te trachten alle zwakke plekken te benoemen. Een dreigingsanalyse geeft antwoord op de vragen: Tegen wie of wat moet er worden beveiligd? Wat is de kans van optreden?

---

[47] B-beschikbaarheid, I-integriteit, V-vertrouwelijkheid, O-onweerlegbaarheid, C-controleerbaarheid
H-hoog, M-midden, L-laag

Grip op ICS Security

Standaard risicoanalysemethoden, zoals een Business Impactanalyse (BIA) of A&K-analyse, slaan echter de dreigingsanalyse over. Bij een meer dreiging-gedreven risicoanalyse worden in een dreigingsanalyse de typen opponenten (kwaadwillende personen) en de ongewenste activiteiten die ze moedwillig zouden kunnen uitvoeren tegen de bedrijfsprocessen of de organisatie onderzocht. Mogelijke daden zijn bijvoorbeeld diefstal, fraude, of sabotage. Bij een kwetsbaarheid- of gevolg-gedreven risicoanalysemethode worden normaal alleen ongewenste gebeurtenissen geïdentificeerd. Deze kunnen daarom ook bestaan uit technisch of menselijk falen, of externe factoren zoals overstromingen of blikseminslag.

Een dreigingsanalyse kent meestal de volgende stappen:
1. Vaststellen van risicoprofiel
2. Inventarisatie relevante dreigingen
3. Opstellen van daad-dader matrix
4. Waardering van dreigingen

Stap 1: Vaststellen van risicoprofiel

Voordat relevante moedwillige dreigingen kunnen worden onderzocht, is het belangrijk om een beeld te hebben wat 'relevant' inhoudt. Daarnaast moet straks voor de dreigingen worden bepaald wat de waarschijnlijkheid (kans) is dat deze zich voordoen. Voor het selecteren van deze dreigingen en het schatten van hun waarschijnlijkheid waar we rekening mee moeten houden, helpt het als we een risicoprofiel bepalen. Dit profiel geeft een context (dreigingsbeeld) en daarmee een eerste indicatie van hoe aantrekkelijk ons bedrijf, bedrijfsprocessen en middelen zijn voor kwaadwillende opponenten.

Het risicoprofiel is een omgevingsanalyse waarbij we de daderprofielen bepalen die het meest aannemelijk worden geacht van belang te zijn. We kijken bijvoorbeeld naar vergelijkbare incidenten die eerder hebben plaatsgevonden bij gelijksoortige bedrijven of in andere landen. Openbare bronnen, brancheverenigingen en collega's in de markt kunnen in dat licht veel betekenen, bijvoorbeeld omdat ze goed op de hoogte zijn van incidenten die hebben plaatsgevonden in de sector. Helaas is het niet zonder meer mogelijk om hoogwaardige kennis en expertise van mogelijke dreigingen van bijvoorbeeld de politie of de AIVD in te brengen.

Stap 2: Inventarisatie relevante dreigingen

Er zijn twee soorten dreigingen te onderkennen: voorspelbare en voorstelbare dreigingen. Ze worden als relevant beschouwd als ze op enige wijze een significante bedreiging vormen voor de bedrijfsprocessen, objecten of middelen van het bedrijf. Het zijn dreigingen die mogelijk een grote impact kunnen hebben of die naar voren zijn gekomen bij het vaststellen van een eerder risicoprofiel. De inventarisatie is normaal een iteratief proces dat continu blijft plaatsvinden gedurende het uitvoeren van een risicoanalyse. In het bijzonder tijdens het onderzoeken van kwetsbaarheden leidt dit tot aanvullingen.

Stap 3: Opstellen van daad-dader matrix

Hoofdstuk 4 beschreef al verschillende dadergroepen en de *daad-dader-matrix* (DDM) als methode om combinaties van dadertypen en daden te onderzoeken om later beveiligingsmaatregelen gerichter te kunnen selecteren. Een DDM selecteert en combineert mogelijke daders en daden. De werkwijze bij het zo in kaart brengen van moedwillige dreigingen kenmerkt zich door 'van variatie naar selectie' toe te werken. Er wordt gestart vanuit de breedte: alle typen daders en alle typen daden worden in eerste instantie meegenomen. Dadertypen zijn bijvoorbeeld een verward persoon, een gefrustreerde (ex-) medewerkers, een gewelddadige activist, een hacker, een crimineel of een terrorist. Mogelijke daden zijn bijvoorbeeld afluisteren, cybercrime, diefstal, fraude, chantage, bezetting, sabotage of een bompakket plaatsen. Theoretisch gezien zijn er veel daad-dader-combinaties mogelijk maar tijdens de risicoanalyse worden combinaties die moeilijk voorstelbaar zijn gaandeweg geëlimineerd.
Het opstellen van een DDM geeft een eerste antwoord op de vraag tegen wie of wat moet er worden beveiligd.

Stap 4: Waardering van dreigingen

De frequentie of aannemelijkheid dat een dreiging optreedt, kan (als een enkelvoudige ranking) gekwalificeerd worden als bijvoorbeeld *Zeer waarschijnlijk (Zw)*, *Waarschijnlijk (W)*, *Mogelijk (Mo)*, *Onwaarschijnlijk (O)* of *Zeer onwaarschijnlijk (Zo)* afhankelijk van hoe waarschijnlijk de kans van optreden is. Het werken met categorieën in plaats van bijvoorbeeld getallen maakt de omgang met onzekerheden over de waardering van de kans eenvoudiger. Als alle relevante dreigingen zijn gewaardeerd, is antwoord gegeven op de vraag wat de kans van optreden is.

8.4 Kwetsbaarheidsanalyse

Bij een kwetsbaarheidsanalyse worden alle eerder geïdentificeerde processen en middelen onderzocht op mogelijke zwakke plekken, uitgaande van de mogelijke dreigingen die in de dreigingsanalyse naar voren zijn gekomen. Bij diverse risicoanalysemethodes is deze fase de stap waarbij direct de impact wordt bepaald of wel de gevolgen als de beveiliging faalt als een bepaalde ongewenste gebeurtenis zich voordoet. Een kwetsbaarheidsanalyse geeft inzicht in de weerstand tegen dreigingen en ongewenste gebeurtenissen. De mate van weerstand en veerkracht blijkt doorgaans uit de maatregelen die zijn genomen.

Grip op ICS Security

Een kwetsbaarheidsanalyse geeft antwoord op de vraag: Waar moet er worden beschermd?

Een kwetsbaarheidsanalyse kent meestal de volgende stappen:
1. Inventarisatie en waardering van kwetsbaarheden
2. Inventarisatie van getroffen maatregelen
3. Uitwerken van daad-dader-doelwit matrix
4. Waardering van impact

Stap 1: Inventarisatie en waardering van kwetsbaarheden

Een eerst stap inventariseert de kwetsbaarheden – de zwakke plekken in de organisatie, processen, objecten en middelen – bijvoorbeeld kijkend vanuit een 360 gradenbenadering (MAPGOOD). Bij deze inventarisatie kan een beschrijving worden opgenomen wat de gevolgen zijn als de kwetsbaarheid bijvoorbeeld wordt misbruikt, faalt of als niet langer kan worden voldaan aan de kwaliteitseisen zoals beschikbaarheid, integriteit van de gegevens of de vertrouwelijkheid van de informatie.

Kwetsbaarheden kunnen worden gekwalificeerd als *Enorm (E), Groot (G), Behoorlijk (B), Miniem (M),* of *Verwaarloosbaar (V),* afhankelijk van de vatbaarheid voor dreigingen en de gevolgen daarvan (impact) op de bedrijfsprocessen. Indien een verdieping wenselijk is kan per dreiging een beoordeling plaatsvinden ten aanzien van de impact op de gestelde kwaliteitseisen van de processen.

Niet alle objecten of middelen zijn even kwetsbaar vanuit het perspectief van een kwaadwillende opponent. Daarom kunnen de geïnventariseerde objecten en middelen worden gescoord op de twee afzonderlijke criteria: zichtbaarheid (*exposure*) en toegankelijkheid (*accessibility*). Daarnaast kan per object of middel worden gekeken naar de mate van weerstand (*resistance*) en veerkracht (*resilience*). Deze laatste twee criteria geven een indicatie voor de mate van robuustheid en de mogelijkheid om incidenten op te vangen (herstelcapaciteit). Er kan meer inzicht in de kwetsbaarheden en weerbaarheid van de bedrijfsprocessen worden verkregen door de belangrijkste objecten en middelen uit de afhankelijkheidsanalyse te zien als doelwit en aanvullend te scoren op deze vier 'kwetsbaarheidsindicatoren':
- Wat is de zichtbaarheid van het doelwit?
- Wat is de toegankelijkheid van het doelwit?
- Wat is de weerstand van het doelwit op de aanval?
- Wat is de veerkracht van het doelwit na een geslaagde aanval?

Object/middel	Zichtbaar	Toegang	Weerstand	Veerkracht	Kwetsbaar	Impact
Bedrijfsvoeringscentrum	G	M	Hoog	Laag	Behoorlijk	E
Human Machine Interface	B	B	Laag	Midden	Behoorlijk	G
Communicatie servers	M	B	Midden	Laag	Behoorlijk	G
Data historians	G	G	Laag	Laag	Groot	M
Process Control Network	B	B	Midden	Hoog	Behoorlijk	G
SCADA LAN	M	M	Midden	Laag	Behoorlijk	G
Veldcontrollers	M	M	Midden	Laag	Behoorlijk	B
Veldapparatuur	B	M	Laag	Laag	Behoorlijk	B
Bedrijfsvoerders	B	-	Hoog	Hoog	Miniem	G
Storingswacht	B	-	Midden	Hoog	Behoorlijk	M

Tabel 7, Kwetsbaarheden per object/middel

Wanneer per object en middel de scores voor deze kwetsbaarheidsindicatoren worden opgeteld, kunnen de – voor een opponent - meest attractieve objecten en middelen worden geselecteerd op basis van hun zichtbaarheid, toegankelijkheid dan wel potentieel effect.

De kwetsbaarheden per object of middel kunnen worden weergegeven in een samenvattende tabel (zie Tabel 7).

Stap 2: Inventarisatie van getroffen maatregelen

De kwetsbaarheidsanalyse stelt vast in welke mate de organisatie weerbaar is op de benoemde dreigingen. Deze weerbaarheid wordt niet alleen gevormd door het technische beveiligingsniveau maar ook door bijvoorbeeld de organisatie en procesinrichting. De mate van weerbaarheid blijkt voor een deel al uit de eerste inventarisatie van kwetsbaarheden. Direct of indirect is daarbij al rekening gehouden met de aanwezige beheersmaatregelen. Als verdieping is het bij veel kwetsbaarheidsanalyses gebruikelijk om daarnaast aan de hand van controlelijsten na te gaan welke maatregelen al zijn getroffen. Binnen industriële omgevingen kunnen de ISA99 of NIST SP800 standaarden hierbij dienen als leidraad. Daarnaast is de algemene ISO 27002 voor informatiebeveiliging een goed startpunt.

Stap 3: Uitwerken van daad-dader-doelwit matrix

Het uitbreiden van de DDM tot een *daad-dader-doelwit-matrix* (DDDM) geeft een verrijking door voorstelbare dreigingsscenario's en de effecten hiervan uitgebreider te onderzoeken. Uiteraard maakt deze stap geen deel uit van de risicoanalyse als de voorafgaande dreigingsanalyse is overgeslagen, zoals vaak gebeurt bij een BIA of A&K-analyse.

Door de per daad-dader combinatie te kijken waar – bij welk object of middel – het aannemelijk is dat de dader tot actie zal overgaan, wordt de DDM aangevuld. Een DDDM verbindt de benoemde dreigingen, gevonden kwetsbaarheden en de meest attractieve objecten en middelen met elkaar tot dreigingsscenario's. Deze illustreren de verschillende kwetsbaarheden en ondersteunen bij het bepalen van de waarschijnlijkheid (voorstelbaarheid én/of voorspelbaarheid) van dreigingen. Deze verdiepingsslag kan daarom aanleiding zijn om de waardering van dreigingen uit de voorgaande dreigingsanalyse bij te stellen.

Bij deze aanpak is het relevant om per dadertype af te vragen wat hun motieven en methodieken kunnen zijn. Hoe gaan ze te werk? Op welke objecten zullen zijn zich mogelijk richten? Zijn bepaalde opponenten in het verleden al dreigend geweest? Welke middelen gebruiken ze? Hebben deze daden zich in het verleden al (bijna) voorgedaan? Een dreigingsscenario beschrijft globaal fases als voorbereiding, toegang verschaffen, uitvoeren acties en aftocht. Let wel op dat dreigingsscenario's niet de pretentie hebben compleet te zijn. Bovendien zijn dreigingsscenario's geen toekomstvoorspellingen.

De verschillende dreigingsscenario's die zo ontstaan, kunnen worden gerangschikt op aantrekkelijkheid en uitvoerbaarheid vanuit een daderperspectief. Hierbij gaat het er om of daders de daad <u>willen</u> en <u>kunnen</u> uitvoeren, waarbij de eerdere inschatting van zichtbaarheid en toegankelijkheid per object of middel betrokken wordt, door te kijken naar:

- <u>Aantrekkelijkheid</u>: Wil de dader de daad plegen? Dit kan op twee aspecten worden gescoord: alternatieve doelen (voor de dader) en slagingskans (hoe kansrijk/succesvol denkt de dader te zijn).
- <u>Uitvoerbaarheid</u>: Kan de dader de daad plegen? Dit kan eveneens op twee aspecten worden gescoord: kennis/middelen en vaardigheden die de dader moet hebben.

De dreiging voor de bepaling van de kans - en daarmee dus het risico - wordt daarmee dan:

Dreiging = Aantrekkelijkheid x Uitvoerbaarheid

Het opstellen van een dergelijke aanvulling op een dreigings- en kwetsbaarheidsanalyse is een intensief proces en vergt materiekennis, kennis van het bedrijf en de deskundigheid van security specialisten. Echter bij een eerste risicoanalyse volstaat het meestal om te beginnen met een initiële indeling in dreigingen van binnenuit (*insiders*) en buitenaf (*outsiders*), die óf ongerichte cyberaanvallen veroorzaken (toevallige treffers) óf die gerichte cyberaanvallen

Doelwit: ICS	Aantrekkelijkheid		Uitvoerbaarheid		Dreiging
	Alternatieven	Slagingskans	Middelen	Vaardigheden	
Dader: binnenuit (insider)					
Ongerichte cybercrime	4	1	3	3	O
Gerichte cyberaanval	5	1	4	2	Mo
Dader: buitenaf (outsider)					
Ongerichte cybercrime	1	2	5	5	W
Gerichte cyberaanval	2	2	4	3	Mo

Tabel 8, Een daad-dader-doelwit matrix (DDDM)

(zoals *Advanced Persistent Threats*) inzetten direct gericht tegen het bedrijf of de ICS omgeving. Dit levert in eerste instantie dus slechts vier daad-dader combinaties op per doelwit (zie Tabel 8).

In de DDDM voorbeeldtabel wordt de score gegeven op een schaal van 1 (laag) tot 5 (hoog) en de resulterende dreiging (kans) op de eerder bepaalde schaal uit de dreigingsanalyse van bijvoorbeeld *Zeer waarschijnlijk (Zw)*, *Waarschijnlijk (W)*, *Mogelijk (Mo)*, *Onwaarschijnlijk (O)* of *Zeer onwaarschijnlijk (Zo)*

Stap 4: Waardering van impact

De meeste risicoanalysemethodes bepalen bij de inventarisatie van kwetsbaarheden tevens direct de schade en gevolgen die kunnen ontstaan als de beveiliging faalt of de gebeurtenis zich voordoet. We kunnen de schade onderverdelen naar:

- materiele schade aan objecten, middelen, apparatuur of installaties zoals directe schade veroorzaakt door vernieling of diefstal maar ook indirecte gevolgschade die kan optreden na bijvoorbeeld bluswerkzaamheden (waterschade) of blikseminslag.
- immateriële schade door bijvoorbeeld het uitvallen van de levering van diensten, reputatieschade, niet kunnen voldoen aan contractuele verplichtingen.

Eventueel kan de schade – vooral als wel een kwantitatieve risicoanalyse wordt uitgevoerd - worden uitgedrukt in geld (32). De financiële schade van een gebeurtenis die eenmalig optreedt, is de enkelvoudige schade verwachting (SLE: *Single Loss Expectancy*). Deze kan bijvoorbeeld bestaan uit directe financiële schade maar bijvoorbeeld ook uit gemiste opdrachten en herstelkosten. Daarnaast kan gekeken worden naar de totale financiële schade die ontstaat per jaar, de jaarlijkse schade verwachting (ALE: *Annual Loss Expectancy*).

Grip op ICS Security

Deze jaarlijkse schade verwachting kan in een formule worden gevat als:

$$ALE = \sum (SLE * ARO)$$

Ofwel de totale jaarlijkse schade verwachting (ALE) voor alle gebeurtenissen is de som van alle enkelvoudige schade verwachtingen (SLE) maal het aantal keer dat een dergelijke enkelvoudige schade zich voordoet (ARO: *Annual Rate of Occurrence*). Als bijvoorbeeld een gebeurtenis meerdere malen per jaar optreedt, is de jaarlijkse schade verwachting een veelvoud van de enkelvoudige schade verwachting. De te treffen maatregelen kunnen dan dus duurder worden dan de financiële schade die ontstaat bij een enkele keer dat de gebeurtenis zich voordoet maar dit wordt gerechtvaardigd omdat de waarschijnlijkheid aangeeft dat de gebeurtenis zich vaker per jaar zal voordoen.

De analyse besluit door de mate van mogelijke schade en nadelige effecten (impact) te wegen. Uiteindelijk geeft de kwetsbaarheidsanalyse zo antwoord op de vraag waar objecten en middelen moeten worden beschermd. Let op dat aspecten zoals de afhankelijkheid voor afnemers van de geleverde producten en diensten, hun zelfredzaamheid, de eigen bedrijfscontinuïteit of de beschikbare herstelcapaciteit allemaal bepalende factoren kunnen zijn. Pas bij de waardering op dat deze, gevoed vanuit onwetendheid over de exacte gevolgen, (keten)afhankelijkheden of angst (*fear factor*), niet wordt overdreven. Te sterke onderlinge verschillen kan een indicatie zijn dat de risicoanalyse nogmaals getoetst moet worden om de bevindingen op waarde te kunnen schatten.

Bij vitale infrastructuren kan voor de waardering een indeling van *Catastrofaal (E), Zeer ernstig (D), Ernstig (C), Aanzienlijk (B), Beperkt (A)* en aanvullend *Bedrijfsmatig (A0)* worden gebruikt, analoog met de Nationale Risicobeoordeling methodiek.

Stappenplan voor een snelle eerste risicoanalyse
Een kort stappenplan hoe te beginnen met het toetsen of de ICS security architectuur voldoet, bestaat uit het inventariseren en analyseren van de volgende (oriënteerden) stappen: 1. ICS componenten en kritische veldapparatuur   2. Process Control Network en datastromen   3. Benoemen meest kwetsbare componenten en veldapparatuur   4. Dreigingsvectoren (aanvalsvectoren)   5. Belangrijkste aanwezige beveiligingsmaatregelen   6. Opties voor aanvullende beveiligingsmaatregelen

Tabel 9, Stappenplan 1ste snelle risicoanalyse

Risico = (Dreiging x Kwetsbaarheid) x Effect

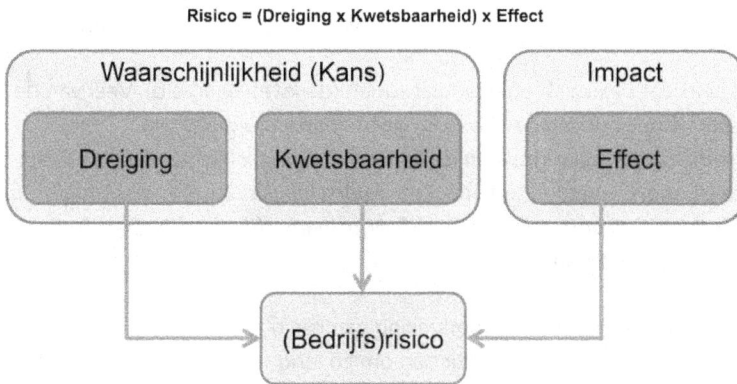

Figuur 18, Risicoweging

8.5   Risicoweging

De risicoweging, meestal de laatste stap bij de meeste risicoanalysemethodes, voegt de resultaten van de voorgaande deelanalyses samen tot een beoordeling van de risico's.

Een risicoweging kent meestal de volgende stappen:
1. Bepalen van risico per dreiging/kwetsbaarheid
2. Vaststellen van aanvullende beheersmaatregelen en restrisico's
3. Vaststellen van risicobeheersing per dreiging/kwetsbaarheid
4. Afstemmen en terugkoppelen met verantwoordelijke personen

Stap 1: Bepalen van risico per dreiging/kwetsbaarheid

Zoals eerder aangegeven, heeft de auteur een voorkeur om beveiligingsrisico's te wegen via een *kwalitatieve* risicoanalysemethode. Hierbij kan het risico bijvoorbeeld worden geclassificeerd als *Kritiek* (K), *Substantieel* (S), *Beperkt* (B) of *Minimaal* (M).

De risicoweging neemt de frequentie of aannemelijkheid dat een dreiging optreedt (waarschijnlijkheid van een ongewenste gebeurtenis) uit de dreigingsanalyse, de omvang van de kwetsbaarheid en het effect uit de kwetsbaarheidsanalyse, en voegt deze samen tot: *Risico = (Dreiging x Kwetsbaarheid) x Effect*

De meeste risicoanalysemethodes splitsen de kans echter niet uit in een aparte waardering voor de dreiging en voor de kwetsbaarheid. De waardering van de

157

kans neemt dan direct een weging mee voor de aannemelijkheid van optreden van een gebeurtenis (de dreiging of frequentie van optreden) en – vaak impliciet –

de mogelijkheid dat deze zich ook kan voordoen (de kwetsbaarheid). Veel van de risicoanalysemethodes doorlopen daarom geen aparte dreigings- en kwetsbaarheidsanalyse maar drukken de kans (= *dreiging x kwetsbaarheid*) direct uit in een kwalitatieve waardering zoals *Zeer waarschijnlijk (Zw), Waarschijnlijk (W), Mogelijk (Mo), Onwaarschijnlijk (O)* of *Zeer onwaarschijnlijk (Zo)*. De risicoweging voegt deze dan samen tot: *Risico = Kans x Effect*

Het nadeel van deze simplistische voorstelling van risico's is al even beschreven. Daarom geeft de auteur er de voorkeur aan om zo lang mogelijk onderscheid te blijven maken tussen dreigingen, kwetsbaarheden en effecten om geen details gedurende het onderzoek over het hoofd te zien. Dit geldt in het bijzonder als een uitgebreidere risicoanalyse nodig is zoals meestal het geval zal zijn om een complexe ICS omgeving binnen een industrieel proces of vitale infrastructuur te onderzoeken. Het voordeel is echter dat de risico's bijvoorbeeld eenvoudig geïllustreerd kunnen worden in een figuur – de *risicomatrix* - waarbij de kans wordt afgezet tegen het effect (zie Figuur 19).

Omdat het uiteindelijk doel is om risico's inzichtelijk te maken voor verantwoordelijk managers, beleidsvoerders en de directie, heeft deze wijze van presenteren van de risico's in de praktijk vaak toch de voorkeur. Dat er bij de onderliggende bepaling van de risico's wel onderscheid is gemaakt in dreigingen en kwetsbaarheden of dat daarbij uitgebreide dader, daden en doelwit analyses zijn uitgevoerd, zijn details verder alleen bestemd voor de betrokken security experts, security functionarissen en technici.

Stap 2: Vaststellen van aanvullende beheersmaatregelen en restrisico's

De risicoweging geeft richting aan het stellen van prioriteiten om risico's te verkleinen door het treffen van beheersmaatregelen. Maatregelen zullen echter zelden het gehele risico kunnen wegnemen. Uitgebreidere risicoanalyses zullen dit inzichtelijk proberen te maken door naast de vastgestelde risico's ook een restrisico aan te geven. Dit is het risico dat overblijft nadat aanvullende (voorgestelde) beheersmaatregelen zijn getroffen.

Stap 3: Vaststellen van risicobeheersing per dreiging/kwetsbaarheid

Een risicoweging wordt pas zinvol als per dreiging of kwetsbaarheid – of ten minste bij die waarvan is komen vast te staan dat er sprake is van een hoog risico (bijvoorbeeld alle risico's binnen de categorieën 'kritiek' of 'substantieel') – kan worden aangegeven of deze wel of niet acceptabel is binnen de kaders van een

Effect

	Zeer onwaarschijnlijk (Zo)	Onwaarschijnlijk (O)	Mogelijk (Mo)	Waarschijnlijk (W)	Zeer waarschijnlijk (Zw)
Catastrofaal (E)	B	S	S	K	K
Zeer ernstig (D)	B	B	Cyber aanval (outsider)	S	K
Ernstig (C)	B	Sabotage van PCN	B	S	S
Aanzienlijk (B)	M	Sabotage van ICT	Cyber aanval (insider)	B	S
Beperkt (A)	M	M	B	B	B
Bedrijfsmatig (A0)	M	Cyber crime (insider)	Afluisteren ICT/PCN	Cyber crime (outsider)	B

Kans

Risico

K	Kritiek (K)
S	Substantieel (S)
B	Beperkt (B)
M	Minimaal (M)

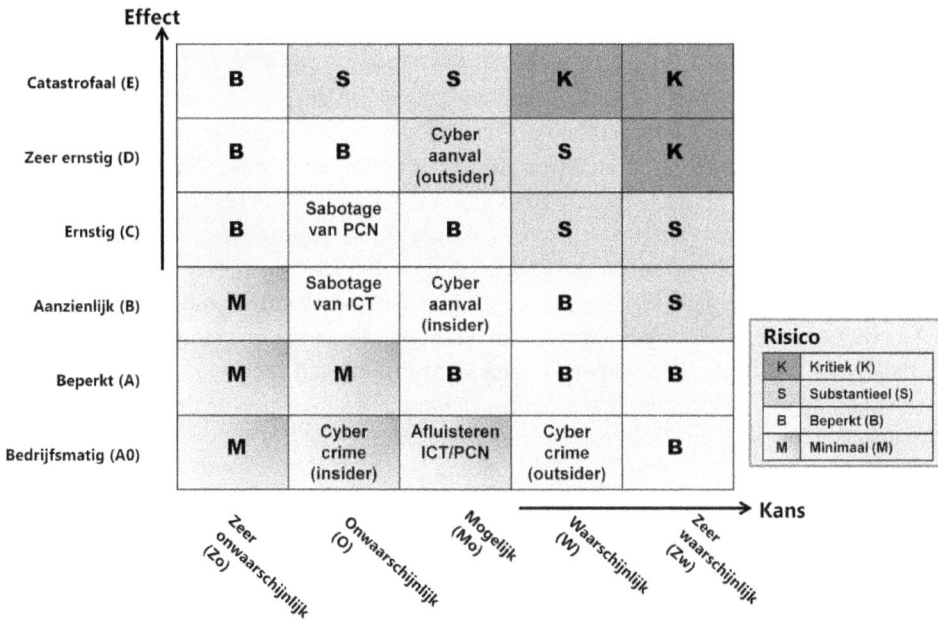

Figuur 19, Een kwalitatieve risicomatrix

geldende risicomanagementstrategie. Veel risicoanalysemethoden komen hier echter niet aan toe en stoppen na stap 1 van de risicoweging.

Stap 4: Afstemmen en terugkoppelen met verantwoordelijke

De bevindingen van de risicoanalyse zijn geen statisch gebeuren maar dienen als handvatten voor het toetsen van het actuele beveiligingsniveau en vormt mogelijk aanleiding om aanvullende maatregelen te treffen. Een essentiële laatste stap in iedere risicoanalyse is daarom om de verantwoordelijke proceseigenaar of manager te betrekken in de bevindingen en deze (formeel) te laten accepteren.

8.6   Omgangsvormen met risico's

Bij het omgaan met risico's kunnen we verschillende varianten onderkennen in de primaire aanpak hoe risico's in kaart worden gebracht en gemitigeerd, namelijk:
- Kwetsbaarheid-gedreven (*vulnerability based*)
- Gevolg-gedreven (*impact based*)
- Dreiging-gedreven *(risk/threat based)*
- Naleving-gebaseerd (*compliancy/rule based*)

159

8.6.1 Kwetsbaarheid-gedreven

Een kwetsbaarheid-gedreven aanpak kenmerkt zich doordat niet zo zeer individuele risico's worden bepaald maar van alle (kritische) objecten, middelen en/of procedures wordt vastgesteld welke zwakke plekken deze vertonen. Vervolgens worden de (voornaamste) zwakke plekken gedicht door het treffen van maatregelen. Als het gaat om bijvoorbeeld (be)dreigingen van technische of externe oorzaak het hoofd te bieden, zoals storingen, kapotte apparatuur, ICT fouten of natuurgeweld zoals overstromingen of blikseminslag, kan deze aanpak om de zwakke plekken te identificeren en te dichten effectief blijken. Een dergelijke aanpak richt zich dus op het wegnemen van kwetsbaarheden waaraan de bedrijfsprocessen bloot gesteld staan en waarlangs een ongewenst effect kan ontstaan. Een bekende vorm van een kwetsbaarheid-gedreven aanpak – veelvuldig gebruikt binnen de informatiebeveiliging bij de overheid - is de Afhankelijkheid- en Kwetsbaarheidsanalyse (A&K-analyse).

De methode heeft als voordeel dat het niet noodzakelijk is om van alle gebeurtenissen die zich kunnen voordoen te bepalen wat de kans is dat de gebeurtenis optreedt of de schade die ontstaat. Bovendien is het vaak eenvoudiger om de verschillende objecten, middelen en voorzieningen te identificeren en van ieder de zwakke plekken te beoordelen, dan dat het mogelijk is om de kans van optreden van individuele gebeurtenissen vast te stellen. Omdat daarnaast de effecten niet uitgebreid hoeven te worden onderzocht, kan bij de selectie van maatregelen worden volstaan door alleen de kosten voor de aanschaf en onderhouden van een maatregel mee te wegen. De kwetsbaarheid-gedreven methode is daarom vooral geschikt wanneer het risicomanagement zich beperkt tot 'standaard' risico's van technisch en menselijk falen en natuurgeweld.

Een kwetsbaarheid-gedreven aanpak legt de nadruk op het in kaart brengen van alle objecten en middelen, hun (onderlinge) afhankelijkheden en hun zwakheden. Hierbij wordt veelvuldig gebruik gemaakt van controlelijsten, richtlijnen, 'best-practices' en industrie-standaarden. Deze toetsen of bekende kwetsbaarheden ook in de onderzochte situatie voorkomen of helpen om ervaringen opgedaan in vergelijkbare omgevingen opnieuw toe te passen. Dit maakt bedrijfsprocessen en technische voorzieningen robuuster zonder uitvoerig te moeten afwegen of een bepaald risico daadwerkelijk relevant is om tegen te beschermen. Door op deze wijze kwetsbaarheden gestructureerd te benoemen en te elimineren, is de methode geschikt om een basisniveau van beveiliging te helpen realiseren.

Een nadeel van de kwetsbaarheid-gedreven methode is dat veel wordt ingezoomd op zwakke plekken van de bestaande voorzieningen. Er kan een tunnelvisie ontstaan waarbij getracht wordt om alle (technische) kwetsbaarheden in kaart te brengen en maatregelen te bedenken om deze te dichten. Uiteraard is het maar de vraag of alle kwetsbaarheden tijdens dit proces worden geïdentificeerd. Daarnaast wordt voorbij gegaan aan de relevantie om een kwetsbaarheid te dichten met een maatregel, bijvoorbeeld als het zeer onwaarschijnlijk is dat de dreiging zich ook daadwerkelijk voordoet.

8.6.2 Gevolg-gedreven

Een gevolg-gedreven aanpak legt de focus op het identificeren van gevolgen met een ernstige schade om vervolgens maatregelen te treffen om de kwetsbaarheden waardoor deze kunnen optreden weg te nemen of de impact van een gebeurtenis te verkleinen. Het gaat hierbij dus niet zo zeer om de oorzaak, waardoor een specifieke situatie is ontstaan. Belangrijker is om de belangrijkste kritische situaties te identificeren en te bepalen hoe daarmee om te gaan. Gevolg-gedreven methodes focussen op die situaties die de grootste schade, en daarmee de grootste risico's, opleveren. In plaatst van veel tijd te investeren in het schatten van kansen dat gebeurtenissen optreden of het vaststellen van kwetsbaarheden, wordt aandacht besteed aan het vaststellen van de omvang van de schade. Deze schade kan bijvoorbeeld directe financiële schade zijn, kosten voor het herstel maar ook moeilijker te bepalen aspecten zoals reputatieschade.

Voordeel van een gevolg-gedreven methode is dat er minder kritische situaties te benoemen zijn dan mogelijke gebeurtenissen en kwetsbaarheden die hiertoe kunnen leiden. Er zijn dus minder verschillende situaties te onderzoeken en daar beheersmaatregelen voor te bepalen dan wanneer alle risico's apart moeten worden onderzocht. Voor een gevolg-gedreven aanpak maakt het bijvoorbeeld niet uit waardoor een brand in de bedrijfsruimte kan ontstaan maar wat de kosten hiervan zijn en de maatregelen om een brand in die ruimte te voorkomen of te bestrijden. De kosten voor het voorkomen en bestrijden van de brand moeten in verhouding staan met de kosten voor het herstel van de voorzieningen. Wat de oorzaak is van het kunnen uitbreken van de brand is niet relevant voor de bestrijding ervan.

Een gevolg-gedreven aanpak kenmerkt zich doordat meestal aan de hand van een korte lijst met standaard risico's (situaties) wordt bepaald wat het gevolg is. In het geval van informatiebeveiliging wordt bijvoorbeeld volstaan met te kijken wat de gevolgen zijn als kritische informatie onbedoeld wordt gemodificeerd, in verkeerde handen komt, verloren gaat of gedurende een bepaalde periode niet beschikbaar is. Er hoeven dus alleen maar de effecten van enkele situaties voor een beperkte set van informatie te worden onderzocht. Een voordeel van deze aanpak is dat een analyse in een korte tijd met beperkte middelen kan worden uitgevoerd. Doordat impact van gebeurtenissen meestal direct te vertalen is naar hun effecten op de bedrijfsprocessen en omdat de schade - indien mogelijk - in geld wordt uitgedrukt, is er bij een gevolg-gedreven risicoanalyse vaak een grote betrokkenheid van directie en lijnmanagement.

De gevolg-gedreven aanpak staat ook bekend als de Business Impact Analyse (BIA). Vaak dient een BIA om een eerste inschatting van de voornaamste risicogebieden en effecten op te stellen. Als blijkt dat er bijzondere situaties kunnen ontstaan of als meer onderzoek nodig is, kan alsnog besloten worden tot het uitvoeren van een uitgebreidere risicoanalyse.

8.6.3 Dreiging-gedreven

Een dreiging-gedreven aanpak kijkt naar welke gebeurtenissen relevant kunnen zijn voor de bedrijfsprocessen, objecten, middelen of informatie en de kans dat deze zich daadwerkelijk kunnen voordoen. Om vast te stellen of een bepaalde gebeurtenis relevant is, moet er wel sprake zijn dat men vatbaar is, of kan zijn, voor de dreiging. Er moet dus tevens inzicht zijn in mogelijke kwetsbaarheden en hun gevolgen. Een dreiging-gedreven aanpak is daarom de meest uitgebreide vorm van de verschillende risicoanalysemethoden. Het uitvoeren is altijd een iteratief proces. Er zal regelmatig worden teruggekomen op het vaststellen van mogelijke gevolgen, de kwetsbaarheden waarlangs deze kunnen verlopen of de kans dat een dreiging zal optreden. Deze aanpak is in uitvoering daarom meestal een combinatie van een kwetsbaarheid- en een gevolg-gedreven methode.

Een nadeel van de dreiging-gedreven aanpak is dat veel kennis en expertise vereist is om relevante kwetsbaarheden te identificeren en de kans van dreigingen te bepalen. Daarnaast zijn dreiging-gedreven risicoanalyses altijd tijdrovend en is een significante bijdrage van allerlei personen vereist. Zo zal inzicht en kennis moeten worden aangeleverd door verantwoordelijk (lijn)managers, beheerders, operators, materiedeskundigen maar mogelijk ook van gespecialiseerde instituten, kenniscentra, wetenschap of bijvoorbeeld opsporingsdiensten.

Een voordeel van dreiging-gedreven risicomanagement is dat het via deze aanpak doorgaans beter mogelijk is om een verband te leggen tussen dreigingen, maatregelen en bedrijfsdoelstellingen. Om de relevantie en effectiviteit van beveiligingsmaatregelen te kunnen onderbouwen, moeten deze te herleiden zijn naar de specifieke bedrijfsprocessen die zij beschermen en hun bijdrage aan het invullen van de bedrijfsdoelstellingen. Bij de meeste andere vormen van risicoanalyses is het herleiden van getroffen beveiligingsmaatregelen naar de risico's of doelstellingen vaak moeilijk uitvoerbaar.

8.6.4 Naleving-gebaseerd

Een naleving-gebaseerde aanpak gaat voornamelijk uit van wetgeving, voorschriften of aanbevolen (industrie)standaarden en de hierin gespecificeerde maatregelen. De aanpak benoemt risico's of dreigingen niet expliciet, onderzoekt geen kwetsbaarheden of bepaalt geen specifieke beveiligingsmaatregelen. Een naleving gebaseerde aanpak mitigeert risico's dus niet zo zeer door de kans, de kwetsbaarheid of het effect van een gebeurtenis te verkleinen maar om op basis van ervaring, gewoontes en voorschriften risico's te mijden. Vaak zijn de maatregelen bedoeld om veel voorkomende kwetsbaarheden te voorkomen of om achteraf verantwoording te kunnen afleggen.

De naleving-gebaseerde aanpak kenmerkt zich door het toepassen van controlelijsten, standaarden en normenkaders. De aanpak heeft veel weg van een audit en *'ticking the boxes'*. Maatregelen worden simpelweg geïmplementeerd of toegepast. Deze aanpak wordt regelmatig toegepast in aanbestedingstrajecten waarbij als onderdeel van een programma van eisen een lijst met beveiligingsmaatregelen wordt opgelegd. Alleen als maatregelen niet van toepassingen zijn kunnen ze, beargumenteerd, worden overgeslagen (*'comply or explain'* principe). Een nadeel is dat bij het opstellen van voorschriften vanuit een selectief perspectief op het voorkomen van bepaalde risico's werd geanticipeerd of een specifiek doel werd nagestreefd. Lijsten met voorgeschreven maatregelen zijn daardoor vrijwel nooit volledig op alle domeinen. Ze focussen bijvoorbeeld op ICT of fysieke aspecten maar besteden beperkt aandacht aan personele maatregelen of de wijze waarop naleving moet worden aangetoond. Desondanks zijn zulke voorschriften vaak uitgebreid in een poging om allerlei verschillende aspecten af te dekken of om voldoende detaillering weer te geven.

Een extra uitdaging bij het volgen van standaarden en regelgeving ontstaat wanneer voorschriften en maatregelen elkaar overlappen of zelfs tegenstrijdig zijn. Het is dan vaak aan de beveiligingsexpert om de juiste keuzes te maken en tegelijkertijd de onderbouwing te geven waarom toch nog wel in voldoende mate aan de opgelegde normen is voldaan. Dergelijke situaties zien we bijvoorbeeld ontstaan wanneer vanuit veiligheidsvoorschriften geldt dat toegangsdeuren bij noodsituaties, zoals brand, automatisch open moeten, terwijl ze vanuit beveiligingsperspectief juist moeten worden vergrendeld om te voorkomen dat ongeautoriseerde personen in verlaten beveiligde ruimtes komen. Een ander voorbeeld is de tegenstelling tussen maatregelen die moeten zorgen dat handelingen en informatie worden vastgelegd om deze achteraf te kunnen controleren (bijvoorbeeld voor monitoring door beheerders, audits of wettelijke voorschriften) en de noodzaak om de informatie te versleutelen om de vertrouwelijkheid te garanderen.

Een naleving-gebaseerde aanpak kan een handig instrument zijn om een basisniveau van beveiliging te definiëren of op te leggen. Lessen uit het verleden en 'best-practices' kunnen hierin worden verwerkt. De aanpak draagt zo tevens bij aan een standaardisering van beveiligingsmaatregelen en procedures. Door gebruik te maken van dezelfde controlelijsten en standaarden kunnen de gerealiseerde basisniveaus van beveiliging tussen verschillende organisaties enigszins onderling worden vergeleken.

Een groot nadeel van het streven naar een strikte naleving (*compliancy*) is echter dat maatregelen (moeten) worden getroffen die niet of nauwelijks relevant zijn. Dit terwijl eventuele significante risico's juist buiten beeld blijven en niet worden gemitigeerd. Een naleving-gebaseerde aanpak kan daarbij leiden tot een vals gevoel van veiligheid.

8.7 Risicomanagementstrategie

Als risicoanalyses een onontbeerlijk instrument zijn voor risicomanagement, dan is de risicomanagementstrategie de spil waar het risicomanagement omdraait. De strategie zet het beleid van het bedrijf ten aanzien van de omgang met beveiligingsrisico's uiteen.

Een risicomanagementstrategie kent meestal de volgende elementen:
1. Vastleggen van het risico-ambitieniveau (*risk appetite*)
2. Vaststellen van een risicostrategie
3. Vaststellen van een risicoanalysemethode
4. Mitigerende maatregelenstrategie bepalen

8.7.1 Het risico-ambitieniveau

Een risicomanagementstrategie geeft aan hoe hoog de lat van beveiliging moet komen te liggen. Dit is in principe al bij de afhankelijkheidsanalyse op detail niveau vastgelegd met kwaliteitseisen per object en middel. De strategie geeft vanuit de bedrijfsdoelstelling bezien - de 'business' bepaalt wat wel of niet acceptabel is – op hoofdlijnen de grens aan wat acceptabele risico's zijn. Deze grens, het 'risico-ambitieniveau', geeft aan hoeveel schade het bedrijf kan, of nog bereid is, te lopen.

Zeker bij vitale infrastructuur of omgevingen die werken met gevaarlijke stoffen kunnen bij de afwegingen voor het risico-ambitieniveau nog andere belangen een significante rol spelen. Denk hierbij aan wetgeving (zoals de Elektriciteitswet, de Gaswet, de Drinkwaterwet en de Wet rampen en zware ongevallen), maatschappelijke gevolgen bij ernstige verstoringen of ketengevolgen. Als de afhankelijkheidsanalyse compleet is doorlopen, zijn deze belangen al benoemd en meegewogen in de latere risicoweging.

8.7.2   De risicostrategie

Een risicomanagementstrategie geeft tevens aan langs welke weg risico's moeten worden aangepakt. Grofweg kan dit op een aantal manieren. Het bedrijf kan risico's accepteren (risicodragend), minimaliseren (risiconeutraal) of mijden (risicomijdend).

Ongeacht de risicostrategie zullen beheersmaatregelen nodig kunnen zijn om de strategie te realiseren. Met beheersmaatregelen worden alle activiteiten bedoeld waarmee de kans van optreden of de gevolgen van risico's worden beïnvloed. Ze kunnen bestaan uit preventieve (beschermende), detectieve (alarmerende), of reactieve (repressieve en corrigerende) maatregelen. Waar het bedrijf de nadruk op legt is onder meer afhankelijk van het risico-ambitieniveau maar ook de mogelijk haalbare risicoreductie en de (eenmalige en vaste operationele) kosten voor de beheersmaatregelen.

Welke risicomanagementstrategie ook wordt gevolgd, de keuze zal bewust moeten worden gemaakt door de directie. Zij moeten hierbij voldoende inzicht hebben in de risico's, de resterende restrisico's en de eventuele schade die nog steeds kan ontstaan. Het risico-ambitieniveau, de risicomanagementstrategie en de gevolgen moeten formeel worden geaccepteerd en gedragen worden.

Risicodragende strategie

Bij een risicodragende strategie worden de risico's geaccepteerd. Dit doen we uiteraard bij risico's die een lage weging hebben gekregen in een risicoanalyse en vallen binnen de grenzen van onze risico-ambitie. Substantiëlere risico's kunnen we eveneens accepteren als de kosten voor de maatregelen die van de verwachte schade overstijgen. Uiteraard kan op andere gronden (tijdelijk) worden gekozen voor deze strategie. Dit geldt bijvoorbeeld als de noodzakelijke randvoorwaarden om bepaalde beheersmaatregelen te treffen nog niet aanwezig zijn, de bedrijfscultuur zich er niet voor leent of de (financiële) middelen niet voorhanden zijn. Bedrijven die een risicodragende strategie volgen, treffen vaak vooral reactieve beheersmaatregelen.

Risiconeutrale strategie

Bij een risiconeutrale strategie worden de risico's geminimaliseerd door het treffen van beheersmaatregelen zodat de restrisico's weer vallen binnen de grenzen van onze risico-ambitie en daarmee acceptabel zijn geworden. Als we bedenken dat *risico = (dreiging x kwetsbaarheid) x effect*, dan zien we dat we hiervoor ruwweg drie beïnvloedingsfactoren tot onze beschikking hebben.

We kunnen dusdanige maatregelen nemen dat de dreiging niet meer manifest wordt of geen kans van slagen heeft omdat we niet meer vatbaar zijn voor de dreiging. Bij moedwillige dreigingen van kwaadwillende opponenten houdt dit dus in dat we moeten voorkomen dat er potentiele daders zijn (de dreiging) of dat er geen zwakke plekken (de kwetsbaarheid) zin die kunnen worden misbruikt. Daarnaast kunnen we – als de dreiging toch manifest wordt - maatregelen treffen om de schade te beperken. Dit kunnen we bijvoorbeeld bereiken door noodprocedures, uitwijkvoorzieningen of zorgen voor voldoende herstelcapaciteiten. Een deel van, of zelfs de gehele (financiële) schade die kan ontstaan, kunnen we mogelijk afwentelen door deze te verzekeren.

Een andere aanpak, die we terug zien in het nationale veiligheidsbeleid en bij de bescherming van vitale infrastructuren, is te zorgen dat de afnemers van onze producten en diensten minder afhankelijk zijn hiervan, bijvoorbeeld door een zekere mate van zelfredzaamheid te bewerkstelligen. Meer over het beïnvloeden van risico's en dadergedrag komt aan bod bij de maatregelenanalyse.

Bedrijven die een risiconeutrale strategie volgen, treffen - als het goed is – meestal een uitgebalanceerde combinatie van preventieve, detectieve en reactieve beheersmaatregelen.

Risicomijdende strategie

Bij een risicomijdende strategie worden de risico's geëlimineerd door het treffen van beheersmaatregelen die de kans dat de dreiging manifest wordt wegnemen. Als we opnieuw bedenken dat *kans = dreiging x kwetsbaarheid*, dan hebben we dus twee beïnvloedingsfactoren tot onze beschikking.

Dit is meteen het grote verschil met een risiconeutrale strategie. Bij een neutrale aanpak accepteren we dat er een incident kan plaatsvinden zolang we de nadelige gevolgen daarvan maar kunnen beheersen. Bij een risicomijdende strategie vinden we de schade die kan optreden onacceptabel. Dit kan bijvoorbeeld komen omdat de herstelkosten onevenredig hoog zijn of omdat de schade niet beperkt is tot het eigen bedrijf maar een maatschappelijke ontwrichting kan veroorzaken. Bedrijven die een risicomijdende strategie volgen, treffen daarom vooral preventieve beheersmaatregelen.

> *Voor ICS binnen vitale infrastructuren of die een kritische functie vervullen waardoor bij verstoringen ernstige (onherstelbare, langdurige of maatschappelijke) schade ontstaat, kan het beste een risicomijdende strategie worden gevolgd. Leg de focus op het dichten van zwakke plekken in de organisatie, bij het personeel, de fysieke omgeving en de technische ICS systemen!*

Een risicomijdende aanpak kan vooral worden bereikt door een kwetsbaarheids-gedreven omgang met risico's. Door structureel al mogelijke zwakke plekken continue te identificeren en te dichten, kunnen dreigingen niet manifest worden en zullen incidenten zich niet voordoen. Dit is natuurlijk niet haalbaar omdat een complexe omgeving, zoals van ICS, altijd verandert, nieuwe aanvalstactieken zullen worden uitgeprobeerd en we simpelweg niet alle gaten ooit zullen ontdekken of (technisch) kunnen dichten. In de praktijk zal een risicomijdende strategie dan ook altijd voor een deel worden aangevuld met een risicodragende of risiconeutrale aanpak om over weg te kunnen met de resterende risico's en onzekerheden.

8.7.3 Kiezen voor een risicoanalysemethode

Afhankelijk van de gekozen risicomanagementstrategie zal er bij de risicoanalyse meer of minder aandacht worden besteed aan een specifieke deelanalyse. Bij een dreiging-gedreven aanpak ligt veel druk op het bepalen van de kans van de verschillende ongewenste gebeurtenissen of dreigingen. Bij een kwetsbaarheid-gedreven aanpak zal de zwaarte liggen bij de afhankelijkheidsanalyse en natuurlijk de kwetsbaarheidsanalyse zelf. Bij een gevolg-gedreven aanpak zal er weinig uitwerking worden gegeven aan een afhankelijkheidsanalyse, de processen en middelen worden verondersteld voldoende bekend te zijn bij de lijnmanagers die worden geïnterviewd, terwijl alle aandacht uit gaat naar de effecten van ongewenste gebeurtenissen.

De mate waarin inzicht wordt verkregen wordt voor een belangrijk deel bepaald door de gekozen aanpak. Van de verschillende omgangsvormen met risico's, lijkt vooral de dreiging-gedreven aanpak tot het meest uitgebreide inzicht te leiden. Voor deze omgangsvorm moeten namelijk alle deelanalyses uitvoerig worden doorlopen. Een naleving-gebaseerde aanpak levert over het algemeen het minste inzicht op. Feitelijk wordt bij deze laatste omgangsvorm helemaal geen risicoanalyse uitgevoerd. Daarnaast treedt tijdens de uitvoering mogelijk tunnelvisie op waarbij alleen nog maar aandacht is voor het toetsen of maatregelen aanwezig zijn dan wel om deze klakkeloos te implementeren.

Voor het beschermen van industriële controle systemen, kritische bedrijfsprocessen of vitale infrastructuur tegen kwaadwillende opponenten, lijkt een dreiging-gedreven risicoanalysemethode de enige juiste aanpak. Gaat de aandacht meer uit naar het verkrijgen van een breder overzicht van kwetsbaarheden en risico's dan past een standaard A&K-analyse of andere kwetsbaarheid-gedreven risicomethodiek eveneens.

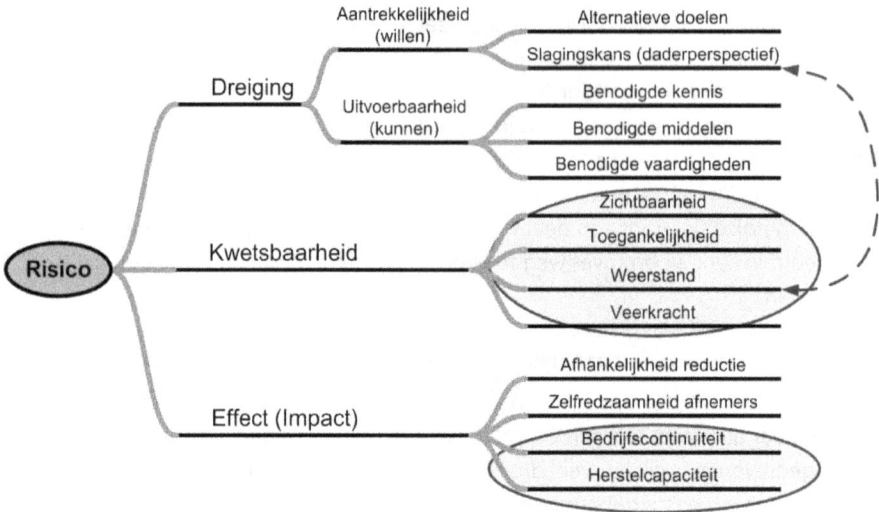

Figuur 20, Beïnvloeding van het risico

8.7.4 Mitigerende maatregelenstrategie

We kunnen de risicomanagementstrategie concreter maken door te bepalen langs welke weg we beheersmaatregelen kunnen of moeten inzetten. Hoe kunnen we het dadergedrag of specifieke risicofactoren beïnvloeden om te voldoen aan ons risico-ambitieniveau?

Er zijn drie assen waarlangs we een risico kunnen beïnvloeden en daarmee mitigeren: dreiging (kans), kwetsbaarheid en effect (impact).
1. de dreiging of wel de kans op een aanval;
2. de kwetsbaarheid, dan wel de kans op een succesvolle aanval;
3. het effect (impact) van een succesvolle aanval.

Daarnaast hebben we vijf assen waarlangs we maatregelen kunnen inzetten om dit te bereiken: afschrikken, stoppen, detectie, reactie en herstel. Hierbij kunnen we kunnen ingedachte aan drie knoppen draaien om het verkleinen van een bepaald risico te beïnvloeden en onze risicomanagementstrategie te realiseren (zie Figuur 20):

Knop 1 – Dreiging: *Als er geen dreiging is, is er ook geen risico.*
Als we het risico willen beïnvloeden door de dreiging te verkleinen, moeten we zien te bereiken dat we óf geen aantrekkelijk doelwit meer zijn, óf dat eventuele

daders hun kans op succes als nihil schatten omdat ze denken de daad niet te kunnen uitvoeren. We kunnen proberen te voorkomen dat er überhaupt potentiele daders zijn, of dat ze onvoldoende kennis kunnen opbouwen of ze ontmoedigen om toe te slaan.

De voornaamste factor waarop een bedrijf hierop kan inspelen is om daders te laten inzien dat er een lage slagingskans voor ze is. Andere factoren, zoals het creëren van andere aantrekkelijker doelen, het onthouden van benodigde kennis en vaardigheden of het proactief neutraliseren van aanvallers ligt buiten de mogelijkheden van bedrijven. Dit is het werkveld van de overheid, politie, inlichtingendiensten en defensie.

Mitigerende maatregelstrategieën kunnen bijvoorbeeld:
- voorkomen dat er potentiële opponenten zijn;
- voorkomen dat potentiële opponenten ons als doelwit kiezen;
- voorkomen dat opponenten voldoende kennis over ons kunnen opbouwen;
- potentiële opponenten ontmoedigen;
- een aanval bemoeilijken en ontmoedigen;
- opponenten neutraliseren tijdens een aanval;
- opponenten of een aanval tegenhouden;
- voorkomen dat kwetsbaarheden herhaaldelijk worden misbruikt;
- opponenten aanpakken door middel van sancties en strafbaarstelling.

Knop 2 – Kwetsbaarheid: *Als er geen grote zwakheden zijn, is het risico acceptabel.* Het sturen op kwetsbaarheden ligt binnen de mogelijkheden van ieder bedrijf. Dit gaat over hun eigen organisatie, personeel, objecten, middelen en (ICT en ICS) systemen. Door minder zichtbaar te zijn of toegankelijk te zijn loopt men minder in de gaten. Dit is echter niet een reële aanpak omdat vrijwel alle bedrijven juist bekend moeten zijn in de markt om zaken te kunnen doen of omdat hun producten, diensten of industriële installatie gewoon algemeen bekend zijn. Daarbij komt nog de noodzaak transparant te zijn richting de maatschappij. Wel kunnen we door het treffen van beschermende maatregelen de weerstand tegen aanvallen verhogen. Het zichtbaar vergroten van de weerstand, bijvoorbeeld door overdreven in het oog springende maatregelen te treffen, beïnvloedt indirect wel weer aantrekkelijkheid voor daders (zie als voorbeeld de relatie in figuur 20).

Het proactief vergroten van de robuustheid van de bedrijfsmiddelen verkleind de kwetsbaarheid eveneens. De robuustheid kan worden vergroot door maatregelen zoals redundantie, vermazing, fysiek en digitaal scheiden van middelen of het decentraliseren van processen. Daarnaast kunnen we door het treffen van detectieve en reactieve maatregelen de veerkracht verbeteren en zo onacceptabele effecten van een verstoring of cyberaanval helpen uitstellen.

Mitigerende maatregelstrategieën kunnen bijvoorbeeld:
- de (digitale) zichtbaarheid verkleinen door beperken van aantal netwerkverbindingen;
- toegankelijkheid beperken door segmentatie en sterke authenticatie;
- weerstand en robuustheid vergroten door hardening;
- veerkracht vergroten door IDS, herstel- en uitwijkvoorzieningen.

Knop 3 – Effect: *Als er geen relevant effect optreedt, is er geen significant risico.* Het zal niet zonder meer mogelijk zijn om een risicostrategie te volgen waarbij het effect wordt geminimaliseerd. Onze gebruikers zijn afhankelijk van onze producten of diensten. Stel, we leveren elektriciteit of gas, dan zijn de afnemers ongetwijfeld in hoge mate van ons afhankelijk. Mogelijk kan er nog enige zelfredzaamheid worden gestimuleerd zodat (kleine) verstoringen niet direct al grote ontwrichtende effecten hebben. Dit is echter een moeilijk beïnvloedbare factor voor een enkel bedrijf en één die bovendien een bredere maatschappelijke aanpak vereist.

Waar we als bedrijf wel grip op hebben is onze eigen voorbereiding op het omgaan met incidenten. Door het treffen van bedrijfscontinuïteit maatregelen, uitwijkvoorzieningen, noodprocedures, enzovoort, kunnen we beter omgaan met incidenten en de impact en duur hiervan helpen verkleinen. Daarnaast zijn voldoende herstelmiddelen en capaciteit nodig om snel naar een normale situatie te kunnen terugkeren.

8.8 Maatregelenanalyse

Beheersmaatregelen dienen om een verlaging van risico's te realiseren en te handhaven, én om capaciteiten te creëren om te reageren op incidenten. Ze moeten het bedrijfsproces zodanig beveiligen dat alle risico's die overblijven acceptabel zijn. Een maatregelenanalyse heeft tot doel om vast te stellen welke beheersmaatregelen daarvoor nodig of wenselijk zijn.

Waar we maatregelen moeten treffen volgt uit een risicoanalyse. Welke maatregelen we strategisch gezien moeten treffen wordt aangegeven door de kaders van de risicomanagementstrategie. Hieruit volgt een voorselectie of we vooral moeten inzetten op (i) beheersmaatregelen die helpen gebeurtenissen te voorkomen of te verminderen (preventie), (ii) zorgen voor een tijdige alarmering en opvolging (detectie), of (iii) de schade helpen te beperken (repressie) of te herstellen (correctie).

Een maatregelenanalyse kent meestal de volgende stappen:
1. Vaststellen van een basisbeveiligingsniveau
2. Uitvoeren van een maatregelenselectie
3. Opstellen van een maatregelenimplementatieplan
4. Rationale van maatregelen

Stap 1: Vaststellen van een basisbeveiligingsniveau

Het is de bedoeling alleen daar maatregelen te treffen waar een bepaalde situatie zich kan voordoen en hierbij een dusdanige schade kan optreden dat de gevolgen niet-acceptabel zijn. De risicoanalyse en eventuele aanvullende dreigingsscenario's (bijvoorbeeld verkregen door middel van een DDDM) helpen om de bedreigde of kwetsbare objecten, middelen of informatie binnen het bedrijf te identificeren. Echter de diversiteit aan mogelijk bedreigingen in de digitale wereld en de complexiteit van de meeste ICT en ICS omgevingen maken het vaststellen van meest risicovolle objecten, middelen en informatie om vervolgens gericht maatregelen te benoemen een lastige zaak. Een veel gehanteerde aanpak is om daarom eerst een basisbeveiligingsniveau te definiëren dat de meest voorkomende kwetsbaarheden en risico's moet helpen te beteugelen.

Zoals de naam aangeeft, geldt een basisbeveiligingsniveau normaal gesproken voor alle objecten, middelen en informatie waarvoor dit pakket aan beheersmaatregelen bestemd is. Het gemakkelijkste is als één basisbeveiligingsniveau kan worden bepaald binnen het bedrijf. Soms is dat niet altijd mogelijk maar kan nog steeds worden volstaan met een beperkt aantal beheersmaatregelenpakketen afgestemd op specifieke groepen van objecten of middelen.

Een basispakket van beheersmaatregelen maakt meestal deel uit van goed huisvaderschap. Een beetje basisbeveiligingsniveau dient ten minste om veel voorkomende dreigingen van technisch en menselijk falen, organisatie, personeel en moedwillige handelen door vandalen, hackers en criminelen (dadergroep I) het hoofd te bieden. Het basisbeveiligingsniveau draagt bij om de algemene weerstand te verhogen en de zichtbaarheid te verlagen door kwetsbaarheden te verkleinen of weg te nemen. Een basisbeveiligingsniveau is meestal ook vereist omdat veel aanvullende beveiligingsmaatregelen inefficiënt of zelfs niet uitvoerbaar zijn zonder dat eerst een basisniveau van beveiliging is gerealiseerd.

Basisbeveiligingsmaatregelen zijn dus niet primair bedoeld voor het beschermen van specifieke objecten, voorzieningen of systemen tegen zware criminelen, extremisten of terroristen (dadergroepen II en III). Hiervoor zullen aanvullende maatregelen nodig zijn. Door de diversiteit van mogelijke (generieke) cyberaanvallen en dreigingen zal echter al een hoog basisbeveiligingsniveau vereist zijn voor kritische omgevingen zoals bij ICS. Bovendien zijn veel (technische) maatregelen noodzakelijk om zowel een eenvoudige cyberaanval (basisniveau) als ook een gerichte cyberaanval door bijvoorbeeld beroepscriminelen, terroristen of inlichtingendiensten (extra niveau) te weerstaan. Denk hierbij aan dieptebeveiliging of bijvoorbeeld het gebruik van sterke wachtwoorden. Het gros van de informatie- en ICS beveiligingsmaatregelen maken daarom meestal deel uit van een basisbeveiligingsniveau.

Beveiligingsmaatregelen worden doorgaans tot het basisbeveiligingsniveau gerekend als ze dienen ten behoeve van:
- veiligheid (*safety*);
- goed huisvaderschap t.a.v. beveiliging (*security*);
- beheersing van (gangbare) dreigingen van technisch en menselijk falen;
- beheersing van dreigingen van organisatie en personeel;
- beheersing van dreigingen van vandalen, hackers en criminelen (dadergroep I);
- verhogen van de algemene weerstand en veerkracht;
- verlagen van de (fysieke en digitale) zichtbaarheid;
- voorwaardelijk zijn voor andere (extra) beveiligingsmaatregelen.

Een naleving-gebaseerde aanpak is de eenvoudigste manier om een basisbeveiligingsniveau te definiëren, ondanks dat het omgaan met beveiligingsrisico's niet een kwestie is van louter implementeren van voorgeschreven maatregelen. Door het selecteren van een normenkader, standaarden, richtlijnen en identificeren van verplichtingen in wet- en regelgeving, kan al een snel een goed basispakket van maatregelen worden samengesteld. Standaarden zoals de ISO 27002, NIST SP800-53 en de ISA99 zijn daarbij een prima vertrekpunt voor het beveiligen van informatie, ICT en ICS.

Stap 2: Uitvoeren van een maatregelenselectie
De beheersmaatregelen van een basisbeveiligingsniveau zullen meestal niet voldoende zijn om de kritische ICS systemen of de echt vertrouwelijke informatie te beschermen. Extra maatregelen zullen nodig zijn die gericht worden getroffen ten aanzien van specifieke dreigingen - bijvoorbeeld vanuit extremistische en terroristische hoek (dadergroep II en III) - of specifiek zijn gericht op het beschermen van een bepaald object of systeem. Extra maatregelen kunnen permanent worden getroffen maar het kunnen evengoed tijdelijke maatregelen zijn die bijvoorbeeld deel uit maken van een opschalingplan.

Actuele informatie over onder meer het industriële proces, de verschillende objecten, het ICS systeem, de telecommunicatienetwerken, procedures en getroffen maatregelen is cruciaal voor het vaststellen van extra beveiligingsmaatregelen. Bedenk bij de selectie van maatregelen wel dat de mens vrijwel altijd de zwakste schakel is en dat beveiliging niet kan worden opgelost met de inzet van alleen maar (meer) technologie.

Veel risicoanalyses gaan niet uitgebreid in op het selecteren van maatregelen. Daarom worden hierna enkele overweging gegeven om het selecteren en beoordelen van maatregelen als onderdeel van het risicomanagementproces te helpen uitvoeren.

Verschillenanalyse

In de kwetsbaarheidsanalyse is, als het goed is, al een beeld verkregen over de aanwezige maatregelen. Dit legt de bestaande (IST) situatie vast. Een overzicht van missende of onvolledig getroffen maatregelen wordt verkregen door deze toestand te vergelijken met een gewenste (SOLL) situatie. Als er een normen- of referentiekader is opgesteld, leent deze aanpak zich om snel een indruk te verkrijgen van de verschillen tussen de gewenste en actuele status van beheersmaatregelen. Deze aanpak wordt daarom ook wel de 'verschillenanalyse' genoemd en past goed bij een naleving-gebaseerde omgang met risico's.

Weging van maatregelen

Beheersmaatregelen moeten concreet een bijdrage leveren het reduceren van de risico's. Bovendien willen we kostenbewust effectieve en efficiënte beveiligingsmaatregelen treffen. Sommige maatregelen zijn misschien wel goed om een bepaalde kwetsbaarheid of type (cyber)aanval te stoppen maar zijn zeer specifiek. De spaarzame budgetten kunnen dan misschien beter geïnvesteerd worden in een breder pakket van maatregelen die meer voorkomende risico's helpen verkleinen.

Door beheersmaatregelen te wegen, kan de mate van bijdrage aan de reductie van de risico's worden geschat. Hierbij kan de effectiviteit van een maatregel worden gewaardeerd op een kwalitatieve schaal van *Sterk (S), Redelijk (R), Matig (M), Zwak(Z)* of *Nihil (N)* voor volgende criteria:
- Afschrikken: de mate waarin deze in staat is om de dader te doen afzien van zijn daad.
- Stoppen: de mate waarin deze het uitvoeren van de daad bemoeilijkt of kan tegenhouden.
- Detectie: de mate waarin deze een bijdrage levert een gebeurtenis te detecteren en te alarmeren.
- Reactie: de mate waarin deze helpt om (correctief) te reageren op een gebeurtenis.
- Herstel: de mate waarin deze herstelacties kan verrichten en helpt terug te keren naar de normale situatie.

Grip op ICS Security

Maatregel	Preventief		Detectief	Reactief	
Effectiviteit (weging):	Afschrikken	Stoppen	Detectie	Reactie (repressie)	Herstel (correctie)
Fysieke afscherming	R	M	Z	N	N
Interne firewall/DMZ	Z	R	Z	N	N
Netwerksegmentatie	N	M	Z	N	N
Netwerkencryptie (VPN)	M	M	N	N	N
Hardening servers	N	R	N	N	N
Beperking rechten	N	S	N	N	N
Functiescheiding	N	R	Z	N	N
Sterke authenticatie	M	R	N	N	N
Wijzigingenbeheer	N	R	N	N	N
Antivirus	N	M	M	N	N
Lokale authenticatie	Z	R	M	N	N
Data encryptie	M	R	M	N	N
IDS/SIEM	N	N	R	R	M
Backup en herstel	N	N	N	M	S

Tabel 10, Weging van maatregelen

De sterkte of effectiviteit van een maatregel kan als resultante worden uitgedrukt op dezelfde kwalitatieve schaal. Hierbij kunnen nog verschillen weegfactoren worden toegekend aan de maatregelencriteria onderling. Zodoende kunnen verschillen worden benadrukt om extra gewicht toe te kennen aan maatregelen die meer passen binnen de risicomanagementstrategie. Bijvoorbeeld door reactieve maatregelen extra zwaar mee te wegen bij een risicodragende strategie, dragen ze meer bij dan preventieve maatregelen.

Dieptebeveiliging

Zoals al meerdere malen benadrukt: bedreigingen, ongelukken en andere ongewenste nadelige gebeurtenissen laten zich niet allemaal voorspellen. De beveiligingsmaatregelen moeten daarom ruimte geven aan het omgaan met onzekerheden. Hiervoor is weerstand én veerkracht nodig bij de beveiliging van objecten, middelen, informatie én de procesbesturing. Veerkracht binnen de procesbesturing kan niet worden bereikt door alleen het toepassen van technische en preventieve (beschermende) maatregelen aan de randen van de ICS infrastructuur. De technische maatregelen moeten aansluiten bij de fysieke, personele en organisatorische maatregelen. Bovendien zullen er maatregelen moeten worden getroffen dieper in de ICS omgeving, wellicht tot op veldapparatuur aan toe.

| Soort/type maatregel | Preventief | | Detectief | Reactief | |
Totaal aantal:	Afschrikken	Stoppen	Detectie	Reactie (repressie)	Herstel (correctie)
Organisatorisch	17	62	11	12	10
Personeel	5	11	3	1	2
Fysiek	6	12	4	1	1
Technisch (ICT/ICS)	28	249	12	10	10

Tabel 11, Een dieptebeveiligingstabel[48]

Bij een maatregelenselectie willen we daarom controleren of er een voldoende uitgebalanceerd maatregelenpakket is samengesteld om dieptebeveiliging te creëren. Een manier om dit te doen is te tellen hoeveel maatregelen er binnen een bepaalde categorie zijn getroffen. Tabel 11 geeft een voorbeeld zoals die kan worden gebruikt.

Kosten en baten

Een moeilijke stap in iedere maatregelenanalyse is om een onderbouwde indicatie te verkrijgen van de kosten en de baten van een beheersmaatregel.

De kosten bestaan uit eenmalige (financiële) kosten nodig voor het treffen van een maatregel en de vaste (jaarlijkse) kosten voor het in stand houden (exploitatie) van de maatregel. Echter kosten kunnen ook verborgen zijn, bijvoorbeeld doordat organisatorische aanpassingen moeten worden gemaakt of omdat bepaalde procedures meer tijdkosten door de nieuwe maatregelen.

De baten bestaan uit de afname van risico's en bijvoorbeeld financiële voordelen, zoals kostenbesparingen en efficiency voordelen. Dergelijke baten van het verlagen van een risico laten zich echter alleen niet eenvoudig kwantificeren. Een indicatie van de effectiviteit en dus de bijdrage van een maatregel aan het verlagen van een risico, kan worden bepaald aan de hand van de hiervoor beschreven weging van maatregelen.

Veel maatregelen zijn niet gericht op het verlagen van een enkel risico alleen. Maatregelen, zeker die welke behoren tot een basisbeveiligingsniveau, dragen vaak bij aan het verminderen van meerdere risico's. Zo helpen sterke authenticatie (tokens) en encryptie om een scala aan verschillende digitale bedreigingen het hoofd te bieden. De raming kan worden ondersteund om de maatregelen

[48] Met maatregelen uit de ISO27002, NIST SP800-53 en de ISA99.

onderling te rangschikken naar afnemende effectiviteit en - indien mogelijk - hierbij een subtotaal over alle risico's te nemen waar deze maatregel een reductie bewerkstelligd. Zodoende kunnen maatregelen die veel bijdragen aan meerdere risico's geïdentificeerd worden. Niet altijd is de meest preventieve maatregel om een specifieke dreiging het hoofd te bieden daarom tevens de maatregel met de grootste baten. De som der delen van kleinere eenvoudige (en wellicht goedkopere) beheersmaatregelen blijkt misschien wel een betere investering te zijn. Dit is echter een subjectieve beoordeling en een gezonde dosis kennis en ervaring blijven nodig om een juiste raming te maken.

Return on Security Investment

De bijdrage aan de risicoreductie kan ook in een afname van de jaarlijkse schade verwachting (ALE) worden uitgedrukt (ROSI: *Return on Security Investment*). Een concrete waardering van de schade uitgedrukt in geld en een bepaling van het rendement van de noodzakelijke investeringen in beveiligingsmaatregelen helpen om het gat tussen de technische ICT/ICS wereld en directie te overbruggen. Het rendement van de investering (ROSI) kan worden uitgedrukt als (32):

$$ROSI = ((ALE_{oud} - ALE_{nieuw}) - Kosten) / Kosten$$

Hierbij is het financiële voordeel van de beveiligingsmaatregelen uitgedrukt als het verschil tussen de oude (ALE_{oud}) en de nieuwe (ALE_{nieuw}) totale jaarlijkse schade verwachting. De kosten bestaan uit de eenmalige (K_{inv}) en de vaste (jaarlijkse) exploitatiekosten (K_{epl}). De eenmalige investeringskosten worden afgeschreven over een aantal jaren, bijvoorbeeld drie, waarmee de kosten bestaan uit:

$$Kosten = (K_{inv} /3) + K_{epl}$$

Een ROSI is een methode die voornamelijk bij een *kwantitatieve* risicoanalyse kan worden toegepast. Bij kwalitatieve risicoanalyses wordt de ROSI zelden bepaald.

Restrisico's

Bij de maatregelenselectie wordt een schatting gemaakt in welke mate het risico afneemt. Wat overblijft – gesteld dat de maatregel wordt ingevoerd en de verwachte effectiviteit wordt gehaald – is het restrisico. Deze schatting wordt bemoeilijkt doordat het invoeren van nieuwe beheersmaatregelen op hun beurt weer consequenties heeft en mogelijk nieuwe risico's met zich meeneemt. Zo zal het gaan afdwingen van sterke wachtwoorden met 14 karakters tot gevolg hebben dat mensen wachtwoorden toch weer gaan opschrijven op spiekbriefjes. Het invoeren van toegangstokens kent dit nadeel bijvoorbeeld minder.

Uitgebreidere risico- en maatregelenanalyses zullen dit inzichtelijk maken door naast de vastgestelde risico's ook restrisico's aan te geven.

Stap 3: Opstellen van een maatregelenimplementatieplan

Een maatregelenimplementatieplan (MIP) is een operationele beschrijving van de beheersmaatregelen. In een MIP worden zaken vastgelegd zoals richtlijnen en instructies voor de personen die de maatregel moeten toepassen of helpen realiseren. Hierbij dient natuurlijk te kunnen worden aangegeven wie het aanspreekpunt of verantwoordelijk is voor het invoeren van de maatregel.

In het MIP kan eventueel een prioritering worden meegegeven aan maatregelen om te treffen. De aard van de dreigingen, de omvang van de (gevolg)schade bij zich eventueel voordoende incidenten en de kans op incidenten zijn bepalend voor een prioriteitstelling waarmee maatregelen geïmplementeerd dienen te worden.

Naast aanwijzingen voor het omgaan met de beheersmaatregel, kan in een MIP worden vastgelegd hoe de controle op de naleving zal plaatsvinden. Welke auditvorm vindt er straks plaats? Formele audits via interviews en locatiebezoeken, zelfcontrole, acceptatietesten, of bijvoorbeeld penetratietesten? En wat is daarbij de te hanteren norm? Is 100% pas goed genoeg of nemen we met minder genoegen? Als de maatregel bijvoorbeeld voorschrijft dat bedrijfsvoerders dienen te zijn gescreend en dat de screening niet ouder mag zijn dan twee jaar, vallen lopende verlengingen daar dan wel of niet onder?

Stap 4: Rationale van maatregelen

Goede beveiligingsmaatregelen zijn niet alleen effectief, efficiënt en kostenbewust in relatie tot de schade-omvang die ze helpen te voorkomen, maar moeten ook praktisch uitvoerbaar zijn en geaccepteerd worden. Ze dienen bovendien te relateren te zijn aan de bedrijfsmissie, -visie en –doelstellingen waaraan ze bijdragen. Per slot van rekening is het domweg invoeren of handhaven van beveiligingsmaatregelen geen doel op zich. Het kunnen herleiden en onderbouwen van beheersmaatregelen is het doel van een rationale.

Een rationale kan worden vormgegeven door de maatregelen in een matrix-model af te zetten ten opzichte van de onderkende dreigingen. Op deze wijze vindt een controle plaats op de volledigheid van de beheersmaatregelen. Zijn alle dreigingen en risico's wel aangepakt? Gelijktijdig kan hierbij een beoordeling plaatsvinden of bepaalde maatregelen dezelfde dreiging afdekken en dubleren, of dat er maatregelen zijn gedefinieerd ten aanzien van dreigingen welke volgens de risicomanagementstrategie en risicoambitie niet relevant en daarmee overbodig zijn.

Dreiging	Ongerichte cybercrime		Gerichte cyberaanval	
Maatregelen:	binnenuit	buitenaf	binnenuit	buitenaf
Fysieke afscherming	X	X	-	X
Interne firewall/DMZ	X	X	X	X
Netwerksegmentatie	X	X	-	X
Netwerkencryptie (VPN)	-	X	-	X
Hardening servers	X	X	X	X
Beperking rechten	X	X	-	X
Functiescheiding	X	-	X	-
Sterke authenticatie	X	X	X	X
Wijzigingenbeheer	X	X	X	X
Antivirus	X	X	-	-
Lokale authenticatie	X	X	X	X
Data encryptie	X	X	X	X
IDS/SIEM	X	X	X	X
Backup en herstel	X	X	X	X

Tabel 12, Rationale van maatregelen

In ons voorbeeld lijkt het erop dat we alle vier de dreigingsscenario's aanpakken (zie Tabel 12).

Bij de risicoanalyse zijn - als het goed is – de bedreigingen, en dus de risico's, bepaald in relatie tot de (kritische) bedrijfsprocessen, belangen en doelstellingen. De beheersmaatregelen zijn indirect dus eveneens gekoppeld aan de bedrijfsdoelstellingen. Een verdere uitwerking van een rationale door hun bijdrage aan de bedrijfsdoelstelling verder inzichtelijk te maken, is meestal dan ook niet meer noodzakelijk.

8.9   Beveiligingstesten

De controle op naleving van het beveiligingsbeleid, het bestaan en de werking van beheersmaatregelen is noodzakelijk om voldoende zicht te behouden op de staat van beveiliging. Audits, zelfonderzoeksmethodes en beveiligingstesten kunnen hierbij een belangrijke bijdrage leveren.

Er zijn verschillende vormen van beveiligingstesten die allemaal hun eigen specifieke voordelen, nadelen en beperkingen kennen. Beveiligingstesten kunnen helpen bij het vinden of onderbouwen van dreigingen en kwetsbaarheden maar ook bij het evalueren van de effectiviteit van getroffen maatregelen. Elke testmethode legt de nadruk op specifieke dreigingen of kwetsbaarheden zoals t.a.v. ICS, informatie, procedures, personeel, internet, communicatiemiddelen, draadloze technologieën of fysieke aspecten. Een test is bovendien een momentopname. Daarom is het minstens zo belangrijk om te bepalen wanneer er wordt getest, als wat en waarom iets wordt getest. Daarnaast moeten beveiligingstesten de tijd en gelegenheid hebben om details te analyseren omdat niet zelden de kleinste details leiden tot de grootste beveiligingsincidenten (*'the pain is in the details'*).

Voordat men begint, is het belangrijk om de te volgen testmethode vast te stellen. En hoewel testen niet onbeperkt kunnen doorgaan totdat de beveiliging wordt doorbroken, moeten wel afdoende tijd en middelen worden ingepland. Dit om met voldoende mate van zekerheid vast te kunnen stellen of de mogelijke dreigingen en kwetsbaarheden toereikend zijn geverifieerd. Elke testmethode vereist daarbij specifieke (technische) kennis, vaardigheden en middelen. De resultaten van beveiligingstesten zijn nutteloos als deze zijn uitgevoerd met te weinig tijd, middelen, zonder een testplan of met onvoldoende kennis. Een aanpak voor het uitvoeren van enkele vormen van beveiligingstesten is beschreven in de *"Open-Source Security Testing Methodology Manual* (OSSTMM)".

Let op dat sommige beveiligingstesten (onbedoeld) schade kunnen veroorzaken of kunnen leiden tot het verkrijgen van toegang tot computersystemen. Zonder toestemming, kan men zich hierbij schuldig maken aan computercriminaliteit. Zeker als men test via (publieke) communicatienetwerken is dit een aandachtspunt. Regel daarom vooraf toestemming van de eigenaar en leg dit samen met de doelstelling van de beveiligingstest vast in bijvoorbeeld een zogenaamde vrijwaringverklaring.

Hierna worden enkele verschillende beveiligingstesten verder toegelicht.

Fysieke testen

Bij fysieke testen kan worden gedacht aan een evaluatie van toegangscontrole maatregelen, directe omgeving van het systeem en de bewaking- en alarmeringsmiddelen. Fysieke testen toetsen de weerstand van objecten tegen bijvoorbeeld inbraak, insluiping, vernieling of sabotage.

Fysieke testen kunnen eveneens betrokken worden op het onderwerp van de test (TOE) zelf, zoals de bestendigheid tegen manipulatie (*tamper resistance*) of de (on)mogelijkheid om (pogingen van) manipulatie aantoonbaar te maken (*tamper evidence*). Dergelijke testen worden over het algemeen uitgevoerd in een testlaboratorium waarbij onder meer kan worden gekeken of een verzegeling kan worden gebroken en het desbetreffende apparaat ongemerkt kan worden geopend om het systeem te manipuleren.

Grip op ICS Security

Logische testen

Bij logische beveiligingstesten wordt de nadruk gelegd op de juiste werking en behoud van functionaliteit onder verschillende aanvalsscenario's van de apparatuur en applicatie(s). De weerstand van het gehele systeem tegen verschillende soorten aanvallen wordt hierbij doorgelicht.

Broncode analyses

Bij een broncode analyse wordt van een computerprogramma de code, die door de programmeur in een formele programmeertaal is geschreven, onderzocht op structuur en (on)geoorloofde programmacode met als doel te bepalen of de programmatuur voldoet aan beveiligingsrichtlijnen en of de programmatuur in potentie voldoende weerstand kan bieden tegen cyberaanvallen (exploits).

Vulnerability scanning

Vulnerability scans controleren (automatisch) op bekende kwetsbaarheden in (ICT) systemen of computernetwerken. Er wordt bij dergelijk scans normaal niet getracht om ook daadwerkelijk misbruik te maken van eventuele zwakheden. De uitkomst is een overzicht van systemen en de daarin aangetroffen zwakplekken.

Security scanning

Security scans zijn vulnerability scans aangevuld met een handmatige verificatie van valse meldingen (*false positives*), kwetsbaarheden in de computernetwerken en aangepaste professionele analyses. In geen geval wordt daarbij daadwerkelijk de beveiliging van een systeem getracht te doorbreken.

Penetratietesten

Penetratietesten trachten doelgerichte (cyber)aanvallen uit te voeren waarbij daadwerkelijk zwakheden worden gezocht en misbruikt met als doel om (ongeautoriseerd) toegang te verkrijgen tot een systeem. Hierbij worden beveiligingsmiddelen doorbroken of omzeilt. Hoewel een goede penetratietest zoveel mogelijk echte aanvalsscenario's zal trachten uit te voeren, is dit niet altijd mogelijk door bijvoorbeeld tijdbeperkingen (een kwaadwillende kan soms maanden voorbereiding gebruiken) of omdat getest moet worden in een uiterst kritische omgeving zoals het geval bij ICS. Testen worden daarom vaak uitgevoerd bestaande uit een aanval van binnenuit en een aanval van buitenaf. Dit benadert vrij realistisch de kennis die een kwaadwillende kan vergaren over een langer tijdsperiode. Penetratietesten worden uitgevoerd binnen strikte kaders om de potentiële schade aan systemen te beperken.

Vaak wordt geneigd om aanvallen uit te voeren zonder kennis vooraf (*zero knowledge* of *blackbox attacks*). Hoewel dit wel de kennis is die een toevallige aanvaller bezit (zoals een groep I dadertype), voldoet dit beeld niet voor aanvallers die doelgericht te werk gaan van binnenuit of door technisch capabele buitenstaanders (groep II of III dadertypes). Deze laatste categorie van daders verzamelen vooraf wel veel achtergrondinformatie voordat wordt overgegaan tot de echte aanval. Penetratietesten kunnen dit benaderen door kennis over het doelwit die aannemelijker wijze via openbare bronnen of beperkte inspanning verkregen kan worden, vooraf te delen.

Sidechannel testen

Sidechannel aanvallen trachten informatie te gebruiken afkomstig van de fysieke implementatie van een systeem in plaats van (theoretische) zwakheden in (crypto) algoritmes. Dergelijk aanvallen maken bijvoorbeeld gebruik van tijdinterval-gegevens, stroomverbruik, warmte, elektromagnetisch straling en geluid afgegeven door het systeem. Sidechannel aanvallen vereisen vergaande technische kennis over (hardware van) het systeem en de interne werking.

Compromitterende stralingstesten

Wanneer een elektronisch apparaat aanstaat, kan de elektronische straling van het apparaat worden opgevangen en bewerkt. Het testen op compromitteerde elektromagnetisch straling of geluid en het afleiden daarvan van informatie staat bekend als TEMPEST of EMSEC. Deze testen - ook aangeduid als TEMPEST testen – vereisen specialistische kennis en laboratoria.

Elektromagnetische immuniteitstesten

Manipulatie op afstand via elektromagnetische straling vereist specialistische technieken. Hoewel elektronische apparaten normaal zijn getest tegen generieke elektromagnetische comptabiliteitseisen (EMC), vormen deze geen garantie dat het apparaat ook bestand is tegen EMP aanvallen of dat geen compromitterende straling 'lekt'. Aanvullende laboratoriumtesten kunnen eventuele kwetsbaarheden op dit gebied aantonen.

Social engineering testen

Social engineering is een techniek waarbij een kwaadwillende een aanval tracht te ondernemen door de zwakste schakel, namelijk de mens, te 'kraken'. De aanval is erop gericht om vertrouwelijke of geheime informatie los te krijgen, waarmee de aanvaller dichter bij het aan te vallen object kan komen. Kenmerkend voor social engineering is dat er eigenlijk geen aanval op de techniek zelf wordt uitgevoerd (hoewel bij *phishing* aanvallen social engineering meestal gepaard gaat met malware). De aanvaller tracht bijvoorbeeld om de nieuwsgierigheid van een slachtoffer te wekken, medelijden bij een slachtoffer te wekken of een slachtoffer bang te maken. Vaak zal de aanvaller zichzelf voordoen als iemand anders om via de aangenomen, vertrouwenwekkende, rol informatie te verkrijgen die op een andere manier niet of met aanzienlijk meer inspanning of hogere kosten te verkrijgen is. Mogelijke scenario's zijn onder meer via persoonlijk contact, e-mail, social media, of door het rond te snuffelen in en rondom het gebouw waar de vertrouwelijke gegevens te vinden zijn. Het kan mogelijk zijn dat hier een vorm van insluiping aan voorafgaat om binnen te komen. Het inzetten van een *mystery guest* is eveneens een beproefde methode om kwetsbaarheden aan te tonen.

9 Security Management Systeem

Een Security Management Systeem is een raamwerk dat een structurele, cyclische borging van risicomanagement binnen de organisatie biedt door middel van een coherent beleid en een stelsel van richtlijnen en procedures om sturing te geven aan het omgaan met beveiligingsrisico's.

Het voorgaande hoofdstuk is uitgebreid ingegaan op risicoanalyses en risicomanagement. Dit hoofdstuk beschrijft op hoofdlijnen een manier om risicomanagement en de organisatie van beveiliging te borgen in de bedrijfsvoering. Hierbij wordt de invalshoek gevolgd om alle aan informatie, ICT en industriële controle systemen gerelateerde beveiligingsaspecten op te nemen binnen één integraal raamwerk. Dit raamwerk omvat daarmee zowel informatiebeveiliging, ICT-, personele- en fysieke beveiliging, ICS security en bedrijfscontinuïteit. Dit is onze basis voor een Security Management Systeem.

> *Zonder een onderbouwde visie op beveiliging, een coherent beleid en procedures, of een structurele cyclische borging van risicomanagement binnen de organisatie, is er geen beveiliging!*

9.1 De strategische security piramide

De beveiliging en bedrijfscontinuïteit kunnen alleen worden gewaarborgd als de gehele beveiligingsketen naadloos op elkaar aansluit. In de inleiding is al uitgelegd dat de auteur er daarom voor kiest om alle security gerelateerde aspecten onder te brengen onder één integraal informatiebeveiligingsraamwerk. Hoewel dit natuurlijk per organisatie anders kan zijn, is dit voor de meeste bedrijven een goed uitgangspunt. Op deze manier kan namelijk een samenhangend geheel van beleid en organisatiestructuur ten aanzien van beveiliging en risicomanagement worden opgezet tegen de minste inspanningen en kosten. Bovendien kan zo de consistentie tussen verschillende aandachtsgebieden – over zowel het bedrijfs- als procesbesturingsdomein heen - worden bewaard.

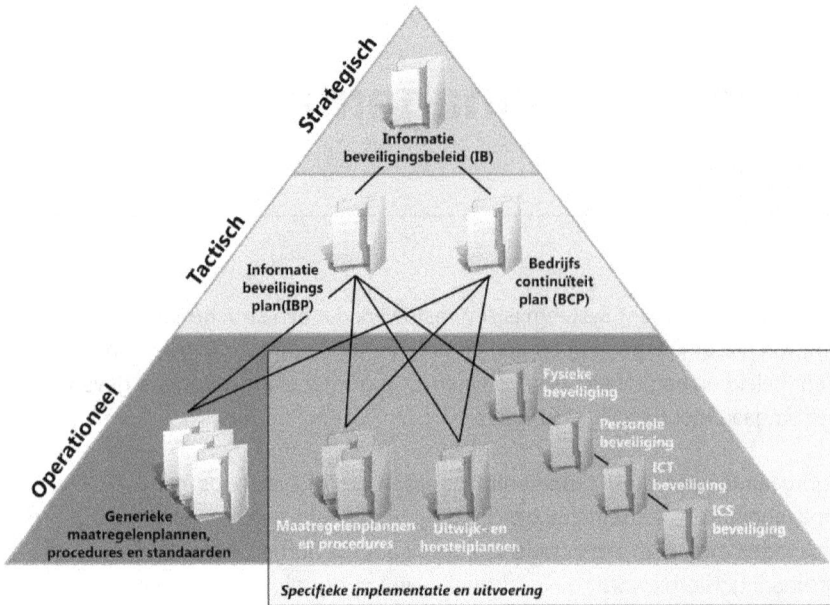

Figuur 21, Integraal informatiebeveiligingsraamwerk

Dat in het bedrijfsdomein de nadruk waarschijnlijk meer zal liggen op aspecten vertrouwelijkheid van gegevens en privacy, en in de industriële omgevingen op beschikbaarheid en de integriteit van de gegevens, is hierbij niet van belang. Dit verschil komt tot uitdrukking op detail niveau en in de uitwerking van maatregelen, niet in het algemene beleid van het bedrijf.

Het integraal informatiebeveiligingsraamwerk kent drie niveaus: strategisch, tactisch en operationeel (Figuur 21).

9.1.1 Strategisch niveau

Het strategisch niveau worden de consequenties van de missie en visie van het bedrijf vertaald en vastgelegd in een beveiligingsbeleid. Het beleid geeft hiermee de betrokkenheid van de directie aan. Het legt de verantwoordelijkheden en plichten van iedereen werkzaam of die toegang heeft tot informatie of het ICS vast. Met het informatiebeveiligingsbeleid geeft de directie het normenkader, de risicomanagementstrategie en de risico-ambitie aan voor de organisatie.

Informatiebeveiligingsbeleid (IB)

Het beleid definieert de uitgangspunten ten aanzien van informatiebeveiliging, ICS security en bedrijfscontinuïteit. Daarbij wordt vaak zaken vastgelegd als van toepassing zijnde wetgeving, classificatieniveaus van informatie en systemen en de verantwoordelijkheden en rollen binnen de organisatie. Daarnaast kunnen in het beleid de kaders worden aangegeven voor bijvoorbeeld het bewaren en vernietigen van informatie, gedragscodes, geheimhoudingsverplichtingen, en de mogelijkheid van het inzetten van detecterende toezichtsmaatregelen.

9.1.2 Tactisch niveau

Op tactisch niveau wordt het strategisch beleid uitgewerkt in maatregelen. Per maatregel is een omschrijving vastgelegd en – indien noodzakelijk – aanvullende instructies voor de realisatie van de maatregel. Dit resulteert in een generiek informatiebeveiligingsplan (IBP) en een generiek bedrijfscontinuïteitsplan (BCP). Het IBP en BCP leggen samen tenminste het basisbeveiligingsniveau vast. Voor een ICS omgeving zal het basisbeveiligingsniveau waarschijnlijk ontoereikend zijn. Aanvullende beveiligingsmaatregelen kunnen in een bijlage of een specifiek informatiebeveiligings- en bedrijfscontinuïteitsplan worden uitgewerkt.

Informatiebeveiligingsplan (IBP)

Een IBP legt op tactisch niveau het normenkader en beheersmaatregelen vast. Het IBP beschrijft welke fysieke, personele, organisatorische en ICT/ICS maatregelen moeten worden getroffen. Hierbij kunnen aspecten worden aangegeven zoals of het een basis of extra beveiligingsmaatregel betreft en wie verantwoordelijk is voor de realisatie en het beheer. Het normenkader en de selectie van maatregelen kan mede zijn bepaald door wet- en regelgeving en relevante richtlijnen. Op het tactisch niveau worden tevens de richtlijnen voor het classificeren van informatie en systemen vastgelegd in het IBP.

Bedrijfscontinuïteitsplan (BCP)

Een BCP beschrijft de wijze en richtlijnen waarop de organisatie in staat is bij een crisissituatie te reageren met als doel terug te kunnen keren naar een vooraf vastgestelde stabiele situatie. Dergelijke crisissituaties hoeven niet te ontstaan door een beveiligingsincident maar kunnen ook het gevolg zijn van bijvoorbeeld een ongeval of externe weersinvloeden. Op dit punt vullen beveiligingskaders en BCM elkaar aan.

9.1.3 Operationeel niveau

Op operationeel niveau wordt invulling gegeven aan de maatregelen zoals die op tactisch niveau zijn vastgelegd. Deze invulling kan bijvoorbeeld bestaan uit (SMART) procedurebeschrijvingen, werkinstructies, (functionele en technische) documentatie of concrete aanwijzingen om de uitvoering en instandhouding van de maatregelen mogelijk te maken. Ze kunnen bijvoorbeeld zijn vastgelegd in generieke en aanvullende specifieke maatregelenimplementatieplannen, uitwijk- en herstelplannen, personeelshandboeken, fysieke beveiligingsinstructies of beheerprocedures.

Maatregelenimplementatieplan (MIP)

Een MIP is een operationele uitwerking van een IBP en BCP. Het beschrijft hoe de beheersmaatregelen moeten of zijn gerealiseerd. In een MIP worden zaken vastgelegd zoals richtlijnen en instructies voor de personen die de maatregel moeten toepassen.

Uitwijk- en herstelplannen

De uitwijk- en herstelplannen zijn vooral een operationele uitwerking van het BCP. Ze leggen de maximaal acceptabele tijd dat bedrijfsprocessen en systemen niet kunnen functioneren vast. Deze tijd (RTO: *Recovery Time Objective*) is bepalend voor de doelstelling ten aanzien van het herstellen van de processen en systemen. Behalve de maximale uitvalsduur en bijbehorende hersteltijd is ook vastgesteld wat de doelstelling is met betrekking tot het maximale gegevensverlies of het minimaal benodigde herstelpunt om een stabiele situatie te bereiken (RPO: *Recovery Point Objective*).

9.2   Een kijk op een ICS Security Management Systeem

Een ICS Security Management Systeem (ISMS) is een raamwerk om invulling te geven aan het structureel en cyclisch om gaan met beveiliging en dit te borgen in de bedrijfsvoering van de industriële processen.[49]
Vrijwel alle beveiligings- en bedrijfscontinuïteitstandaarden beginnen daarom met het belang van het inrichten van een security management systeem te benadrukken. Omdat we hier een informatiebeveiligingsraamwerk volgen, lijkt het logisch om aan te sluiten bij de ISO 27001 informatiebeveiligingsstandaard. Echter voor vitale infrastructuren of industriële omgevingen kan ook het *Cyber Security Management System* (CSMS) van de ISA99 (33) worden gevolgd of het *Reference Security Management Plan for Energy Infrastructure* (RSMP) model van de Europese Commissie (34).

De beveiliging van de ICS moet een vast aspect zijn van de normale bedrijfsvoering. Bij de opzet en ontwikkeling van nieuwe industriële processen, systemen en installaties horen beveiligingsaspecten vanaf het begin af aan te

---

[49] De ISA99 gebruikt de term *Cyber Security Management System*. Echter het integraal informatiebeveiligingsraamwerk dekt juist meer af dan alleen de technische aspecten. Om dit te benadrukken vindt de auteur ISMS een naam die beter de lading dekt.

worden meegenomen. De kunst is om hierbij vooraf heldere specificaties aan te geven, zoals de noodzakelijke kwaliteitskenmerken en *security-by-design* eisen. Het achteraf aanpassen of toevoegen van beveiligingsmaatregelen of -procedures is een kostbare zaak of zelfs in het geheel niet meer mogelijk. Over het algemeen leidt dit bovendien tot een lager beveiligingsniveau of een verminderde functionaliteit. Daarnaast zullen de beheersmaatregelen als vanzelfsprekend moet worden ervaren bij de normale gang van zaken. Beveiliging zit dan ingebakken in alle werkwijzen; men is 'onbewust veilig' (*security-by-operations*).

Als er zich toch incidenten voordoen, blijft voldoende functionaliteit bij storingen (*fail-safe*), moet een goede voorbereiding zorgen voor het adequaat omgaan en reageren op de gebeurtenissen. Incidentopvolging en –afhandelingsprocessen zijn dan ook een vast onderdeel van het omgaan met informatie- en ICS beveiliging. Omdat niet één bedrijf statisch is, het bewustzijn van mensen varieert, dreigingen wijzigen of ICS systemen en apparatuur worden aangepast, is het eveneens essentieel dat op de naleving van een beveiligingsbeleid wordt toegezien, dat incidenten worden geëvalueerd en beheersmaatregelen waar nodig aangepast. Beveiliging wordt dus bedacht (*Plan*), uitgevoerd (*Do*), op gereageerd (*Act*), en gecontroleerd (*Check*).[50]

Een ISMS bestaat uit een aantal volgtijdelijke stappen: beleidsvorming, analyse, planvorming, implementatie, evaluatie en controle. Het ISMS begint doorgaans met het vaststellen van het beveiligingsbeleid. De risicomanagementstrategie kan deel uitmaken van een overkoepelend beveiligingsbeleid of juist samen met de resultaten van een eerste risicoanalyse aanleiding zijn om een eenduidig beveiligingsbeleid op te gaan stellen. De volgende stap is de risicoanalyse. Vervolgens kan een beveiligingsplan worden opgesteld en kunnen maatregelen worden geselecteerd, geïmplementeerd, beheerd en geëvalueerd. Die evaluatie kan aanleiding zijn het beveiligingsbeleid te herijken of om opnieuw een risicoanalyse uit te voeren. Op die manier vinden deze stappen iteratief en periodiek plaats.

Vaak wordt een ISMS schematisch weergegeven als een standaard Deming-cirkel. Echter als een beveiligingsbeleid en risicomanagementstrategie eenmaal zijn vastgesteld, zal er als het goed is niet een aanleiding zijn om deze voortdurend aan te passen. Het beleid hoeft pas te worden aangepast als bijvoorbeeld de risico's die men bereid is te lopen, significant wijzigen. Een andere manier om een ISMS voor te presenteren, is om deze te splitsen in twee cycli: de *beleidsmatige cyclus* (links in Figuur 22) en een *operationele cyclus* (rechts in Figuur 22).

---

[50]De 'Plan, Do, Check, Act' cyclus (PDAC) *of Deming-cirkel.*

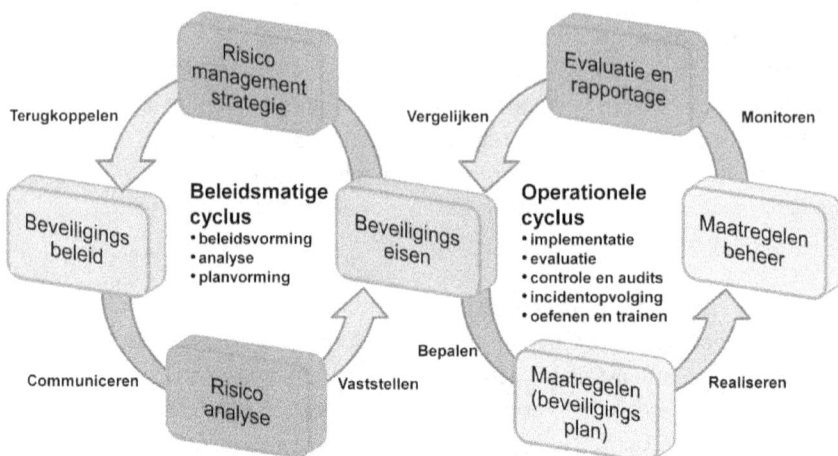

Figuur 22, Een Security Management Systeem cyclus

De beleidsmatige cyclus

De beleidsmatige cyclus omvat de stappen beleidsvorming, analyse en planvorming. Het is de *Plan* fase in de Deming-cirkel.

De beleidsmatige cyclus stelt een beveiligingsbeleid op, stelt het risico-ambitieniveau vast en voert afhankelijkheid- dreiging- en risicoanalyses uit. Uiteraard hoort het afstemmen van beveiligingseisen (kwaliteitskenmerken) op de bedrijfsdoelstellingen, missie en visie en het bepalen van de risicomanagementstrategie tot de beleidsmatige cyclus.

De beleidsmatige cyclus is een strategische bepaling om het noodzakelijke of gewenste niveau van beveiliging vast te stellen en kaders voor de organisatie te bepalen. Een betrokkenheid van de directie en verantwoordelijk lijnmanagers is dus onontbeerlijk.

De operationele cyclus

De operationele cyclus omvat de stappen voor implementatie, evaluatie en controle. Het omvat de *Do, Act* en *Check* fases in de Deming-cirkel.
De cyclus start met de selectie van maatregelen en maatregelenanalyses. Na realisatie moeten maatregelen worden gecontroleerd en worden toegezien op de naleving van het beveiligingsbeleid. Bewustzijncampagnes, screeningsprocedures, training van personeel, evaluaties van incidenten, periodieke oefeningen en testen van uitwijkvoorzieningen zijn voorbeelden van operationele ISMS onderdelen. Het uitvoeren van (onafhankelijke) audits en beveiligingstesten horen hierbij.

De operationele cyclus is tactisch en operationeel van aard. Hierbij worden een IBP, een BCP, procedures en werkinstructies opgesteld en beheerd.

9.3 Organisatie van beveiliging

Een borging en beheersing van beveiligingsbelangen binnen de organisatie heeft geen kans van slagen als er niet een beveiligingsorganisatie aanwezig is. Dit is in de meeste gevallen geen apart bedrijfsonderdeel maar een virtuele organisatie belegd over bestaande afdelingen en managers heen. Het opzetten en onderhouden van een ISMS en het coördineren van de beveiligingsorganisatie zelf is een tijdrovende en gespecialiseerde taak. Deze wordt bijvoorbeeld belegd bij een beveiligingsfunctionaris, zoals een Chief Information Security Officer (CISO).

Aandachtsgebieden voor de organisatie van een ISMS zijn onder meer de rollen en verantwoordelijkheden, overlegvormen, controle en incidentopvolging. Hoe dit wordt ingebed in iedere organisatie is sterk afhankelijk van de eigen bedrijfscultuur, soort organisatie en industrieel proces, enzovoort. Dit boek helpt daarom alleen door het geven van een kort overzicht hoe de belangrijkste rollen, taken en verantwoordelijkheden bij de dagelijkse besturing van de organisatie en tijdens een crisissituatie kunnen zijn belegd.

9.3.1 Rollen, taken en verantwoordelijkheden

Het is van groot belang dat de verantwoordelijkheden, taken en bevoegdheden met betrekking tot beveiliging op een eenduidige wijze zijn toegewezen. Deze toewijzing heeft tot doel te voorkomen dat zaken dubbel worden uitgevoerd of dat de uitvoering van beveiligingstaken achterwege blijft. De verantwoordelijkheden en taken van de voornaamste betrokken functies en rollen moeten zijn vastgelegd. Dit kan bijvoorbeeld in het beveiligingsbeleid of IBP.

Directie

De directie is eindverantwoordelijk voor alle activiteiten binnen het bedrijf, dus ook voor informatiebeveiliging en ICS security. De verantwoordelijkheid voor beveiliging omvat het:
- vaststellen van het beveiligingsbeleid en daaruit voortvloeiende richtlijnen;
- accepteren van resultaten van risicoanalyses;
- toezien op de naleving van het beveiligingsbeleid door de organisatieonderdelen;
- evalueren van de toepassing en werking van het beveiligingsbeleid;
- zorgdragen dat senior management ondersteuning aanwezig is voor beveiliging en zichtbaar gemaakt wordt naar managers, medewerkers en derde partijen;
- zorgdragen dat regelmatige reviews van het beveiligingsbeleid wordt uitgevoerd;

189

- zorgdragen dat adequate (beveiligings)middelen beschikbaar zijn.
- goedkeuren van grote initiatieven en investeringen met betrekking tot beveiliging.

Corporate Information Security Officer (CISO)

De beveiligingsfunctionaris of CISO is de spin in het web met betrekking tot alle informatiebeveiliging en ICS security. De verantwoordelijkheid omvat alle security specifieke onderwerpen. Naast beleid gaat het om de beveiligingsorganisatie, classificatie en beheer van bedrijfsmiddelen, beveiligingseisen ten aanzien van personeel, fysieke beveiliging, toegangsbeveiliging, ontwikkeling en onderhoud van systemen, incidentmanagement, continuïteitsmanagement en naleving. Op hoofdlijnen omvat dit:

- beheren van het informatiebeveiligingsbeleid, richtlijnen en procedures;
- borging van informatiebeveiliging en ICS security binnen de organisatie;
- opzetten en aansturen van de organisatie brede beveiligingsprocessen en - organisatie;
- controle, registratie en bewaken van het niveau van informatiebeveiliging;
- zorgdragen dat het beveiligingsbeleid en standaarden actueel blijven;
- zorgdragen voor regelmatig uitvoering van risicoanalyses;
- zorgdragen voor regelmatige evaluaties over de naleving en status van de beveiliging;
- rapporteren over de status van informatiebeveiliging binnen de organisatie;
- communicatie en voorlichting;
- stimuleren van het beveiligingsbewustzijn bij management en medewerkers;
- adviseren van de directie en leidinggevenden over informatiebeveiliging;
- adviseren van het management ter voorkoming van incidenten;
- onderzoeken van incidenten die de informatiebeveiliging raken of betreffen;
- samenwerking en consulteren van lokale autoriteiten in geval van incidenten.

Beveiligingscoördinatoren

Lokale operationele aspecten van informatiebeveiliging worden ondersteund door Beveiligingscoördinatoren of Business Information Security Officers (BISO) die deel uit maken van de betreffende organisatieonderdelen. Zij zijn het eerste – operationele - aanspreekpunt voor de medewerkers en management. Op hoofdlijnen omvat deze rol de volgende verantwoordelijkheden:

- afstemming van beveiligingsaspecten met de CISO;
- aanspreekpunt voor eigen medewerkers en lijnmanagement;
- lokaal coördineren van de realisatie van het gewenste niveau van beveiliging;
- beheren van (decentrale) specifieke richtlijnen en procedures;
- adviseren leidinggevenden over informatiebeveiliging en ICS security;
- zorgdragen voor regelmatige evaluaties over de naleving en status van de beveiliging;

- rapporteren over de status van informatiebeveiliging en ICS security;
- rapporteren over incidenten die de beveiliging raken of betreffen.

Business Continuity Manager (BCM)

Om te borgen dat specifieke bedrijfscontinuïteitaspecten bekend zijn en worden uitgevoerd kan een aparte Business Continuity Manager worden benoemd. Deze manager vormt een aanspreekpunt op het gebied van bedrijfscontinuïteit en de beschikbaarheid van voorzieningen. Op hoofdlijnen omvat dit de volgende verantwoordelijkheden:

- afstemming van beveiligingsaspecten met de CISO;
- beheren van (decentrale) bedrijfscontinuïteitplannen, richtlijnen en procedures;
- zorgdragen voor regelmatig uitvoering van impactanalyses en risico-inventarisaties;
- adviseren en begeleiden van het lijnmanagement bij de invoering van BCM;
- bieden van opleiding en training ten aanzien van bedrijfscontinuïteitaspecten;
- creëren van bewustwording in de organisatie;
- bijsturen van risicoperceptie en het overwinnen van risiconegatie;
- ondersteunen bij het realiseren, testen en onderhouden van maatregelen;
- zorgdragen voor regelmatige evaluaties over de naleving en status van de bedrijfscontinuïteit;
- rapporteren over de status van bedrijfscontinuïteit;
- participeren in het Crisis Management Team.

Management

Het lijnmanagement, bestaande uit afdelingshoofden, managers en teamleiders, is verantwoordelijk voor de inrichting en uitvoering van de primaire en secundaire bedrijfsprocessen. De verantwoordelijkheid voor de bedrijfsprocessen omvat ook de beveiliging van de informatie, ICT en ICS waarvan het organisatieonderdeel eventueel zelf eigenaar is. De verantwoordelijkheid van het lijnmanagement omvat onder andere:

- positieve en actieve houding ten aanzien van informatiebeveiliging;
- fungeren als voorbeeldfunctie;
- toezicht houden op de naleving van beveiligingsmaatregelen;
- medewerking verlenen aan verbeteracties;
- autoriseren van medewerkers;
- toezien op de screening van medewerkers;
- informatiebeveiliging behandelen in werkoverleg, beoordelingen etc.;
- afhandelen van vertrouwelijke beveiligingsincidenten;
- rapporteren van alle beveiligingsincidenten.

9.3.2 Crisismanagement organisatie

Om verrassingen zoveel mogelijk vóór te zijn en om vooraf zaken in te richten om, in geval van een calamiteit of crisis, snel en adequaat te kunnen reageren, heeft vrijwel iedere industriële organisatie behoefte aan een permanente crisismanagementorganisatie (CMO). Normaal sluimert deze binnen de organisatie maar zodra zich een incident voordoet dat kan uitgroeien tot een calamiteit wordt de CMO ingeschakeld om het incident op doeltreffende wijze af te handelen en zo een dreigende calamiteit af te wenden. Mocht zich toch een calamiteit voordoen dan is de CMO in staat om deze op effectieve en beheersbare wijze tegemoet te treden. De CMO bestaat meestal uit een Crisis Management Team (CMT) en aantal Business Continuity Teams (BCT).

Computer Emergency Response Team (CERT)

Een grote organisatie of met een hoge afhankelijkheid van informatiesystemen kan een eigen interne CERT inrichten om incidenten te helpen voorkomen en op te lossen. Een CERT is verantwoordelijk voor het:

- verzamelen van informatie over nieuwe kwetsbaarheden;
- centraal registreren van (potentiële) beveiligingsincidenten en -lekken;
- analyseren en beoordelen van de aard, omvang en oorzaak van een beveiligingsincident;
- organiseren van de evaluatie van de afhandeling van beveiligingsincidenten;
- adviseren van de organisatie over te nemen acties bij incidenten van beperkte omvang;
- adviseren van de CMO over te nemen acties bij incidenten van grote omvang;
- informeren van gebruikers over (potentiële)beveiligingsincidenten;
- informeren van betrokkenen over uit te voeren preventieve en herstelacties;
- coördineren van de uitvoering van preventieve en herstelacties.

Crisis Management Team (CMT)

Het CMT handelt de coördinatie en afstemming met belanghebbende, directie, autoriteiten en pers af tijdens en als nazorg bij een calamiteit. Een CMT kan daarom alleen functioneren als zij voldoende mandaat en flexibiliteit heeft om snel onderbouwde beslissingen te kunnen nemen. Een directielid maakt daarom altijd deel uit van een CMT. Het CMT is verantwoordelijk voor alle activiteiten die worden uitgevoerd om ernstige incidenten te bestrijden, zoals:

- identificeren en classificeren van problemen;
- stellen van prioriteiten en verdelen van de uitvoering van onderkende acties;
- aansturen van de Business Continuity Teams;
- informeren van de directie van de actuele stand van zaken;
- bewaking van de voortgang, nemen van besluiten, oplossen van problemen;
- treffen van alle acties in het kader van personeelsveiligheid;
- zorgen voor opvang van personeelsleden en betrokkenen

- indien nodig contact opnemen met de (naaste) familie;
- coördinatie van externe communicatie (media, autoriteiten, klanten);
- interne communicatie en de communicatie met hulpverlenende instanties;
- nemen van actie om de bedrijfsactiva (middelen) te beschermen;
- besluiten tot het in gebruik nemen van de uitwijklocatie;
- beoordelen en documenteren van de schade en gevolgen;
- informeren van de verzekering omtrent de schade;
- coördineren van geldstromen tijdens een crisis in overleg met de directie;
- evaluatie de continuïteitsrisico's van de organisatie;
- documenteren van gebeurtenissen, genomen acties en besluiten;
- evalueren en analyseren van oorzaak en gevolg;
- treffen van acties om herhaling te voorkomen.

Het omgaan met cyberincidenten is niet een pure technische aangelegenheid. Het managen van risico's, het communiceren met betrokken partijen, het coördineren met autoriteiten en het aansturen van onderzoeks- en herstelteams (BCT's) vereist verschillende vaardigheden en kennis. Zeker bij grootschalige, publiek of politiek gevoelige incidenten wordt de nodige druk gelegd op het crisisteam van de organisatie.

De borging van incidentopvolging in de organisatie vereist dat de CMT teamleider direct kan rapporteren aan de top van het management of de directie. De teamleider zelf hoeft daarom niet zo zeer over diepgaande technische kennis en vaardigheden te beschikken. In plaats daarvan is het voor een teamleider belangrijker om over voldoende management- en advieskwaliteiten te beschikken. De teamleider moet daarnaast vooral de procedures bewaken, kennis hebben over de juridische aspecten en de coördinatie met (externe) partijen, pers en autoriteiten kunnen uitvoeren.

Business Continuity Teams (BCT)

De BCTs zijn de daadwerkelijke mensen en technici ter plaatse die moeten ingrijpen en herstellende werkzaamheden uitvoeren. Bij grotere industriële omgevingen of die 24 uur per dag draaien, is dit vaak permanent geregeld via bijvoorbeeld storingswachten, piketdiensten, of continue bemande bedrijfsvoeringscentra. Zij zijn echter niet geschoold in het omgaan met gericht kwaadaardige cyberaanvallen. Een CERT kan daarom – indien aanwezig – hierbij een eigen BCT taak op zich nemen.

De teamleden moeten uiteraard over uitstekende technische vaardigheden en kennis beschikken. Echter is het minstens zo belangrijk om te kunnen communiceren met andere technici. Voor het uitvoeren van veel van de handelingen zijn uitgebreide beheerrechten op de ICS apparatuur, computer- en netwerksystemen vereist. Hierdoor moeten leden van een BCT of tevens systeembeheerder zijn, of bevoegd zijn om de medewerking van systeembeheerders te kunnen eisen.

Teamleden van zowel het CMT als BCT's komen zeer waarschijnlijk in aanraking met gevoelige informatie. Ze worden dan ook vaak onderworpen aan een antecedentenonderzoek en expliciet gewezen op een geheimhoudingsplicht. Alle teamleden moeten over voldoende persoonlijke en communicatieve vaardigheden beschikken en teamspelers zijn.

9.4   Incidentopvolging en –afhandeling

Absolute beveiliging bestaat niet. Beveiligingsincidenten of (technische) storingen zullen zich altijd kunnen voordoen. Incidentopvolging en –afhandelingsprocessen zijn daarom een vast onderdeel van een Security Management Systeem.

Incidentopvolging is het nemen van acties om te reageren op een incident dat optreedt. Incidentafhandeling omvat de herstel- en uitwijkacties om vervolgens terug te keren naar de normale situatie. Deze paragraaf beschrijft de generieke organisatie en stappen bij incidentopvolging en -afhandeling. Hiermee geeft dit boek aanwijzingen voor omgaan met, en reageren op, beveiligingsincidenten. Hierbij wordt de nadruk gelegd op de wijze van opvolging en minder op de herstelacties. Incidentafhandeling (de herstelacties) wordt meer gezien als onderdeel van de algemene bedrijfscontinuïteitsplannen van een organisatie.

Een generiek model voor de organisatie en aanpak van incidentopvolging onderscheidt zes stappen, te weten voorbereiding, detectie, insluiting, stoppen, herstel en evaluatie (35). Bedenk echter dat een cyberincident, en zeker een gerichte cyberaanval, niet netjes deze stappen op volgorde zal aflopen. Een goede organisatie voor incidentopvolging, herstelprocedures, training en oefenen met het omgaan met incidenten zijn dan ook essentieel ter voorbereiding op onverwachte situaties. De genoemde stappen worden in de volgende paragrafen kort beschreven (3).

9.4.1 Voorbereiding

De eerste, belangrijke, stap is de voorbereiding. Om incidentopvolging uit te kunnen voeren, moeten zaken zoals beveiligingsmaatregelen, procedures, beschikbaarheid van middelen en personeel zijn geregeld. De manier waarop wordt omgegaan met (cyber)veiligheidsincidenten moet bovendien al worden vastgelegd in het beleid en de risicomanagementstrategie.

1.Voorbereiding	Maatregelen, Procedures, Risicoanalyse Organisatie, Personeel, Middelen
2.Detectie	IDS, SIEM, Logbestanden, Meldprocedure Initiële response, Diagnose, Rapportage, Aangifte
3.Insluiting	Instrueer gebruikers, Overleg met autoriteiten, Forensische onderzoek, Schade beperking, Informeer betrokkenen
4.Stoppen	Oorzaak elimineren, Meldplicht, Notice and Take down Voorkom herhaling
5.Herstel	Verificatie backup media, RTO, RPO, Repareren, Patchen Opheffen tijdelijke maatregelen
6.Evaluatie	Vastleggen/documenteren, Borgen van ervaringen Aanpassen maatregelen, Verbeteren procedures

Figuur 23, Generiek model voor incidentopvolging

Procedures

Enkele aandachtspunten die opgenomen kunnen worden in het beleid en uitgewerkt in procedures en werkinstructies, zijn:

- hoe worden incidenten of kwetsbaarheden door zowel eigen medewerkers, klanten, gebruikers en externen gemeld;
- hoe verkrijgen externen, zoals functionarissen van de politie, beveiligingsadviesbureaus of een particulier recherchebureau, toegang tot bedrijfsruimtes, apparatuur en bedrijfsinformatie;
- hoe apparatuur wordt uitgeschakeld en uitgeweken naar noodvoorzieningen. Neem hierbij regels voor het veiligstellen van digitale sporen in acht;
- hoe apparatuur of andere goederen worden afgegeven voor onderzoek aan autoriteiten of een particulier recherchebureau;
- hoe wordt omgegaan met eventuele bewijsmiddelen, de opslag en het vastleggen van de bewijslastketen;
- hoe, wanneer en waarom wordt overgeschakeld naar uitwijkvoorzieningen. Houdt er rekening mee dat moet kunnen worden vastgesteld dat uitwijkvoorzieningen en gegevens nog integer zijn, en niet zijn geïnfecteerd of gecompromitteerd;
- hoe prioriteiten worden toegekend aan verschillende beveiligingsincidenten en herstelactiviteiten.

Probeer in de procedures en werkinstructies om de mogelijke afwegingen bij het nemen van beslissingen expliciet te maken.

Risicomanagement

Incidentopvolging gaat over het omgaan met risico's en effecten. Een belangrijke rol in incidentopvolging is weggelegd voor risicoanalyses. Door – vooraf - de afhankelijkheden, kwetsbaarheden en mogelijke incidenten te bepalen, kunnen de acties tijdens een incidentopvolging effectief en efficiënt helpen sturen. Weten welke bedrijfsprocessen en middelen aanwezig zijn, weten welke kritisch of alleen maar handig zijn, en weten wat de effecten zijn op de bedrijfsprocessen en de organisatie, is essentiële informatie om op te treden tijdens een calamiteit. Bovendien helpt een risicoanalyse te bepalen welke risico's wel en welke niet acceptabel zijn voor de organisatie. Met deze inzichten kunnen de schaars beschikbare capaciteit van specialisten, beslissers en (technische) middelen optimaal worden ingezet bij de afhandeling van beveiligingsincidenten.

Organisatie van incidentopvolging

Incidentopvolging en crisisbeheersing werken het beste als dit niet ad hoc maar gestructureerd plaatsvindt, ondersteunt en geborgd in de organisatie. Aandachtpunten zijn onder meer:

- Zorg dat er duidelijkheid bestaat over wie de verantwoording draagt, en wat de taken en bevoegdheden zijn. Zorg er voor dat de desbetreffende personen het mandaat hebben van de directie om beslissingen te nemen, ook als deze beslissingen op andere afdelingen betrekking hebben.
- Leg naast bevoegdheden ook de beperkingen bij incidentenopvolging vast. Wat voor besluiten en acties zijn niet toegestaan om te nemen en te worden uitgevoerd door een CMT?
- Zorg voor voldoende gekwalificeerd personeel en train deze in het omgaan met beveiligingsincidenten.
- Stel een mediabeleid vast: hoe wordt bij een incident omgegaan met de pers? Leg hierbij de verantwoordelijkheden vast en zorg ervoor dat zowel technische als niet-technische mensen in dit proces betrokken zijn.[51]
- Cyberincidenten zijn zelden geïsoleerd. Ontwikkel samenwerkingsverbanden met andere (zuster)organisaties, leveranciers en autoriteiten.
- Pas het beleid indien nodig aan, nadat zich een beveiligingsincident zich heeft voorgedaan. Vaak kunnen uit de evaluatie van een incident voorstellen komen voor verbetering van het beleid en de beveiligingsmaatregelen.

---

[51] Niet zelden wordt een groot deel van de schade die een organisatie ondervindt van een cyberincident veroorzaakte door verlies van imago, van reputatie en van vertrouwen in de organisatie en de geleverde diensten. In het ideale geval beschikt de organisatie over een professionele persvoorlichting. Overleg en communicatie met de buitenwereld, in het bijzonder met de pers, moet vooraf zijn goedgekeurd door het verantwoordelijke management of de directie. Zie voor meer aanwijzingen (3).

Daarnaast horen bij de voorbereiding en organisatie ook praktische zaken te worden geregeld. Hierbij valt te denken aan het toezicht vanuit de directie, actualisering van kennis over de ICT en ICS systemen, telecommunicatienetwerken en bedrijfsprocessen, contactgegevens van (interne en externe) organisaties en personen, en de beschikbaarheid van mensen en (communicatie)middelen.

9.4.2 Detectie

Voor een succesvolle herkenning en opvolging van cyberincidenten, is het essentieel dat voldoende preventieve voorzieningen zijn getroffen om misbruik te voorkomen. Daarnaast zijn voorzieningen en procedures noodzakelijk om misbruik van ICT middelen überhaupt te herkennen. In deze tweede stap van het incidentopvolgingsproces is het belangrijk om een eerste diagnose te stellen en initiële reacties te bepalen.

Detectievoorzieningen

De meeste besturingssystemen, netwerkcomponenten, firewalls en antivirus software bieden uitgebreide log mogelijkheden. Deze opties staan echter niet standaard allemaal aan. Het is natuurlijk van wezenlijk belang dat alle mogelijkheden vooraf ten volle worden benut. Overweeg daarbij om aanvullende netwerk- en platform detectiesystemen (IDS) in te zetten. Maak daarbij een afweging tussen de te leveren prestatie van het systeem, de noodzaak om op het systeem gegevens vast te leggen en de risico's die de organisatie loopt. Bedenk echter dat een digitaal sporenonderzoek ernstig wordt belemmerd als loggegevens ontbreken of van onvoldoende kwaliteit zijn. Zeker als het beleid van de organisatie is om bij (vermoedens van) cybercrime aangifte te doen, is het belangrijk om vooraf de kans op het vinden en vastleggen van sporen zo optimaal mogelijk te faciliteren (*'forensic readiness'*).

De kans op detectie van mogelijk misbruik of cyberaanvallen wordt vergroot door de gegevens van verschillende systemen onderling te correleren. Kan een medewerker wel lokaal aanmelden als het gebouwtoegangssysteem meent dat de persoon afwezig is? Komt een antivirus melding alleen of is er een patroon tussen verschillende systemen en verschillende typen verdacht gedrag waar te nemen? Een *'Security Information and Event Management'* (SIEM) systeem biedt in deze fase van het proces vaak waardevolle ondersteuning.

Tabel 13 geeft een lijst van symptomen die een aanwijzing kunnen zijn dat een systeem is gecompromitteerd of duiden op een beveiligingsincident.

Symptomen die kunnen duiden op een beveiligingsincident:
• ongebruikelijk veel netwerkverkeer;
• trage netwerkverbindingen;
• veel gedefragmenteerd netwerkverkeer;
• ongebruikelijk verkeer vanaf bedrijfsnetwerk naar ICS domein;
• gebrek aan opslagruimte (*out of disk space*);
• ongebruikelijke hoge processor (CPU) belasting;
• slechte systeemprestaties;
• onverklaarbare systeem crashes of uitschakelingen (*shutdown*);
• activiteit buiten normale werktijden;
• veel mislukte aanmeldpogingen ('*failed logon attempts*');
• geblokkeerde accounts (*locked-out*);
• aanmelden met standaard of (niet gebruikte) 'slapende' accounts;
• aanwezigheid van (nieuwe) onbekende accounts;
• (pogingen tot) gebruik van beheeraccounts;
• onverklaarbare verhoging of gebruik van privileges;
• aanpassingen aan toegangsrechten van bestanden of folders;
• (IDS of antivirus) waarschuwingsmeldingen;
• uitgeschakelde audit, antivirus of firewall software;
• aangepaste bestanden of webpagina's;
• bestandsnamen met vreemde karakters of nieuwe bestanden;
• grote hoeveelheid geretourneerde e-mailberichten (*bounced*);
• uitvoeren van normaal niet gebruikte commando's' of programma's;
• aanwezigheid van onbekende bestanden of programma's;
• onbekende of onverwachte firmware aanpassingen (*pulls* of *pushes*);
• aanwezigheid van computerinbraak ('*cracking*') programma's;
• hiaten in geregistreerde gegevens of ontbreken van logbestanden;
• onverklaarbare wijzigingen in DNS, netwerkrouter of firewall;
• onverwachte software wijzingen (*unscheduled patches*);
• onverklaarbare configuratie wijzigingen;
• veldapparatuur die verbinden naar externe IP-adressen;
• afwijkingen van standaard ICS datastromen;
• vergelijkbaar foutief gedrag bij meerdere apparaten;
• ogenschijnlijke uitschakeling van veiligheidssystemen;
• (pogingen tot) manipulatie van personen ('*social engineering*').

Tabel 13, Aanwijzingen voor een beveiligingsincident

Meldprocedure

Minstens zo belangrijk in de detectiefase is de goede bekendheid met, en werking van, een meldingsprocedure voor het personeel, gebruikers en klanten. Waar kunnen ze constateringen over zwakke plekken of vreemd gedrag van een bedrijfssysteem, applicatie of website melden? Hoe wordt de melding geregistreerd en beoordeeld? Hoe kan de melding worden geverifieerd en gecorreleerd met andere mogelijke verdachte gedragingen of cyberincidenten? Wordt een melding wel onderkend als een mogelijk beveiligingsincident of blijft het liggen bij de helpdesk of klantenservice? Zeker frequente gebruikers van applicaties en websites kunnen verdacht gedrag mogelijk waarnemen. De organisatie zal moeten stimuleren dat daarvan melding wordt gedaan, dat opvolging plaatsvindt en dat er wordt teruggekoppeld naar de aanmelder.

Initiële response

Wanneer een (vermoeden van) een beveiligingsincident zich voordoet, is het belangrijk geen paniek te veroorzaken. Zelfs bij zeer ernstige situaties zal dit nooit helpen om een cyberincident efficiënt en toereikend te stoppen of om het herstel te bespoedigen. Om een incident het hoofd te bieden is het beter om bijvoorbeeld de volgende acties te starten:

- Start met het documenteren van alles dat gebeurt en zich voordoet. Leg hierbij ook duidelijk de eigen acties vast. Wie doet wat, waar, waarmee. Leg ook vast met wie en hoe met andere personen wordt gecommuniceerd.
- Neem voldoende tijd om alle meldingen van verdacht gedrag te onderzoeken. Correleer de gegevens onderling.
- Activeer of voer de mate van audit logging op om het gedrag zo goed mogelijk vast te leggen. Start, indien mogelijk, een volledige registratie van het computernetwerkverkeer op (*'dump'*).
- Maak direct reservekopieën (*'backups'*) van geïnfecteerde en aangevallen systemen. Maak (offline) kopieën van logbestanden en indien de mogelijkheden en tijd dit toestaan van het gehele systeem. Een aanvaller kan anders sporen wissen en verder onderzoek belemmeren.

Een adequate initiële response en daarop volgende eerste diagnose zijn belangrijk om de juiste afwegingen in het vervolgproces te maken. Belangrijke keuzes zoals het wel of niet laten lopen van een incident, of juist de systemen uitschakelen om verder schade te voorkomen, worden mede op de eerste bevindingen gebaseerd.

Eerste diagnose

Bij een industriële omgeving zal als eerste de omvang van het incident moeten worden vastgesteld. Dit om de mogelijk effecten op het proces of de gevaren voor ernstige schade of slachtoffers te kunnen schatten. Het stellen van een eerste diagnose helpt om vervolgacties te plannen en om prioritering aan te brengen. Zo zal de omvang van een cyberincident escaleren als blijkt dat er ongeautoriseerd gebruik is gemaakt van beheerdersrechten. Hierna komt pas de noodzaak om te bepalen of het noodzakelijk of wenselijk is aangifte van een strafbaar feit te doen. Dit is nodig om de wijze waarop met eventuele (digitale) sporen moet worden omgegaan te bepalen en een eventueel te starten strafrechtelijk onderzoek niet te frustreren.

De fasen van eerste diagnose en het bepalen van acties voor het beperken van de schade (insluiting) kunnen elkaar in zeer korte tijd opvolgen. Afhankelijk van de ernst van een incident zal een ervaren CISO of CMT snel de verschillende opties en afweging kunnen doorlopen. Vergeet echter niet om voldoende tijd te betrachten om de eerste constateringen te bespreken en te bediscussiëren, en om de gevolgen van te treffen vervolgstappen te bespreken.

Aspecten en afwegingen bij het vaststellen van een cyberincident:

- Hoeveel systemen (*'hosts'* of *'nodes'*) zijn er gecompromitteerd?
- Hoeveel en welke ICS systemen, telecommunicatie- en computernetwerken zijn er bij betrokken?
- Wanneer werd de cyberaanval voor het eerst opgemerkt?
- Hoe diep zijn de aanvallers er in geslaagd binnen te dringen?
- Tot aan welke beveiligingsschil zijn ze doorgedrongen?
- Welk niveau van gebruikers privileges zijn gebruikt?
- Welke en hoeveel verschillende aanvalsvectoren – USB, netwerken, internet, social engineering - worden er (tegelijkertijd) gevolgd?
- Wat is er verder al bekend over de modus operandi?
- Is de herkomst van de cyberaanvaller te achterhalen?
- Van wat voor kwetsbaarheden maakt de aanvaller gebruik?
- Hoe wijdverspreid komen deze voor in de organisatie en bij de verschillende systemen?
- Ontstaan er levensbedreigende of zeer ernstige situaties?
- Wordt de voortgang van vitale infrastructuur bedreigd?
- Welk bedrijfsmatige risico's worden er gelopen?
- Welke bedrijfsprocessen, systemen of informatie zijn er mogelijk nog gecompromitteerd of ondervinden nadelige gevolgen?
- Wie zijn allemaal op de hoogte van het incident?
- Hoe schadelijk kan dit zijn voor de organisatie?

Tabel 14, Aspecten en afwegingen bij een cyberincident

Rapportage

De volgende stap in de detectiefase is het rapporteren van het incident. Niet alleen moet zo spoedig mogelijk de juiste autoriteiten (politie/openbaar ministerie) worden ingelicht of aangifte gedaan, maar zijn mogelijk ook andere partijen noodzakelijk om op de hoogte gebracht te worden. Denk hierbij aan de directie, het CMT, de CISO, het bedrijfsvoeringscentrum, management, het eigen personeel, persvoorlichting, juridische zaken, een telecommunicatieleverancier, bedrijfsvoerders of systeembeheerders van relaties, of klanten en afnemers. Vooraf vastleggen wie hierbij welke informatie aan wie mag doorgeven, hoe snel gegevens over een incident moeten worden doorgegeven en welke methodes om te communiceren mogen worden gebruikt (telefoon, (versleutelde) e-mail, papier, in persoon) verbeterd de efficiëntie aanzienlijk. Een classificatieschema voor informatie en het uitwisselen van gevoelige informatie kan hierbij helpen (36). Het is bovendien een goede voorbereiding om te weten wat de mogelijke (juridische) consequenties zijn als een beveiligingsincident niet, of niet tijdig, wordt gemeld.

9.4.3 Insluiting

Het doel van insluiting is om de omvang en impact te beperken. Nadat is bevestigd dat er sprake is van een beveiligingsincident, kunnen passende acties worden uitgezet. Soms kan dit eenvoudig en snel. Stel dat veel mislukte aanmeldpogingen op een gebruikersaccount worden uitgeprobeerd, kan eenvoudig de gebruikersaccount (tijdelijk) worden geblokkeerd. Echter als dit een beheerderaccount of service-account blijkt te zijn, gaat dit niet zonder meer. Het is daarom van belang om de stappen in de insluitingfase snel maar weloverwogen uit te voeren.

Rol van gebruikers

Ook de gewone gebruiker heeft een belangrijke rol. Zij zijn vaak de eerste personen die vreemd gedrag kunnen opmerken. Aan de andere kant kunnen ze ook juist overreageren op (vermoedens) van een incident en daarmee meer schade veroorzaken. Gebruikers kunnen daarom worden geïnstrueerd om alle vermoedens van beveiligingsincidenten te melden en om alle vreemde gebeurtenissen te blijven volgen en te documenteren totdat deskundige hulp ter plaatse is. Gebruikers kunnen meestal beter systemen niet uitzetten of loskoppelen zonder te overleggen met de verantwoordelijk manager en een beveiligingsfunctionaris. Dit om te voorkomen dat – per ongeluk - aanpassingen worden gemaakt aan het systeem of applicaties waardoor mogelijke sporen verloren gaan. Uiteraard wordt dit een ander verhaal als de gebruiker een operator van een kritisch industrieel systeem is waarbij geen enkel risico kan worden gelopen.

Grip op ICS Security

Schadebeperking maatregelen

Een volgende stap is het beperken van de omvang van het incident en de schadelijke gevolgen. Hierbij kunnen zeer uiteenlopende strategieën worden gevolgd. Hoe en wanneer deze afwegingen worden gemaakt is sterk afhankelijk van de specifieke situatie en de risico's die de organisatie bereid is te nemen. Enkele aspecten die de besluitvorming beïnvloeden zijn bijvoorbeeld de gevolgen voor de leveringszekerheid, risico's voor slachtoffers of escalatie, reputatieschade, financiële schade of het niet nakomen van (wettelijke) verplichtingen. Gebruik bij de besluitvorming de resultaten van eerdere risicoanalyses om te bepalen of het acceptabel is om juist wel of geen risico te nemen in de wijze en tijdsplanning voor het treffen van acties.

Als een aangevallen systeem gevoelige of geclassificeerde informatie bevat, is de keuze om het systeem direct uit te zetten waarschijnlijk gemakkelijk gemaakt. Gaat het echter om een essentieel ICS systeem dan zijn de opties een stuk beperkter. Bovendien kan een schadebeperkende actie de kans voor het behouden van digitale sporen of de kans op het volgen van de aanvaller, drastisch doen afnemen.

Volg bij de schadebeperkende acties weer een duidelijke procedure. Blijf hierbij alle uitgevoerde acties documenteren, inclusief wie, wat, waar en wanneer heeft gedaan. Daarnaast is het belangrijk om gebruikers en al eerder geïnformeerde functionarissen en instanties op de hoogte te houden van de meest significante ontwikkelingen en getroffen insluitingacties. In deze insluitingfase kan bovendien sprake zijn dat de autoriteiten parallel al een technisch onderzoek zijn gestart. Als geen aangifte is gedaan, kan in deze fase een eigen forensisch of recherche onderzoek worden gestart. Merk op dat het veiligstellen van de zogenaamde plaats veiligheidsinbreuk (PVI) en het verzamelen van gegevens, op gespannen voet staat met het belang om de schade snel te beperken.

> **Insluitende en schadebeperkende maatregelen:**
> * uitschakelen van het systeem (*'shutdown'*);
> * loskoppelen van het computernetwerk;
> * activeren van filters op netwerkrouters (*'screening routers'*);
> * aanpassen van firewall configuraties (*'firewall rules'*);
> * blokkeren van gebruikeraccounts;
> * wijzigen van alle beheerder en service wachtwoorden;
> * installeren van afleidingssystemen (*'honeypots'*);
> * tijdelijke stopzetten van services (zoals FTP, webdiensten, e-mail).

Tabel 15, Insluitende en schadebeperkende maatregelen

9.4.4 Stoppen

De volgende fase, stoppen, heeft als doel om de oorzaak van een incident weg te nemen en om het voortduren of herhalen van een incident te voorkomen. Bij eenvoudige computervirussen is het bijvoorbeeld mogelijk dat het antivirus programma in staat is om een virus te verwijderen. Een Trojaans paard dat een achterdeur heeft geplaatst ergens in het besturingssysteem zal moeilijker te verwijderen zijn. Een volledige herinstallatie en formattering van het systeem kan zelf zijn vereist als de besmetting bestond uit extreem kwaadaardige malware of wanneer het systeem onderdeel uitmaakte van een gerichte cyberaanval.

Een zorgvuldige procedure is ook in deze fase van de incidentopvolging vereist om voldoende zekerheid te kunnen geven of de oorzaak van een incident is weggenomen. Een gehaaste of ondoordachte aanpak kan resulteren dat het incident zich herhaald of dat bijvoorbeeld belangrijk forensische digitale sporen worden gewist. In het kader van insluiting en stoppen van een cyberincident, wordt het afgeraden om zelf actief onderzoek te doen naar of aan de (externe) systemen waarvandaan de aanval misschien lijkt te ontspringen.

9.4.5 Herstel

Als een cyberincident is gestopt, is de volgende stap om de systemen weer te herstellen tot hun normale status en niveau. De stop en herstelfases zijn nauw met elkaar verbonden en gaan vaak in elkaar over.
Om systemen efficiënt te herstellen, kan een herstelstrategie worden gevolgd waarbij de systemen alleen binnen een vastgestelde tijd tot een bepaald percentage van het oorspronkelijke niveau behoefte te worden hersteld. In een eerder opgestelde herstelanalyse kunnen de benodigde herstelmiddelen (capaciteiten), een hersteltijd en de kosten voor herstel worden aangegeven. Voor ieder bedrijfsproces zal vaak een 'Recovery Time Objective' (RTO) en 'Recovery Point Objective' (RPO) zijn gespecificeerd. De Recovery Time Objective is de tijd die beschikbaar is om alle hersteltaken inclusief reconstructie van verloren gegane gegevens of voorzieningen uit te voeren. De RPO is het punt in de tijd tot welke de gegevens of voorzieningen hersteld moeten kunnen worden.

Bij het herstel is het essentieel dat de integriteit van de gebruikte media is gegarandeerd. Systemen kunnen niet worden hersteld van gespiegelde of redundante systeemconfiguraties (zoals in mirror sites, RAID disk configuraties etc.). Deze bieden namelijk wel bescherming tegen hardware storingen maar zijn qua data elkaars gelijke. Gespiegelde systemen of media zijn dus eveneens besmet. Ook de reservekopieën ('backups') kunnen dezelfde fouten en malware bevatten. Het herinstalleren van systemen dient daarom te gebeuren van bekende en geteste installatiemedia. Het terugzetten van reservekopieën moet gebeuren vanaf schone (malware vrije) media. Zeker als een cyberincident zich over een langere periode kan hebben voorgedaan, of als een aanvaller gedurende een lange periode toegang tot de systemen kan hebben gehad, bestaat er een serieus gevaar dat ook de reservekopieën zijn gecompromitteerd!

Als het systeem is hersteld, moet voordat deze weer in gebruik wordt genomen en op het (ICS) netwerk wordt aangesloten, voorzien zijn van alle laatste programma-aanpassingen ('patches'). Bovendien moeten ook alle andere systemen zo snel mogelijk worden gecontroleerd op de laatste beveiligingsinstellingen en aanpassingen. In de insluitingfase kunnen tijdelijke maatregelen zijn getroffen zoals om bepaalde typen netwerkverkeer te blokkeren. Nadat voldoende is getest en de herstelde systemen mogen worden geactiveerd, kunnen de tijdelijke maatregelen weer worden opgeheven.

Net als in alle fasen van incidentopvolging blijft het belangrijk om alle handelingen te documenteren en om de significante stappen te communiceren met de betrokken functionarissen, gebruikers en autoriteiten.

9.4.6 Evaluatie

De laatste stap, de evaluatie, dient om de ervaringen opgedaan bij het afhandelen van een beveiligingsincident te borgen. Het doel is om herhaling te voorkomen en om eventuele hiaten in procedures te verbeteren. Voor de evaluatie kunnen de verslagen en logboeken worden gebruikt die tijdens de incidentopvolging zijn bijgehouden. Punten om te evalueren zijn onder meer de tijdspanne waarbinnen de opvolging plaatsvond, de afweging die zijn gemaakt, de criteria die zijn gehanteerd in de besluitvorming en de effectiviteit van maatregelen die zijn getroffen. Daarnaast helpt het documenteren van de ervaring om toekomstige incidenten sneller te herkennen en af te handelen. De gedocumenteerde ervaringen kunnen verder worden gebruikt als trainingsmateriaal.

A. Literatuur

1. **Knapp, Eric D.** *Industrial Network Security.* sl : Syngress, 2011.

2. **Idaho National Laboratory (Turk, Robert J.).** *Cyber Incidents Involving Control Systems.* [Online] 2005. http://www.inl.gov/technicalpublications/Documents/3480144.pdf. INL/EXT-05-00671.

3. **Zwan, E. van der.** *Omgaan met Cybercrime: Inleiding in het herkennen, aanpakken en forensisch onderzoeken van computercriminaliteit en beveiligingsincidenten in een juridische context.* sl : QDMsecurity, 2013.

4. **Mroz, Rami J.** *Countering violent extremism; Videopower and cyberspace.* New York : East West Institute, 02-2008. Policy Paper 1/2008.

5. **Richardson, Louise.** *Wat terroristen willen.* 2007.

6. **Hulst, van der, R.C., Neve, R.J.M.** *High-tech crime, soorten criminaliteit en hun daders.* ministerie van Jusititie. Den Haag : Wetenschappelijk Onderzoek- en Documentatiecentrum, 2008. ISBN 978 90 5454 998 7.

7. **KLPD Dienst Nationale Recherche.** *High tech crime; Criminaliteitsbeeldanalyse.* sl : Korps landelijke politiediensten, 2009.

8. **Nationaal Cyber Security Centrum.** *Cybersecuritybeeld Nederland.* Den Haag : NCSC, 2012.

9. **Frost & Sullivan.** *The 2008 (ISC)2 global information security workforce study.* sl : (ISC)2, 2008.

10. **AIVD.** Jaarverslag 2010. [Online] 2010. http://www.aivdkennisbank.nl/downloads/Jaarverslag_2010_AIVD.pdf.

11. **Stratix.** *Onderzoek inzake Artikel 11.3 Tw, Concept Dreigingsbeeld.* Hilversum : Stratix Consulting, 02-2007.

12. **Tyson Macaulay, Bryan Singer.** *Cybersecurity for industial control systems.* sl : CRC Press, 2012.

13. **Stamp, J., Dillinger, J., Young, W., DePoy, J.** *Common vulnerabilities in critical infrastructure control systems.* Albuquerque, USA : Sandia National Laboratories, 22-05-2003. NM 87185-0785.

14. **Hommels, A., Hoven, van den M.J., Nekkers, J.A., Grootendorst. F.** *Even geduld aub! De kwetsbaarheid van de informatiesamenleving, oorzaken en gevolgen van verstoringen in de ICT-infrastructuur.* Den Haag : Ratheneau Instituut, 2004. ISBN 90 77364-03-X.

15. **Zwan, E. van der.** *Security gevaren van Online Sociale Netwerken.* [Online] 2012. http://www.qdmsecurity.nl/nl/wp2.

16. **Idaho National Laboratory (Fink, R.K., Spencer, D.F., Wells, R.A.).** *Lessons learned from cyber security assessments of SCADA and Energy Management Systems.* U.S. Department of Energy. sl : National SCADA Testbed, 09-2006. INL/CON-06-11665.

17. **GOVCERT.NL.** *Factsheet FS-2010-02, Stuxnet - een geavanceerde en gerichte aanval.* Den Haag : GOVCERT.NL, 21-01-2011.

18. —. *FACTSHEET FS 2009-05, Afluisteren van GSM-communicatie.* Den Haag : GOVCERT.NL, 2010.

19. **Graham, Robert en Maynor, David.** *SCADA Security and Terrorism: We're Not Crying Wolf.* [Online] 2006. www.blackhat.com/presentations/bh-federal-06/BH-Fed-06-Maynor-Graham-up.pdf.

20. **CPNI (Gont, F.).** *Security Assessment of the Internet Protocol.* sl : Centre for the Protection of National Infrastructure, 7-2008.

21. **National Infrastructure Security Co-ordination Centre.** *Good Practice Guide on Firewall Deployment for SCADA and Process Control Network.* [Online] 2005. www.cpni.gov.uk/docs/re-20050223-00157.pdf.

22. **ENISA.** *Secure Printing.* sl : European Network and Information Security Agency, 2008.

23. **Willigen, Prof. Dr Ir Durk van.** *Kwetsbaarheid van GNSS bij ABvM toepassing.* sl : Reelektronika bv, 27-07-2007. Verkeer en Waterstaat DGP.

24. **University of Glamorgan.** *One in Five Second Hand Mobiles Contain Sensitive Data.* [Online] 2008. http://news.glam.ac.uk/news/en/2008/sep/26/one-five-second-hand-mobiles-contain-sensitive-dat/.

25. **ENISA.** *Secure USB Flash Drives.* sl : European Network and Information Security Agency, 06-2008.

26. **(ISC)2.** *SecureAmsterdam Conference 2008.* Amsterdam : (ISC)2 EMEA, 15-07-2008.

27. **Zwan, E. van der.** *Gebrek aan middelen funest voor beveiliging.* [Online] 2012. http://www.qdmsecurity.nl/nl/wp3.

28. **Sachs, M.H.** *Security from the supply chain perspective.* sl : GOVCERT.NL Symposium 2008 en RSA Conference 2009, 2008.

29. **ISA99.** *Security for Industrial Automation and Control Systems.* sl : International Society of Automation, 2011. ISA-62443.01.01 (99.01.01).

30. **GOVCERT.NL.** *Intrusion Detection Systems.* Den Haag : GOVCERT.NL, 21-03-2008. v1.2.

31. **Ernst & Young.** *Resultaten ICT Barometer over ICT beveiliging en cybercrime.* Amsterdam : Ernst & Young, 6-2-2008.

32. **Cazemier J.A., Overbeek P., Peters L.** *Information Security Management with ITIL v3.* sl : Van Haren Publishing, 2010.

33. **ISA99.** *Security for industrial automation and control systems: Establishing an industrial automation and control systems security program.* sl : International Society of Automation, 2010. ISA-99. 02. 01.

34. **Harnser Group.** European Commission. *A Reference Security Management Plan for Energy Infrastructure.* [Online] 2010. http://ec.europa.eu/energy/infrastructure/studies/doc/2010_rsmp.pdf.

35. **Schultz E., Shumway R.** *Incident Response. A strategic huide to handling system and network security breaches.* sl : New Riders, 2002.

36. **NAVI.** *Leidraad uitwisseling van gevoelige informatie.* Den Haag : Nationaal Adviescentrum Vitale Infrastructuur, juni 2009.

37. **Langner, Ralph.** *Robust control systems networks.* sl : Momentum Press, 2012.

38. **National Institute of Standards and Technology (Stouffer, K., Falco, J., Scarfone, K.).** *NIST SP800-82 Guide to Industrial Control Systems (ICS) Security.* [Online] 09-2007. http://csrc.nist.gov/publications/drafts/800-82/draft_sp800-82-fpd.pdf. NIST SP800-82.

39. **ISA99.** *Security for Industrial Automation and Control Systems: Technical Report.* sl :
International Society of Automation, 2007. ISA-TR99.00.01-2007.

40. **Zwan, E. van der.**
Besnuffeld door de baas: juridische aspecten van preventief monitoren en digitaal onderzoe
k. *Platform voor Informatiebeveiliging.* 2009, Vol. november 2009.

41. **Nationaal Cyber Security Centrum.** *Cybercrime, van herkenning tot aangifte.* Den
Haag : NCSC, 2012. v3.0.

42. —. *Beveiligingsrisico's van online SCADA-systemen.* Den Haag : NCSC, 2012. FS-2012-01.

43. —. *Checklist beveiliging van ICS/SCADA systemen.* Den Haag : NCSC, 2012. FS 2012-02.

44. —. *ICT-Beveiligingsrichtlijnen voor webapplicaties.* Den Haag : NCSC, 2012.

45. —. *Beveiligingsrichtlijnen voor mobiele apparaten.* Den Haag : NCSC, 2012.

46. —. *Factsheet Beveilig apparaten gekoppeld aan internet.* Den Haag : NCSC, 2012. FS-
2012-07.

B. Standaarden en richtlijnen

Beveiligingsmanagementsysteem en risicomanagement:

- ISO/IEC 27001 *Information technology - Security Techniques - Information security management systems - Requirements*
- ISO/IEC 27003 *Information technology - Security Techniques - Information security management system implementation guidance*
- ISO/IEC 27004 *Information technology - Security Techniques - Information security management - Measurement*
- ISO/IEC 27005 *Information technology - Security Techniques - Information security risk management*
- NERC *Standard CIP–007–1 Cyber Security — Systems Security Management*
- NIST SP800-30 *Risk Management Guide for Information Technology Systems,* 2002
- *SABSA Enterprise Security Architecture: A Business driven approach,* John Sherwood, Andrew Clark, David Lynas, 2005

Informatiebeveiliging:

- *De US-CCU Checklist voor cyber security,* US-CCU/NAVI, Nationaal Adviescentrum Vitale Infrastructuur, 2007
- *Handleiding Kwetsbaarheidsanalyse spionage; Spionagerisico's en de nationale veiligheid,* Algemene Inlichtingen- en Veiligheidsdienst, 2010
- *Informatiebeveiliging onder controle,* Overbeek P., Roos Lindgreen E., Spruit M., 2000
- ISO/IEC 27002 *Code of practice for information security management*
- NCSC FS-2012-07, *Beveilig apparaten gekoppeld aan internet,* 2012
- NCSC *Beveiligingsrichtlijnen voor mobiele apparaten,* 2012
- NCSC *Consumerization en security,* 2012
- NERC *Standard CIP–002–1 Cyber Security — Critical Cyber Asset Identification*
- NERC *Standard CIP–003–1 Cyber Security — Security Management Controls*
- NIST SP800-14 *Generally Accepted Principles and Practices for Securing Information Technology Systems,* 1996
- NIST SP800-53 *Recommended Security Controls for Federal Information Systems and Organizations,* 2009
- NIST SP800-60 *Guide for Mapping Types of Information and Information Systems to Security Categories,* 2008

ICS Security:

- AGA *Report no. 12 - Cryptographic Protection of SCADA Communications,* 2006
- CPNI *Good Practice Guide Process Control and SCADA Security,* 2008
- IEC 61508 *Functional safety of electrical/electronic/programmable electronic safety-related systems*

Grip op ICS Security

- IEC 62351-3:2007 *Power systems management and associated information exchange – Data and communications security – Part 3: Communication network and system security Profiles including TCP/IP*
- IEC 62443-3 *Security for industrial process measurement and control – Network and system security*
- IEC/TS 62351 *Power systems management and associated information exchange - Data and communications security*
- IEEE 1686-2007 *IEEE Standard for Substation Intelligent Electronic Devices (IEDs) Cyber Security Capabilities*
- ISA-99.00.01 *Security for Industrial Automation and Control Systems*, 2007
- ISA-99.03.03 *Security for Industrial Automation and Control Systems: System security requirements and security assurance levels*, 2011
- NCSC FS-2012-01 *Beveiligingsrisico's van online SCADA-systemen*, 2012
- NCSC FS 2012-02, *Checklist beveiliging van ICS/SCADA systemen*, 2012
- NERC *Security Guidelines for the Electricity Sector*
- NIST SP800-82 *Guide to Industrial Control Systems Security*, 2007
- TNO *SCADA Security Good Practices for the Drinking Water Sector*, Luiijf Eric, 2008

Beheer en operationele procedures:

- *Information Security Management with ITIL v3*, Cazemier J.A., Overbeek P., Peters L., 2010
- ISA-99.02.01 *Security for Industrial Automation and Control Systems: Establishing an industrial automation and control systems security program*, 2010
- ISO/IEC 12207:2008 *Systems and software engineering - Software life cycle processes*
- ISO/IEC 20000 - *ITIL IT service management*
- NIST SP800-40 *Creating a Patch and Vulnerability Management Program*, 2005
- NIST SP800-42 *Guideline on Network Security Testing*, 2003
- NIST SP800-88 *Guidelines for Media Sanitization*, 2006

Eisen aan leveranciers en apparatuur:

- DHS *Cyber Security Procurement Language for Control Systems*, Department of Homeland Security, 2009
- IEC 62443-2-4 *Security for industrial process measurement and control - Network and system security Part 2-4: Certification of IACS supplier security policies and practices*
- ISA-99.04.01 *Security for Industrial Automation and Control Systems: Product Development Requirements*, 2011
- ISA-99.04.02 *Security for Industrial Automation and Control Systems: Technical Security Requirements for IACS Components*, 2011
- ISO/IEC 15408 *Information technology — Security techniques — Evaluation criteria for IT security (Common Criteria)*
- OLF *Guideline No. 104 Information Security Baseline Requirements for Process Control, Safety and Support ICT Systems*, The Norwegian Oil Industry Association, 2006
- WIB M2784 X10 *Process Control Domain - Security Requirements for Vendors*, International Instrument Users' Association, 2010

Netwerk en applicatiebeveiliging:

- ANSI/TIA/EIA-942 *Telecommunications Infrastructure Standards for Data Centers*, 2005
- *Control Systems Cyber Security: Defense in Depth Strategies*, Idaho National Laboratory, 2006
- GOVCERT.NL *Whitepaper Aanbevelingen ter bescherming tegen Denial of Service aanvallen*, 2005
- GOVCERT.NL *Whitepaper Intrusion Detection Systems*, 2008
- GOVCERT.NL *Whitepaper IP Versie 6*, 2010
- GOVCERT.NL *Whitepaper Telewerken*, 2009
- NCSC, *Cloudcomputing & Security*, 2012
- NCSC, *ICT-beveiligingsrichtlijnen voor webapplicaties*, 2012
- *Industrial network security*, Knapp, Eric D., 2011
- ISO/IEC 18028 *Information Technology -- Security Techniques -- IT network security*
- ISO/IEC 18028-4 *IT network security -- Part 4: Securing remote access*
- ISO/IEC 18043 *Selection, deployment and operations of Intrusion Detection Systems*
- NERC *Standard CIP–005–1 Cyber Security — Electronic Security Perimeter(s)*
- NISCC *Good Practice Guide on Firewall Deployment for SCADA and Process Control Networks*, National Infrastructure Security Co-ordination Centre (CPNI), 2005
- NIST SP800-41 *Guidelines on Firewalls and Firewall Policy*, 2009
- NIST SP800-48 *Guide to Securing Legacy IEEE 802.11 Wireless Networks*, 2008
- NIST SP800-77 *Guide to IPsec VPNs*, 2005
- NIST SP800-97 *Establishing Wireless Robust Security Networks: IEEE 802.11i*, 2007
- *Open Web Application Security Project (OWASP)*

Smart Grid Security:

- *AMI-SEC System Security Requirements*, ANSI, 2008
- *Configuring and Managing Remote Access for Industrial Control Systems*, CSSP DHS and CPNI, 2010
- IEEE 1402-2000 *Guide for Electric Power Substation Physical and Electronic Security*
- IEEE 1711-2010 *Trial Use Standard for a Cryptographic Protocol for Cyber Security of Substation Serial Links*
- NIST *Framework and Roadmap for Smart Grid Interoperability Standards* (SGIP)
- NISTIR 7628 *Guidelines for Smart Grid Cyber Security*

TEMPEST/EMSEC (EMP)

- EP 1110-3-2 *Engineering and Design Electromagnetic Pulse (EMP) and TEMPEST protection for facilities*, U.S. Army Corps of Engineers, 1990
- IEC 61000-6-2:2001—*Electromagnetic compatibility (EMC)—Part 6-2: Generic standards—Immunity for industrial environments*
- IEC 61000-6-4:2001—*Electromagnetic compatibility (EMC)—Part 6-4: Generic standards—Emission standard for industrial environments*
- IEEE 1775-2010 *Standard for Powerline Communication Equipment - Electromagnetic Compatibility (EMC) Requirements - Testing and Measurement Methods*

Grip op ICS Security

- MIL-STD-461E *Requirements for the control of electromagnetic interference characteristics of subsystems and equipment*, Department of Defense, 1999

Personele beveiliging:
- CPNI *A Good practice guide on pre-employment screening*, 2008
- NERC *Standard CIP–004–1 Cyber Security — Personnel and Training*

Fysieke beveiliging:
- ANSI/TIA-568-C *Commercial Building Telecommunications Cabling Standard*
- ANSI/TIA-942 *Telecommunications Infrastructure Standards for Data Centers*, 2005
- *Handreiking Operator Security Plan (OSP)*, Nationaal Adviescentrum Vitale Infrastructuur, 2008
- ISO/IEC 11801 *Information Technology – Generic Cabling For Customer Premises*
- ISO/IEC 24702 *Information Technology – Generic Cabling – Industrial Premises*
- ISO/IEC 24764 *Information Technology – Generic Cabling Systems For Data Centres*
- NERC *Standard CIP-006-1 Cyber Security — Physical Security*
- *Tier Classifications define site infrastructure performance*, Turner W.P., Seader J.H., Renaud V., Brill K.G., Uptime Institute, 2008

Bedrijfscontinuïteit:
- BS 25999-1:2006 *Business continuity management*, British Standard, 2006
- GOVCERT.NL *Whitepaper Business Continuity Management*, 2010
- ISO 22301 *Societal security - Business continuity management systems - Requirements*
- ISO/IEC 24762:2008 *Guidelines for information and communications technology disaster recovery services*
- ISO/IEC 27031 *Information technology -- Security techniques -- Guidelines for ICT Readiness for Business Continuity*
- NEN 7131 (ASIS SPC.1-2009) *Societal security – Security, preparedness and continuity management systems – Requirements with guidance for use*, 2010
- NERC *Standard CIP–009–1 Cyber Security — Recovery Plans for Critical Cyber Assets*

Incidentopvolging:
- *Incident Response. A strategic guide to handling system and network security breaches*, Schultz E., Shumway R., 2002
- ISO/IEC 27035 *Information technology -- Security techniques – Information security incident management*
- NERC *Standard CIP-001-1 — Sabotage Reporting*
- NERC *Standard CIP–008–1 Cyber Security — Incident Reporting and Response Planning*
- NIST 800-61 *Computer Security Incident Handling Guide*, 2008
- *Omgaan met Cybercrime: Inleiding in het herkennen, aanpakken en forensisch onderzoeken van computercriminaliteit en beveiligingsincidenten in een juridische context*, Zwan van der E. , 2012

C. Afkortingen

A

A&K	Afhankelijkheids- en Kwetsbaarheidsanalyse
A/D	Analoog/digital
ABAC	Attribute-based access control
ACK	Acknowledgment
ACL	Access Control List
ADSL	Asymmetric Digital Subscriber Line
AES	Advanced Encryption Standard
AGA	American Gas Association
AIVD	Algemene Inlichtingen- en Veiligheidsdienst
ALE	Annual Loss Expectancy
AMI	Advanced Metering Infrastructure
ANSI	American National Standards Institute
AO	Administratieve organisatie
API	Application Programming Interface
APT	Advanced Persistent Threat
ARO	Annual Rate of Occurrence
ARP	Address Resolution Protocol
ASCII	American Standard Code for Information Interchange
ASD	Automation System Domain
ASM	Automated Software Management
AT	Agentschap Telecom
ATM	Asynchronous Transfer Mode
AV	Antivirus

B

B2B	Business to business
B2C	Business to consumer
BAN	Business Area Network
BCC	Block-Check Character
BCM	Business Continuity Management
BCP	Best Current Practice

BCP	Business Continuity Plan
BCT	Business Continuity Team
BDE	Bureau Digitale Expertise
BGP	Border Gateway Protocol
BIA	Business Impact Analyse
BISO	Business Information Security Officer
BIV	Beschikbaarheid, Integriteit, Vertrouwelijkheid
BIVOC	Beschikbaarheid, Integriteit, Vertrouwelijkheid, Onweerlegbaarheid, Controleerbaarheid
BOA	Buitengewoon opsporingsambtenaar
BS	British Standard
BSI	British Standards Institution
BVA	Beveiligingsambtenaar
Bw	Burgerlijk Wetboek
BYOD	Bring Your Own Device

C

C&C	Command & Control server
CA	Certificate Authority
CAB	Change Advisory Board
CAPI	Common Application Programming Interface
CBC	Cipher Block Chaining
CBP	College Bescherming Persoonsgegevens
CC	Common Criteria
CCSP	Control System Cyber Security Program
CCTV	Closed Circuit Television
CCV	Cybercrime Verdrag
CD-ROM	Compact Disk Read Only Memory

CEF	Cisco Express Forwarding		CPS	Certificate Practice Statement
CEH	Certified Ethical Hacker		CPU	Central Processor Unit
CERT	Computer Emergency Response Team		CRAMM	CCTA Risk Analysis Management Model
CFATS	Chemical Facility Anti-Terrorism Standards		CRC	Cyclic redundancy check
			CRL	Certificate Revocation List
CFI	Computer Forensics Investigations		CRM	Cryptographic Reference Model
CHFI	Computer Hacking Forensic Investigator		CRM	Customer relationship management
			CSAD	Control System Access Domain
CI	Configuration Item		CSBN	Cyber Security Beeld Nederland
CIA	Central Intelligence Agency		CSMS	Cyber Security Management System
CIA	Confidentiality, Integrity and Availability		CSN	Control Systems network
			CSP	Critical Security Parameter
CIDX	Chemical Industry Data Exchange		CSRF	Cross-Site Request Forgery
CIGRE	International Council on Large Electric Systems		CSSA	Certified SCADA Security Architect
			CTR	Counter
CIO	Chief Information Officer		CTS	Clear-To-Send
CIP	Critical Infrastructure Protection		CVE	Common Vulnerabilities and Exposures
CIP	Common Industrial Protocol			
CISA	Certified Information Systems Auditor		CvI	Code voor Informatiebeveiliging (ISO 27002)
CISM	Certified Information Security Manager		CYOD	Choose Your Own Device
CISO	Chief Information Security Officer		**D**	
CISSP	Certified Information Systems Security Professional		DAC	Discretionary Access Control
			DBMS	Database Management Systeem
CM	Cryptographic Module		DCD	Data Carrier Detect
CMDB	Configuration Management Database		DCOM	Distributed Component Object Model
CMO	Crisis Management Organisatie		DCS	Distributed Control System
CMT	Crisis Management Team		DDDM	Daad-dader-doelwit-matrix
CMVP	Cryptographic Module Validation Program		DDM	Daad-dader-matrix
			DDoS	Distributed Denial-of-Service
COBIT	Control Objectives for Information and related Technology		DDS	Digital Data Service
			DEA	Data Encryption Algorithm
CoP	Code of Practice (ISO 27002)		DECT	Digital Enhanced Cordless Telecommunications
COSO	Committee of Sponsoring Organizations of the Treadway Commission		DES	Data Encryption Standard
			DGET	Directoraat-Generaal Energie en Telecom
COTS	Commercial Off The Shelf		DHCP	Dynamic Host Configuration Protocol
CPNI	Centre for the Protection of the National Infrastructure (UK)			

DHS	Department of Homeland Security (USA)	ETSI	Europees Telecommunicatie en Standaardisatie Instituut
DiD	Defense in Depth	EVS	Enkelvoudige Schade Verwachting
DLP	Data Loss Prevention		
DMZ	Demilitarized Zone	**F**	
DNP3	Distributed Network Protocol	FAT	Functional Acceptance Test
DNS	Domain Name Service	FCC	Federal Communications Commission
DOE	Department of Energy (USA)	FDE	Full Data Encryption
DoS	Denial-of-Service	FDN	Field Device Network
DPI	Deep Packet Inspection	FEMA	Federal Emergency Management Agency (US)
DPIA	Data Protection Impact Assessment		
DPO	Data Protection Officer	FEP	Front End Processor
DRP	Disaster Recovery Plan	FIOD-ECD	Fiscale Inlichtingen- en Opsporingsdienst / Economische Controledienst
DSA	Digital Signature Algorithm		
DTE	Data Terminal Equipment		
DTN	Dreigingsbeeld Terrorisme Nederland	FIPS	Federal Information Processing Standards
DTR	Data-Terminal-Ready	FISMA	Federal Information Security Management Act
DVD	Digital Video (Versatile) Disk		
		FLASH	Flash memory
E		FMEA	Failure mode and effects analysis
EAL	Evaluation Assurance Level	FQDN	Fully Qualified Domain Name
EAP	Extensible Authentication Protocol	FTP	File Transfer Protocol
ECDSA	Elliptic Curve Digital Signature Algorithm	**G**	
EDGE	Enhanced Data Rates for GSM Evolution (3G)	GAO	Government Accountability Office
		GIS	Geolocation Information Systems
EDI	Electronic Data Interchange	GNSS	Global Navigation Satellite System
EDP	Electronic Data Processing	GPRS	General Packet Radio Service
EEPROM	Electronically EPROM	GPS	Global Positioning System
EH	Elektronische Handtekening	GSM	Global System for Mobile communication
EMC	Elektromagnetische comptabiliteit		
EMI	Elektromagnetische interferentie	GUI	Graphical User Interface
EMS	Energy Management System		
EMSEC	Emission Security (zie TEMPEST)	**H**	
ENISA	European Network and Information Security Agency	HAN	Home Area Network
		HAZOP	Hazardous Operations
EOT	End Of Transmission	HCM	Host configuration management
EPCIP	European Programme for Critical Infrastructure Protection	HIDS	Host-based Intrusion Detection System
EPROM	Erasable Programmable Read-only memory	HMAC	Hashed Message Authentication Code
ERP	Enterprise Resource Planning	HMI	Human Machine Interface

215

HSDPA	High Speed Downlink Packet Access	INL	Idaho National Laboratory (USA)
HSM	Hardware Security Module	IOT	Internet of Things
HSPD	Homeland Security Presidential Directive	IP	Internet Protocol
		IPS	Intrusion Prevention System
HTTP	Hypertext Transfer Protocol	IPSEC	IP Security Protocol
HTTPS	Hypertext Transfer Protocol Secure	IRC	Internet Relay Chat
HUMINT	Human Intelligence	IRT	Incident Response Team
HVAC	Heating, Ventilation and Air Conditioning	IS	Information System
		ISA	International Society of Automation
		ISAC(S)	Information Sharing and Analysis Center(s)
I			
I&A	Identificatie en Authenticatie	ISACA	Information Systems Audit and Control Association
I/O	Input/Output		
I3P	Institute for Information Infrastructure Protection	ISBR	Information Security Baseline Requirements
IAAS	Infrastructure as a Service	ISC2	International Information Systems Security Certification Consortium
IACS	Industrial automation and control system		
		ISDN	*Integrated Services Digital Network*
IAM	Identity & Access Management	ISID	Industrial Security Incident Database
IAONA	Industrial Automation Open Networking Association		
		ISMS	ICS Security Management Systeem
IB	Informatiebeveiliging	ISMS	Informatie Security Management Systeem
IBP	Informatiebeveiligingsplan		
IC	Interne controle	ISO	International Organization for Standardization
ICCP	Inter-Control Center Protocol		
ICMP	Internet Control Message Protocol	ISP	Internet service provider
ICP	Industrieel Communicatie Protocol	IT	Information Technology
ICS	Industrieel Controle Systeem	ITIL	Information Technology Infrastructure Library
ICT	Informatie en Communicatie Technologie		
		ITSEC	Information Technology Security Evaluation Criteria
IDEA	International Data Encryption Algorithm		
		J	
IDS	Intrusion Detection System	JDBC	Java Database Connectivity
IEC	International Electro-technical Commission	JSV	Jaarlijkse Schade Verwachting
		K	
IED	Intelligent Electronic Device		
IEEE	Institute of Electrical and Electronics Engineers	KA	Kantoorautomatisering
		KAM	Kwaliteit, Arbo & Milieu
IETF	Internet Engineering Task Force	KLPD	Korps landelijke politiediensten
IGMP	Internet Group Management Protocol	KPI	Key Performance Indicator
		L	
IMP	Incident Management Plan		
InfoSec	Information Security	L2TP	Layer 2 Tunneling Protocol

LAN	Local Area Network
LDAP	Lightweight Directory Access Protocol
LISO	Local Information Security Officer
LLDP	Link Layer Discovery Protocol
LTE	Long Term Evolution (mobile network)

M

MAC	Mandatory Access Control
MAC	Media Access Control (adres)
MAN	Metropolitan Area Network
MAPGOOD	Mensen, Apparatuur, Programmatuur, Gegevens, Organisatie, Omgevingsfactoren, Diensten
MAPI	Mail Application Programming Interface
MCS	Manufacturing Control System
MCT	Monte Carlo Tests
MER	Main Equipment Room
MES	Manufacturing Execution System
MIB	Management Information Base
MIM	Mobile Instant Messaging
MIP	Maatregelenimplementatieplan
MITM	Man-in-the-Middle
MIVD	Militaire Inlichtingen- en Veiligheidsdienst
MOC	Management of Change
MON	Manufacturing Operations Network
MPH	Messages per hour
MPLS	Multi-Protocol Label Switching
MRA	Mutual Recognition Agreement
MSN	Microsoft Network
MSS	Managed Security Services
MTBF	Mean Time Between Failure
MTU	Master Terminal Unit

N

NAK	Negative Acknowledgment
NAS	Network Attached Storage
NAT	Network Address Translation

NAVI	Nationaal Adviescentrum Vitale Infrastructuur
NCC	Nationaal Crisis Centrum
NCSC	Nationaal Cyber Security Centrum (NL)
NCSD	National Cyber Security Division (US/DHS)
NCTV	Nationaal Coördinator Terrorismebestrijding en Veiligheid
NDA	Non Disclosure Agreement
NEN	Nederlandse Norm
NERC	North American Electric Reliability Corporation (USA)
NFC	Near Field Communication
NFS	Network File System
NHTCU	National High Tech Crime Unit
NIC	Network Interface Card
NIDS	Network Intrusion Detection System
NISCC	National Infrastructure Security Coordination Centre (UK)
NIST	National Institute of Standards and Technology (USA)
NIVRA	Nederlands Instituut voor Registeraccounts
NMS	Network Management System
NOC	Network Operations Center
NORA	Nederlandse Open Referentie Architectuur
NOREA	Nederlandse Orde van EDP Auditors
NSA	National Security Agency (USA)
NSTB	National SCADA Testbed
NTD	Notice and Take Down
NTP	Network Time Protocol

O

OA	Opsporingsambtenaar
OCSP	Online Certificate Status Provider
ODBC	Open Database Connectivity
OFB	Output Feedback
OLA	Operational Level Agreement
OLE	Object Linking and Embedding
OM	Openbaar Ministerie
OPC	OLE for Process Control

Grip op ICS Security

OPTA	Onafhankelijke Post en Telecommunicatie Autoriteit
ORMS	Organization Resilience Management System
OS	Operating System
OSA	Open Security Architecture organisation
OSI	Open Systems Interconnection
OSINT	Open Source Intelligence
OSN	Online Sociale Netewerken
OTAP	Ontwikkel-, Test-, Acceptatie- en Productie
OTP	One Time Password
OvJ	Officier van Justitie
OWASP	Open Web Application Security Project

P

P2P	Peer-to-peer communicatie
PA	Procesautomatisering
PAAS	Platform as a Service
PAC	Programmable Automation Controller
PAN	Personal Area Network
PAS	Publicly Available Specification
PAT	Port Address Translation
PC	Personal Computer
PCAD	Process Control Access Domain
PCD	Process Control Domain
PCI	Peripheral Component Interconnect
PCMCIA	Personal Computer Memory Card International Association
PCN	Process Control Network
PCS	Process Control System
PCSMS	Process Control Security Management System
PD	Plaats delict
PDA	Personal Digital Assistant
PDAC	Plan-Do-Act-Check
PET	Privacy Enhancing Technologies
PGP	Pretty Good Privacy
PIA	Privacy Impact Analyse
PID	Project Initiatie Document

PID	Proportional Integral Derivative
PII	Persoonlijk identificeerbare informatie
PIN	Personal Identification Number
PIN	Process Information Network
PKCS	Public key cryptography standards
PKI	Public Key Infrastructure
PKIo	PKIoverheid
PLC	Programmable Logic Controller
PLE	Principel Level Exercise
PLL	Private Leased Lines
PP	Protection Profile
PPP	Point-to-Point Protocol
PROM	Programmable Read-only memory
PS	Policy Statement
PSTN	Public Switched Telephone Network
PtW	Permit to Work
PUB	Publication
p-v	proces-verbaal
PVA	Plan van Aanpak
PVE	Programma van Eisen
PVI	Plaats Veiligheid Inbreuk
PVIB	Platform voor Informatiebeveiliging

Q

QoS	Quality of Service

R

R&D	Research and Development
RA	Registration Authority
RA	Risicoanalyse
RADIUS	Remote Authentication Dial In User Service
RAID	Redundant Array of Independent Disks
RAT	Remote Administration Tools
RBAC	Role based access
RDBMS	Relational Database Management System
RDP	Remote Desktop Protocol
RE	Register EDP Auditor
RF	Radio frequency
RFC	Request for Change

RFID	Radio Frequency Identification	SIEM	Security Information and Event Management
RIA	Rich Internet Applications	SIGINT	Signals Intelligence
RID	Regionale Inlichtingen Dienst	SIS	Safety Instrumented System
RMA	Reliability, Maintainability, and Availability	SLA	Service Level Agreement
ROM	Read-only memory	SLE	Single Loss Expectancy
ROSI	Return of Security Investment	SLR	Service Level Requirements
RPC	Remote Procedure Call	SMS	Security Management Systeem
RPO	Recovery Point Objective	SMS	Short Message Service
RSA	Rivest, Shamir and Adleman	SMTP	Simple Mail Transfer Protocol
RSMP	Reference Security Management Plan	SNL	Sandia National Laboratories (USA)
RST	Reset (TCP header flag)	SNMP	Simple Network Management Protocol
RTO	Recovery Time Objective	SNO	Service Niveau Overeenkomst
RTS	Request To Send	SOA	Service Oriented Architecture
RTU	Remote Terminal Unit	SOC	Security Operations Center
RvA	Raad voor Accreditatie	SOP	Standard Operating Procedure
RXD	Received Data	SOVI	Strategisch Overleg Vitale Infrastructuur

S

		Sox	Sarbanes-Oxley
SAA	Security Architecture Analysis	SP	Special Publication
SAAS	Software as a Service	SPIM	Spam via instant messaging
SABSA	Sherwood Applied Business Security Architecture	SPIT	Spam via internet telefonie
SADT	Structured Analysis and Design Technique	SPOC	Single Point of Contact
		SPOF	Single Point of Failure
SAL	Security Assurance Level	SQL	Structured Query Language
SAN	Storage Area Network	SSH	Secure Shell
SAO	System Availability Objective	SSID	Service Set Identifier
SAR	Security Assurance Requirements	SSL	Secure Sockets Layer protocol
SAT	Site Acceptance Testing	SSO	Single Sign On
SCADA	Supervisory Control And Data Acquisition	ST	Security Target
		SUB	Sub Equipment Room
SCM	SCADA Cryptographic Module	SUT	System under test
SCP	Secure Copy	SYN	Synchronized sequence numbers
SCSI	Small Computer System Interface	**T**	
SDIP	SECAN Doctrine and Information Publications	TCB	Trusted Computing Base
		TCP	Transmission Control Protocol
SET	Secure Electronic Transaction	TCP/IP	Transmission Control Protocol / Internet Protocol
SFR	Security Functional Requirements	TEMPEST	Telecommunications Electronics Materials Protected From Emanating Spurious Transmissions
SFTP	Secure File Transfer Protocol		
SHA	Secure Hash Algorithm		
SHS	Secure Hash Standard		

Grip op ICS Security

TFTP	Trivial File Transfer Protocol	Wbp	Wet bescherming persoonsgegevens
TLA	Three layer analysis		
TLP	Traffic Light Protocol	WCDMA	Wideband Code Division Multiple Access
TLS	Transport Layer Security protocol		
TOE	Target of Evaluation	Weh	Wet elektronische handtekeningen
TOPOFF	Top Officials	WEP	Wired Equivalent Privacy
TPA	Third Party Access	WiFi	Wireless Fidelity (draadloos lokaal network)
TPM	Third Party mededeling		
TSF	Trusted Security Function	WIMAX	Worldwide Interoperability for Microwave Access
TTP	Trusted Third Party		
Tw	Telecommunicatiewet	WIPS	Wireless Intrusion Prevention System
TXD	Transmitted Data		

U

		WISP	Wireless Internet Service Provider
UAT	User Acceptance Test	WOB	Wet Openbaarheid van Bestuur
UDP	User Datagram Protocol	WvSr	Wetboek van Strafrecht
UHF	Ultra High Frequency	WvSv	Wetboek van Strafvordering
UIA	User Identificatie en Authenticatie	**X**	
UMTS	Universal Mobile Telecommunication System	XML	Extensible Markup Language
		XOR	Exclusive OR operation
UPS	Uninterruptible Power Supply	XSS	Cross site scripting
URL	Uniform Resource Locators	**Y**	-
USB	Universal Serial Bus		
US-CERT	United States Computer Emergency Readiness Team	**Z**	-

V

VFD   Variable Frequency Drive
VGB   Verklaring van Geen Bezwaar
VHF   Very High Frequency
VIR   Voorschrift Informatiebeveiliging Rijksdienst
VIR-BI   Voorschrift Informatiebeveiliging Rijksdienst - Bijzondere Informatie
VLAN   Virtual Local Area Network
VOG   Verklaring Omtrent het Gedrag
VoIP   Voice-over-IP
VPN   Virtual Private Network

W

WAF   Web Application Firewall
WAN   Wide Area Network
WAP   Wireless Application Protocol
WAS   Web Application Scanner

220

D. Begrippen en definities

Aanbieder van een communicatiedienst

Onder een aanbieder van een communicatiedienst wordt verstaan de natuurlijke persoon of rechtspersoon die in de uitoefening van een beroep of bedrijf aan de gebruikers van zijn dienst de mogelijkheid biedt te communiceren met behulp van een geautomatiseerd werk, of gegevens verwerkt ten behoeve van een zodanige dienst of de gebruikers van die dienst.

Abonnee

Een natuurlijke persoon of rechtspersoon die partij is bij een overeenkomst met een aanbieder van openbare elektronische communicatiediensten voor de levering van dergelijke diensten (art.1.1 sub p Tw).

Advanced Persistent Threat (APT)

Een aanhoudende dreiging die meestal verwijst naar een groep, zoals een buitenlandse overheid, met zowel het vermogen, de capaciteit en de intentie om voortdurend en effectief een specifieke entiteit als doelwit te nemen. Er wordt voorrang gegeven aan een specifieke taak, in plaats van opportunistisch op zoek zijn naar informatie voor financieel gewin of ander voordeel. De term wordt vooral gebruikt om te verwijzen naar computercriminaliteit, in het bijzonder internet-spionage, maar geldt ook voor andere traditionele bedreigingen.

Adware

Klein programma's die, vaak zonder dat deze worden opgemerkt, op een computer worden geïnstalleerd, vaak verstopt bij gratis software. Adware kan pop-up advertenties in beeld laten zien maar wordt ook gebruikt om na te gaan waar de gebruiker zoal in geïnteresseerd is op het internet. Deze informatie kan vervolgens periodiek worden opgestuurd naar een leverancier die deze informatie vervolgens weer gebruikt om gerichte reclame te sturen. Adware is een verschijningsvorm van spyware.

Afhankelijkheidsanalyse

Een inventarisatie van de bedrijfsprocessen en de cruciale onderdelen van een organisatie, die beschermd moeten worden om bedrijfseconomische en/of maatschappelijke schade te voorkomen. Hierbij wordt in kaart gebracht van welke middelen deze processen afhankelijke zijn om te kunnen functioneren. Een afhankelijkheidsanalyse beoordeelt, vanuit de invalshoek van de organisatie, op basis van o.a. de missie en doelstellingen, wetgeving en aanvullende kaders, wat voor belang de bedrijfsprocessen en daarvoor de benodigde middelen kan worden toegekend. Dit wordt vertaald naar te stellen kwaliteitseisen aan de middelen voor de aspecten beschikbaarheid, integriteit en vertrouwelijkheid en eventueel de onweerlegbaarheid en controleerbaarheid van de informatie.

Aftappen en opnemen

De termen 'aftappen of 'opnemen' hebben in de strafwet reeds een min of meer vastomlijnde betekenis en worden gebruikt voor het onderscheppen en vastleggen van stromende gegevens (vgl. art.125g Sv en 139a e.v. Sr). Opnemen betekent dat de gegevens kunnen worden vastgelegd om later te kunnen worden omgezet of anderszins te worden gebruikt. Waar het gaat om het kopiëren van bestaande, opgeslagen gegevens, de term 'overnemen' gebruikt.

Authenticatie

Het proces waarbij iemand, een computer of applicatie nagaat of een gebruiker, een andere computer of applicatie daadwerkelijk is wie hij beweert te zijn. Bij de authenticatie wordt gecontroleerd of een opgegeven bewijs van identiteit overeenkomt met echtheidskenmerken, bijvoorbeeld het een in het systeem geregistreerde bewijs. Authenticatie is de tweede stap in een toegangscontroleproces. De eerste stap is identificatie, de derde en laatste stap is autorisatie.

Autorisatie

Het proces waarin een subject (een persoon of een proces) rechten krijgt op het benaderen van een object (zoals een computerbestand of een systeem). De autorisatie wordt toegekend door de object of informatie eigenaar.

Backdoor

Een backdoor is een achterdeur in programmatuur, die – als bewust ingevoerde functie of als vergeten programmacode – aanwezig kan zijn om een beveiligingsmechanisme te omzeilen.

Bedrijfscontinuïteit

Dit zijn de strategische en tactische mogelijkheden, vooraf goedgekeurd door het management van een organisatie, om voorbereid te zijn en te reageren op omstandigheden, situaties en gebeurtenissen om de activiteiten van de organisatie op een vooraf vastgesteld acceptabel niveau voort te zetten.

Bedrijfscontinuïteitmanagement (BCM)

BCM is het proces dat potentiële dreigingen identificeert ten aanzien van de organisatie en de impact op de bedrijfsvoering, dat deze dreigingen - indien gerealiseerd - zou kunnen veroorzaken, en die voorziet in een raamwerk voor het bouwen van veerkracht binnen de organisatie met de mogelijkheid voor een doeltreffende reactie dat de belangen van haar belangrijkste stakeholders, reputatie, merk en de waarde creërende activiteiten waarborgt.

Bedrijfscontinuïteitplan (BCP)

Een BCP is een systeem waarmee de organisatie in staat is bij een crisissituatie een organisatie te ontwikkelen en richtlijnen en doelstellingen te implementeren die tot doel hebben terug te kunnen keren naar een vooraf vastgestelde stabiele situatie, rekening houdend met contractuele- en wettelijke voorschriften en andere nationale en internationale toetsingskaders.

Beschikbaarheid

Een kwaliteitskenmerk voor een object of dienst in het kader van de (informatie)beveiliging. Geeft aan in hoeverre een object, dienst, systeem of component zonder belemmering tijdig toegankelijk is voor de geautoriseerde gebruikers. De beschikbaarheid wordt in de regel als een percentage gepresenteerd, waarbij een hogere waarde een positievere uitkomst is dan een lage waarde.

Beveiligen

Onttrekken aan geweld, bedreiging, gevaar of schade handelen door het treffen van maatregelen.

Beveiliging (security)

Beschermen en het onttrekken aan geweld, bedreiging, gevaar of schade als gevolg van moedwillig kwaadwillend handelen door het treffen van maatregelen.

Beveiligingsincident

Een (informatie)beveiliging incident is een enkele of serie van ongewenste of onverwachte gebeurtenissen welke een significante kans hebben op het veroorzaken van een ramp, het compromitteren van de bedrijfsprocessen en een bedreiging vormen t.a.v. de beveiliging.

Beveiligingsmaatregelen

Middelen, procedures, overeenkomsten of andere voorzieningen bedoeld om risico's te verkleinen of deze weg te nemen (mitigeren). De maatregelen kunnen bijvoorbeeld worden gecategoriseerd als organisatorische, personele, fysieke of technische (ICT) maatregelen. Maatregelen kunnen verder verschillen in karakter doordat ze een preventief (voorkomen van de dreiging), detectief (ontdekken en herkennen van de dreiging) of correctief (optreden als de dreiging zich voordoet) zijn.

Bevoegden

Diegenen die een geautoriseerde / functionele toegang hebben tot (onderdelen van) het bedrijf, locatie, proces, middelen of informatie.

Bewerker

Degene die ten behoeve van de verantwoordelijke in het kader van de Wbp persoonsgegevens verwerkt, zonder aan zijn rechtstreeks gezag te zijn onderworpen.

Bot

Een bot is een geïnfecteerde computer die op afstand, met kwade bedoelingen, bestuurd kan worden. Het woord 'bot' komt van robot. Een bot is een programma dat zelfstandig 'geautomatiseerd werk' kan uitvoeren. Een bot kan onschuldig zijn, zoals zoekmachines bots gebruiken om websites in kaart te brengen. Echter bots worden ook misbruikt kwaadaardige handelingen te kunnen uitvoeren op computers. Zo kan een bot volledige toegang krijgen tot informatie op een computer of deze in een botnet gebruiken in criminele acties tegen anderen.

Botnets

Een netwerk van gekaapte computersystemen. Botnets zijn vaak grootschalige en wereldwijde verzameling van autonome draaiden software robots op zogenaamde gecompromitteerde zombie computer (bots) die op afstand kunnen worden bediend. De besturing van bots vindt bijvoorbeeld plaats via gedistribueerd Command & Control servers, Internet Relay Chat, HTTP, of peer-to-peer netwerken.

Grip op ICS Security

Buffer-overflow

Een buffer-overflow is een fout in een programma of besturingssysteem die mogelijk door een kwaadwillende persoon kan worden misbruikt. Buffer-overflows worden vaak gebruikt om toegang te krijgen tot een computer, zonder dat de eigenaar van de computer daar iets van merkt. Ook wordt een buffer-overflow gebruikt om een programma op een computer of de computer zelf vast te laten lopen.

Business Impact Analyse (BIA)

Een Business Impact Analyse heeft tot doel de gevolgen te bepalen van die risico's die een lage waarschijnlijkheid van optreden kennen en een hoge mate van impact hebben op het bedrijfsproces (de calamiteitenrisico's). Omdat de aard van een calamiteit of details van een kwetsbaarheid daarbij niet van primair belang zijn, is het niet noodzakelijk voorafgaand aan een BIA een risico-inventarisatie uit te voeren.

Chatroom

Een virtuele ruimte op het internet waar mensen met elkaar communiceren.

Checksum

Een checksum (ook wel hash genoemd) is een controlereeks die gebruikt kan worden om te controleren of een bestand of bericht is gewijzigd. Ze worden tegenwoordig veel gebruikt om documenten of berichten digitaal te ondertekenen. Ze kunnen ook gebruikt worden voor de controle van de integriteit van bestanden op een computersysteem.

Client-side aanvallen

Een aanvalstactiek gericht op bezoekers van een website. Door het bezoeken van een gehackte of kwaadaardige website wordt de computer van de bezoeker besmet met malware door gebruik te maken van een kwetsbaarheid van bijvoorbeeld de browser of een mediaspeler.

Cloud Computing

Een architectuurmodel waarbij gebruikte ICT-infrastructuren, platformen, software services of data niet langer lokaal, maar via en op het internet benaderd en gebruikt worden.

Codec

Een softwarecomponent waarmee bepaalde digitale mediatypen bekeken of beluisterd kunnen worden. Omdat mediatypen veranderen door invoering van betere compressietechnieken of verbetering van de kwaliteit is het niet ongebruikelijk dat de gebruiker gevraagd wordt een nieuwe codec te installeren om een bepaald fragment te zien of te beluisteren. Criminelen maken hier handig gebruik van om mensen te verleiden malware te installeren.

Command & Control server (C&C)

Centrale computer(s) die de bots in een botnet aanstuurt.

Computercriminaliteit

Het misbruik waarbij ICT specifiek als doel en middel kan worden aangemerkt. Computercriminaliteit is high-tech crime in enge zin waarbij het misdrijven betreft die niet zonder tussenkomst of gebruik van computers of netwerken gepleegd kunnen worden (zoals computervredebreuk, hacking, verspreiding van computervirussen).

Controleerbaarheid

Een kwaliteitskenmerk voor een object of dienst in het kader van de (informatie)beveiliging. Mate waarin het mogelijk is kennis te verkrijgen over de structurering (documentatie) en de werking van een object. Tevens omvat het kwaliteitsaspect de mate waarin het mogelijk is vast te stellen dat het proces, de procedures en/of de verwerking van informatie in overeenstemming met de eisen ten aanzien van de kwaliteitseisen wordt uitgevoerd.

Cookie

Een cookie is een bestandje dat door een website op de harde schijf van een bezoeker aangemaakt kan worden. Dit bestandje kan op een later moment door dezelfde website weer uitgelezen worden. Cookies worden onder meer gebruikt ter identificatie van bezoekers van websites. Ze bevatten informatie als datum en tijd van bezoek, evenals namen van bezochte pagina's.

Crisis

Crisis is een onstabiele toestand waarbij een dreigende abrupte of aanzienlijke verandering ontstaat die dringend aandacht en actie vereist om kritieke dienstverlenings- of industriële processen te beschermen.

Cross site scripting

Een aanvalstactiek waarbij het adres van een hiervoor kwetsbare website wordt misbruikt om extra informatie te tonen of programma's uit te voeren. Er zijn diverse vormen van cross site scripting waarbij complexe aanvallen mogelijk zijn.

Data historian

Een gespecialiseerd ICS database systeem dat meet- en productiewaarden (point values) verzameld en andere informatie over het industriële proces kan vastleggen.

Datalek (of data breach)

Het onopzettelijk naar buiten komen van vertrouwelijke gegevens.

Defacement

Het onbevoegd en met kwaadaardige intentie vervangen of beschadigen van de inhoud van een bestaande webpagina. Vaak gebeurt dit door aanvallers die zichzelf op onrechtmatige wijze toegang hebben weten te verschaffen tot een webserver.

Denial of Service (DoS)

Een actie waarbij wordt geprobeerd een computer, een systeem of telecommunicatienetwerk zo te belasten of te manipuleren dat deze wordt uitgeschakeld en niet meer beschikbaar is voor (bevoegde) gebruikers. DoS houdt in dat een computer continu 'aangevallen' wordt door bijvoorbeeld e-mail of bepaald netwerkverkeer. Bij een Distributed Denial of Service (DDoS) aanval wordt door een groot aantal computers tegelijk een gecoördineerde aanval uitgevoerd.

Dieptebeveiliging (defence-in-depth)

Het geheel aan op elkaar afgestemde en gelaagde beveiligingsmaatregelen waarbij een evenwichtige balans wordt gemaakt tussen waar desbetreffende maatregelen aangrijpen (organisatorisch, personeel, fysiek of (ICT) technisch) en waarbij deze gezamenlijke maatregelen preventief, detectief en reactief optreden zodat voldoende weerstand en veerkracht ontstaat ten aanzien van dreigingen.

Digitaal Certificaat

Een set elektronische gegevens voor het elektronisch identificeren van een persoon of ICT systeem en/of een elektronische bevestiging die gegevens voor het verifiëren van een elektronische handtekening met een bepaalde persoon verbindt en de identiteit van die persoon bevestigt.

Domain Name System (DNS)

DNS is een techniek die gebruikt wordt om de onpraktische IP addressen te koppelen aan leesbare en begrijpelijke domeinnamen. Een DNS-server vertaalt niet, omdat er geen enkele logica zit tussen de domeinnamen en IP-adressen. DNS wordt gebruikt op het internet en in bedrijfsnetwerken.

Dreiging (threat)

Een potentiële oorzaak voor het optreden van een ongewenst incident wat kan leiden tot schade aan een object, systeem of de organisatie. Dreigingen kunnen bijvoorbeeld worden gekwalificeerd als *zeer waarschijnlijk* (ZW), *waarschijnlijk* (W), *mogelijk* (Mo), *onwaarschijnlijk* (O) of *zeer onwaarschijnlijk* (Zo), afhankelijk van de kans van optreden.

Dreigingsanalyse

Bij een dreiging-gedreven aanpak worden in een dreigingsanalyse de typen opponenten (kwaadwillende personen) en de ongewenste activiteiten die ze moedwillig zouden kunnen uitvoeren tegen de bedrijfsprocessen of de organisatie onderzocht.

Drive by downloads

Het ophalen van malware zonder dat de gebruiker het weet of daar zijn toestemming voor heeft gegeven, bijvoorbeeld door te klikken op een valse foutmelding of via een kwetsbaarheid in de browser, e-mail client of besturingssysteem ('client site attack').

Dropzone

Computersysteem waar gestolen gegevens (tijdelijk) worden opgeslagen.

Elektronische handtekening

Een handtekening die bestaat uit elektronische gegevens die zijn vastgehecht aan, of logisch geassocieerd zijn met, andere elektronische gegevens en die worden gebruikt als middel voor authenticatie.

Exploit

Een kwaadaardig programma of stuk computercode waarmee misbruik kan worden gemaakt van een kwetsbaarheid in programma's of een besturingssysteem om zo niet-normaal gedrag te creëren op een computersysteem. Exploits voor bekende kwetsbaarheden zijn eenvoudig te vinden op het internet.

Fast flux

Als de netwerk- of IP-adressen die horen bij een domeinnaam van bijvoorbeeld een phishingsite of Command & Control botnet server snel wijzigen om de dienst te beschermen tegen uitschakelen, wordt gesproken van de fast flux DNS techniek.

Firmware

Firmware is de benaming voor software die standaard geïnstalleerd is op en meegeleverd wordt met bepaalde apparaten. De firmware is nodig om het apparaat te laten functioneren.

Fraude

Fraude betreft een opzettelijke handeling waarbij door het geven van een onjuiste voorstelling van zaken een gepretendeerde rechtvaardiging voor de handeling ontstaat, waardoor een onrechtmatig voordeel wordt verkregen.

Geautomatiseerd werk

Onder geautomatiseerd werk wordt verstaan een inrichting die bestemd is om langs elektronische weg gegevens op te slaan, te verwerken én over te dragen (art.80sexies, Sr.). Hieronder vallen bijvoorbeeld computer- en netwerkapparatuur, elektronische gegevensdragers of telecommunicatienetwerken, telefoon en fax mits aan <u>alle</u> drie de eigenschappen wordt voldaan.

Gebeurtenis (event)

Een (informatie)beveiliging gebeurtenis is een geïdentificeerd optreden van een object, systeem, service of (computer)netwerk welke kan duiden op een mogelijke afwijking of overtreding van het beveiligingsbeleid, het falen van beveiligingsmaatregelen of een voorgaande relevante onbekende situatie.

Gegevens

Onder gegevens wordt verstaan iedere weergave van feiten, begrippen of instructies, op een overeengekomen wijze, geschikt voor overdracht, interpretatie of verwerking door personen of geautomatiseerde werken (art.80quinquies, Sr.). Hieronder vallen dus alle op een elektronische gegevensdrager, computer of ander geautomatiseerde werken verwerkt of opgeslagen informatie. Het begrip gegevens omvat niet alleen gegevens die zijn opgeslagen in geautomatiseerde werken, maar ook de programmagegevens voor de besturing van de computer.

Gegevensoverdracht

In wetsartikelen wordt naast 'overdracht van gegevens' soms toegevoegd 'of andere gegevensoverdracht door een geautomatiseerd werk'. 'Overdracht van gegevens' in samenhang met het begrip 'telecommunicatie' duidt op overdracht van gegevens op afstand, tussen personen onderling, tussen personen en computers, tussen computers onderling of (de overdracht op kort afstand) tussen computer en randapparatuur.

Gepwnd

Spreektaal – waarschijnlijk ontstaan uit het (Engelse *owned*) gaming circuit – om o.a. aan te geven dat een tegenstander volledig is vernietigd of overgenomen.

Gevolg (impact)

Beoordeling ten aanzien van de omvang van de schade aan de bedrijfsvoering of de samenleving die ontstaat in relatie tot een object. Het gevolg kan kwalitatief (zoals verwachte financiële schade) of kwantitatief (hoog, middel, laag) worden uitgedrukt. De Nationale Risicobeoordeling gebruikt de indeling *catastrofaal, zeer ernstig, ernstig, aanzienlijk* en *beperkt* gevolg.

Hacktivisme

Het inzetten/misbruiken van computers en telecommunicatienetwerken om een ideologisch of politiek doel te bereiken. Aanvallen richten zich bijvoorbeeld op het beschadigen of onbereikbaar maken van websites en internet voorzieningen van tegenstanders.

Hash-waarde

Een hash-waarde is het resultaat van een cryptografische functie. Deze zet de waarde van een invoer om in een (meestal) kleiner bereik van karaktertekens. De uitkomst is een onbegrijpelijke reeks van tekens met zeer weinig kans dat twee verschillende invoerwaarden dezelfde uitvoer geven. Het is zeer moeilijk om de oorspronkelijke invoerwaarde af te leiden. Een typische toepassing is het versleutelen van wachtwoorden of het berekenen van controlewaarden (checksums).

High-tech crime

Een paraplubegrip voor computercriminaliteit, cybercrime cyberstalking, cyberfraude, cyberhate en cyberespionage of het anderszins misbruiken van ICT of technisch geavanceerde middelen of het inzetten hiervan bij (zware en georganiseerde) criminaliteit.

Hoax

Een hoax is een verzonnen probleem waarover meestal per e-mail berichten worden verspreid. Denk bijvoorbeeld aan meldingen over niet bestaande virussen of niet op waarheid berustende mededelingen. Bijna altijd wordt gevraagd om het e-mailbericht naar zoveel mogelijk mensen door te sturen (vergelijkbaar met een kettingbrief).

Hotfix

Fouten in programma's worden meestal in een volgende versie verholpen. Soms zijn de gevolgen van een fout zo ernstig, dat niet gewacht kan worden op het uitbrengen van een nieuwe versie. Er wordt dan een vervangend programma-onderdeel uitgebracht dat alleen de fout herstelt. Dit vervangende programma-onderdeel noemt men een hotfix.

Hotspot

Een publieke locatie (hotel, tankstation, etc.) waar, al dan niet tegen betaling, draadloos toegang tot het internet verkregen kan worden.

Human Machine Interface (HMI).

Een HMI van een ICS is waar de gegevens worden verwerkt en gepresenteerd om te kunnen worden bekeken en gecontroleerd door een menselijke operator. Via de HMI is interactie met de ICS mogelijk via bedieningsknoppen en schakelfuncties.

Identificatie

Het kenbaar maken van de identiteit van een subject (een persoon of een (computer)proces). De identiteit wordt gebruikt om de toegang van het subject tot een object te beheersen. Identificatie kan op verschillende manieren plaatsvinden zoals een inlogscherm, biometrisch kenmerk of een smartcard.

Industrieel Controle Systeem

Industriële Controle Systemen (ICS) zijn automatiseringssystemen die speciaal zijn toegerust voor het bewaken, volgen of besturen van industriële processen.

Informatiebeveiliging

Het proces van vaststellen van de vereiste kwaliteit van informatie(systemen) in termen van vertrouwelijkheid, beschikbaarheid, integriteit, onweerlegbaarheid en controleerbaarheid alsmede het treffen, onderhouden en controleren van een samenhangend pakket van bijbehorende (fysieke, organisatorische en logische) beveiligingsmaatregelen.

Informatiesysteem

Een samenhangend geheel van gegevensverzamelingen, en de daarbij behorende personen, procedures, processen en programmatuur alsmede de voor het informatiesysteem getroffen voorzieningen voor opslag, verwerking en communicatie.

Integrale beveiliging

Het gehele proces van vaststellen, treffen, onderhouden en controleren van een samenhangend pakket van maatregelen op het terrein van zowel fysieke en informatiebeveiliging waarbij over alle relevante aandachtsgebieden (waaronder economische, ecologische, maatschappelijke invloeden) de risico's in oogschouw worden genomen en meegewogen.

Integriteit

Een kwaliteitskenmerk voor gegevens, een object of dienst in het kader van de (informatie)beveiliging. Het is een synoniem voor betrouwbaarheid. Een betrouwbaar gegeven is juist (rechtmatigheid), volledig (niet te veel en niet te weinig), tijdig (op tijd) en geautoriseerd (gemuteerd door een persoon die gerechtigd is de mutatie aan te brengen).

Intelligent Electronic Device (IED)

Een IED is een microprocessor gestuurd elektronische veldapparaat voor het verrichten van handelingen. IED's zijn bijvoorbeeld actuatoren, motoren of stroomonderbrekers voorzien van een kleine elektronische regeleenheid die ervoor zorgt dat het apparaat op afstand digitaal kan communiceren en worden aangestuurd.

Internet Service Provider (ISP)

Leverancier van internetdiensten, simpelweg aangeduid als 'provider'. De geleverde diensten kunnen zowel betrekking hebben op de internetverbinding zelf als op de diensten die men op het internet kan gebruiken.

Internet Relay Chat

IRC is een elektronische babbelbox van het internet. Door in te loggen op een IRC-server kan met meerdere mensen tegelijk, of met één netgebruiker apart, worden gecommuniceerd door getypte boodschappen uit te wisselen. IRC bestaat uit zogenoemde kanalen die ieder hun eigen onderwerp hebben, zodat gerichte discussies kunnen plaatsvinden.

IP-adres

Een adres waarmee een apparaat aangesloten op een computernetwerk eenduidig (logisch) kan worden geadresseerd binnen het TCP/IP model. Het Internet Protocol-adres verbindt elke computer met een telecommunicatienetwerk of het internet door middel van een uniek IP-adres, dat gebruikt wordt voor het bepalen van bestemming en herkomst van netwerkverkeer.

Item (asset)

Alles van waarde voor de organisatie. Items kunnen bijvoorbeeld worden onderverdeeld naar data (informatie en computersystemen), applicaties/software, fysieke componenten (apparatuur, gebouwen, ...) of personen.

Jjihadistisch terrorisme

Het voorbereiden en plegen van zware gewelddaden, met als doel ongeloof en ongelovigen te bestrijden en daarmee een Godsrijk op aarde dichterbij te brengen.

Kwaliteitskenmerken (Betrouwbaarheidseisen)

De eisen ten aanzien van beschikbaarheid, integriteit, vertrouwelijkheid, onweerlegbaarheid en controleerbaarheid die, vanuit de belangen en afhankelijkheden, gesteld worden aan een (bedrijfs)proces, object of middel. De kwaliteitseisen dienen bijvoorbeeld als randvoorwaarden voor te treffen beveiligingsmaatregelen.

Kwetsbaarheid (vulnerability)

Een kwetsbaarheid is een zwakke plek in proces, object, software of hardware welke kan worden misbruikt door één of meerdere dreigingen. Kwetsbaarheden kunnen bijvoorbeeld worden gekwalificeerd als *enorm* (E), *groot* (G), *behoorlijk* (B), *minimum* (M) of *verwaarloosbaar* (V), afhankelijk van de vatbaarheid voor de betreffende zwakte en de gevolgen daarvan.

Kwetsbaarheidsanalyse

Een kwetsbaarheidsanalyse beschouwt de bedrijfsprocessen en middelen en onderzoekt of, en zo ja welke, zwakplekken kunnen worden misbruikt door relevante dreigingen. De analyse stelt vast welke maatregelen gewenst zijn op basis van de gestelde kwaliteitseisen (bepaald in een afhankelijkheidsanalyse) en de classificatie van een dreiging (uit de dreigingsanalyse). Daarbij worden de getroffen maatregelen en/of de weerstand tegen dreigingen, onderzocht.

MAC-adres

Een Media Access Control (MAC) adres is een uniek identificatienummer dat aan een apparaat in een ethernet-netwerk is toegekend. Een MAC-adres wordt ook wel hardware-adres genoemd. Het zorgt ervoor dat apparaten in een ethernet-netwerk met elkaar kunnen communiceren. Vrijwel ieder netwerkapparaat heeft een vast, door de fabrikant bepaald MAC-adres.

Malware

Samentrekking van malicious (Engels voor kwaadaardig) en software. Verzamelnaam voor software met kwaadaardige bedoelingen zoals: virussen, wormen, Trojaanse paarden, keyloggers, spyware, adware en bots.

Man-in-the-middle aanval (MITM)

Een aanval waarbij de aanvaller zich tussen een klant (cliënt) en een dienst (service) bevindt. Hierbij doet hij zich richting de klant voor als de dienst en andersom. Als tussenpersoon kan de aanvaller nu uitgewisselde gegevens afluisteren en/of manipuleren.

Moedwillig menselijk handelen

Moedwillig menselijk handelen omvat onbevoegde beïnvloeding, verstoringen veroorzaakt door kwaadwillende opponenten en manipulatie gericht op het belemmeren, aanpassen of verstoren van een (bedrijfs)proces met gevolgen voor de directe omgeving, het (bedrijfs)proces of de geleverde diensten.

Notice and Take Down (NTD)

Notice and Take Down is een gefaseerde procedure die gebruikt wordt om servers met illegale inhoud van het internet te verwijderen. Voorbeelden van NTD's zijn die voor kinderporno- en phishingsites.

Obfuscation (versluiering)
Een techniek om de interne werking van malware te versluieren voor onderzoekers of onzichtbaar te maken voor virusscanners.

Object
Een fysiek voorwerp, een gegevensset, een computerbestand, een systeem of een ander (virtueel) afgebakende geheel (entiteit) dat als onderwerp fungeert waarop het handelen van een persoon of subject is gericht.

Onweerlegbaarheid
Een kwaliteitskenmerk voor een object of dienst in het kader van de (informatie)beveiliging. Mate waarin onbetwistbaar bewezen kan worden dat een partij een valse ontkenning geeft van deelname in het geheel of deel van een communicatiestroom.

Openbaar telecommunicatienetwerk
Een telecommunicatienetwerk dat onder meer voor de verrichting van openbare telecommunicatiediensten wordt gebruikt of een telecommunicatienetwerk waarmee aan het publiek de mogelijkheid tot overdracht van signalen tussen netwerkaansluitpunten ter beschikking gesteld wordt.

Operationele beveiliging (OPSEC)
OPSEC is een proces dat kritieke informatie identificeert om te bepalen of vriendelijke (eigen) acties kunnen worden waargenomen door inlichtingensystemen van tegenstanders, bepaalt of informatie die door tegenstanders zou kunnen worden geïnterpreteerd nuttig kunnen zijn voor hen, en voert vervolgens geselecteerde (fysieke of organisatorische) maatregelen uit die exploitatie van kritische informatie door tegenstanders moet opheffen of verminderen.

Overnemen
Het kopiëren van bestaande, opgeslagen gegevens, van een geautomatiseerd werk.

Patch
Een patch (letterlijk: 'pleister') kan bestaan uit reparatiesoftware of kan wijzigingen bevatten die direct in een programma worden doorgevoerd om het desbetreffende programma te repareren of te verbeteren.

Peer-to-peer (P2P)
Een computernetwerk waarin de aangesloten computers gelijkwaardig zijn. Een dergelijk netwerk kent geen vaste werkstations en servers, maar heeft een aantal gelijkwaardige aansluitingen die tegelijkertijd functioneren als server en als werkstation voor de andere aansluitingen in het netwerk. Bestanden die via peer-to-peer netwerken worden uitgewisseld, worden in delen binnengehaald en tegelijkertijd weer gedeeld.

Phishing
Phishing ('vissen'), is een verzamelnaam voor digitale activiteiten die tot doel hebben persoonlijke informatie aan mensen te ontfutselen. Een vorm van phishing is waarbij mensen – via bijvoorbeeld e-mail - worden gelokt naar een valse website, die een kopie is van de echte website en ze daar — nietsvermoedend — te laten aanmelden. De fraudeur krijgt hierdoor de beschikking over de inlog, persoonlijke of financiële gegevens van het slachtoffer.

Polymorfe malware

Malware die verschillende vormen aanneemt, afhankelijk van de gebruikte software (zoals een webbrowser of besturingssysteem) van het slachtoffer.

Poort (Port)

Een poort is een gedefinieerd communicatiekanaal op een computer. Op het moment dat communicatie tussen twee computers plaatsvindt, zal op beide computers een programma actief zijn waarbij een bepaalde poort wordt gebruikt. Aan beide zijden van het communicatiekanaal "luistert" de computer op deze poorten of er iets is voor het programma. Standaard luistert een computer naar alle poorten. Met een firewall kunnen poorten van een computer worden gesloten, zodat misbruik wordt voorkomen.

Poort scan

Een scan van de poorten van een computer om zo snel een indruk te krijgen van welke diensten een computer allemaal gebruik maakt. Op basis daarvan kan een aanvaller snel bepalen naar welk soort kwetsbaarheden hij/zij gebruikt kan worden voor een aanval.

Privacy Impact Analyse (PIA)

Een Privacy Impact Analyse heeft tot doel de gevolgen te bepalen van die risico's die een hoge mate van impact hebben op de integriteit en vertrouwelijkheid van persoonsgegevens.

Proces

Met een proces wordt een primair (bedrijfs)proces bedoeld, de activiteiten die een organisatie uitvoert om het hoofddoel te bereiken. Voor het overzicht wordt waar nodig een proces opgedeeld in subprocessen. Hiermee wordt niet het (geautomatiseerde) informatieverwerking binnen een informatiesysteem bedoeld.

Programmable Logic Controller (PLC)

Een PLC is een kleine geharde industriële computer die zorgt voor het automatisering van real-time processen, zoals de aansturing van machines in de fabriek assemblagelijnen. De PLC kan complexe instructievolgordes (sequences) verwerken.

Proxy

Een proxyserver is een server die zich bevindt tussen de computer van de gebruiker en de computer die de gebruik wil benaderen. De proxy is een tussenpersoon die de opdrachten namens de gebruiker uitvoert. Proxyservers worden veel gebruikt om computers van een lokaal (bedrijfsnetwerk) gecontroleerd toegang te geven tot het internet. Een open proxy staat verbindingen van willekeurige gebruikers (IP-adressen) toe.

Rainbow table

Een rainbow table is een tabel met allerlei mogelijke wachtwoorden en de hash-waarden van deze wachtwoorden. Ze worden gebruikt om wachtwoorden te testen op veiligheid of om deze te kraken. De techniek is vele malen sneller dan een brute force-techniek, waarbij de hashes van de wachtwoorden nog moeten worden berekend.

Randapparatuur

Onder randapparatuur wordt verstaan alle uitrusting die op computersystemen (geautomatiseerde werken) kan worden aangesloten. Meestal betreft dit mobiele apparatuur of apparatuur die de functionaliteit uitbreiden zoals PDA's, mobiele telefoontoestellen, printers, modems, netwerkapparatuur, beeldschermen, invoerapparaten, multimedia apparatuur, externe harde schijven of USB geheugensticks.

Ransomware

Een vorm van malware waarbij computerbestanden worden versleuteld en pas na betaling weer vrijgegeven. Slachtoffers worden naar websites gelokt waarna er door een lek in de browser een programma geïnstalleerd wordt zonder het medeweten van de gebruiker. Deze software versleutelt vervolgens bekende bestandstypes. Het slachtoffer krijgt vervolgens een bericht met e-mailadres om de sleutel aan te vragen tegen betaling van een niet onaanzienlijk geldbedrag.

Remote Terminal Unit (RTU)

Een RTU is een microprocessor gestuurd elektronische apparaat dat objecten in de fysieke wereld verbind met componenten of centrale systemen van een ICS, door het versturen van telemetrische gegevens en om ontvangen berichten om te zetten in besturingssignalen voor de aangesloten objecten. RTU's bevinden zich meestal op onderstations of afgelegen locaties en zijn aangesloten op het PCN of uitgerust met een draadloze verbinding.

Reverse proxy

Een reverse proxy is een server die als een proxyserver van buiten naar binnen toe functioneert. De proxyserver wordt bijvoorbeeld gebruikt om de belasting vanuit het internet te controleren en

vervolgens gelijkmatig te verdelen over verschillende webservers.

Risico

Een risico kan het best worden gedefinieerd als de functie van de kans op en het gevolg van een ongewenste gebeurtenis. Dit maakt het mogelijk een waarde toe te kennen aan het gevolg van een ongewenste gebeurtenis. Die waarde is afhankelijk van de ernst van het gevolg. In deze definitie wordt ruimte gelaten voor het maken van bepaalde risicoafwegingen en rekening gehouden met niet te voorziene gebeurtenissen. Het risico kan bijvoorbeeld worden geclassificeerd als *kritiek* (K), *substantieel* (S), *beperkt* (B) of *minimaal* (M) als resultante van de *kans (dreiging) x effect (kwetsbaarheid en impact)*.

Risicoanalyse

De risicoanalyse is het identificeren en wegen van de kansen en gevolgen van een ongewenste gebeurtenis. De analyse is onderdeel van het risicomanagement en leidt tot inzicht in de ernst en waarschijnlijkheid van gebeurtenissen en de weerbaarheid van een organisatie tegen bedreigingen van vastgestelde belangen en uitval en verstoringen van vitale processen. De weerbaarheid wordt afgemeten aan de maatregelen die zijn genomen om de kans op verstoring te verminderen en de gevolgen beheersbaar te maken.

Risicomanagement

Het proces van continu identificeren en beoordelen van risico's en het vaststellen en aanpassen van beheersmaatregelen.

Grip op ICS Security

Scam

De term 'scam' wordt vrij losjes gebruikt voor allerlei soorten frauduleuze handelingen die erop gericht zijn om geld van mensen afhandig te maken. Een bekende vorm zijn de 419-scams.

Security Information and Event Management

SIEM systemen bieden real-time analyse van security waarschuwingen gegenereerd door bijvoorbeeld netwerksystemen, hardware of applicaties. SIEM oplossingen verzamelen en correleren meldingen en worden gebruikt om beveiligingsgegevens te loggen en rapporten te genereren voor onder meer het afleggen van verantwoording.

Security Management System

Een Security Management Systeem is een raamwerk dat een structurele, cyclische borging van risicomanagement binnen de organisatie biedt door middel van een coherent beleid en een stelsel van richtlijnen en procedures om sturing te geven aan het omgaan met beveiligingsrisico's.

Single serve

Dit houdt in dat een kwaadaardige server controleert of een client computer eerder contact heeft gelegd. Is dit niet het geval dan wordt malware aangeboden aan de client. Als de client wel eerder contact heeft gelegd dan wordt er geen malware meer aangeboden. Opsporing wordt zo gehinderd doordat het moeilijker wordt om na te gaan wat de bron van besmetting is geweest.

Skimmen

Het onrechtmatig kopiëren van de gegevens van een elektronische betaalkaart, bijvoorbeeld een pinpas of creditcard.

Skimmen gaat gepaard met het bemachtigen van pincodes, met als uiteindelijk doel betalingen te verrichten of geld op te nemen van de rekening van het slachtoffer.

Social Engineering

Het manipuleren van mensen om ze zover te krijgen dat ze informatie geven of een actie uitvoeren, zoals het klikken op een link of het installeren van malware.

Sociale netwerken

Online Sociale netwerksites (OSN) zijn hulpmiddelen waarmee mensen hun (privé en/of zakelijke) sociale netwerk op internet kunnen onderhouden. Voorbeelden zijn Hyves, Facebook en LinkedIn.

Spam

Spam is grootschalige ongewenste berichtgeving via e-mail, mobiele telefonie (sms of mms) of via een ander elektronisch kanaal (zoals social networks, fax of bellen door een automatisch oproepsysteem) of bellen. De inhoud van het bericht is verschillend en loopt uiteen van reclame tot het verzoek voor een financiële bijdrage. Bij spam gaat het niet om de inhoud van het bericht, maar om het grote volume van e-mailberichten dat verzonden wordt.

Spear phishing

Vorm van phishing die specifiek gericht is op een bepaalde gebruiker of groepen van gebruikers, bijvoorbeeld medewerkers van een bepaalde organisatie.

Spyware

Een programma dat informatie over een gebruiker verzamelt en deze zonder dat de gebruiker daarvan op de hoogte is doorstuurt naar een derde partij.

Subject
Een persoon of (computer)proces dat handelingen kan verrichten en een relatie kan hebben met andere subjecten of objecten.

Technisch hulpmiddel
De wet geeft geen toegespitste definitie van wat onder een technisch hulpmiddel moet worden verstaan, bijvoorbeeld als het gaat om aftappen en/of opnemen van gegevens. Volgens de literatuur valt onder het begrip technisch hulpmiddel elk apparaat, waarmee het technisch mogelijk is door anderen gevoerde telecommunicatie op te nemen.

Telecommunicatie
Iedere overdracht, uitzending of ontvangst van signalen van welke aard ook door middel van kabels, radiogolven, optische middelen of andere elektromagnetische middelen.

Telecommunicatiedienst
Een dienst die geheel of gedeeltelijk bestaat in de overdracht of routering van signalen over een telecommunicatienetwerk.

TEMPEST (EMSEC)
Verzamelterm voor de beschrijving van technische beveiligingsmaatregelen, standaarden en instrumentatie die misbruik van elektronische straling zoals technische surveillance en afluisteren (spionage) van (niet-aangepaste) elektronische apparaten en systemen, voorkomt dan wel minimaliseert. Tegenwoordig wordt meer gesproken over Emission Security (EMSEC) om naast TEMPEST ook andere disciplines van elektronische beveiliging mee aan te duiden.

Terrorisme
Het plegen van zwaar geweld met als doel politieke of godsdienstige standpunten aan anderen op te leggen.

Trojaans paard (Trojan horse)
Een trojan of trojan horse (Trojaans paard) is de naam voor software die geheime, kwaadaardige functies bevat. Het programma is vermomd als een legaal, onschuldig programma, maar voert daarnaast ongewenste functies uit. Die functies zijn bedoeld om bijvoorbeeld de maker of verspreider van het programma ongemerkt toegang te geven of om schade toe te brengen.

Two-factor authentication
Een manier van aanmelden (inloggen) op een computer, waarbij gebruik gemaakt wordt van twee van de drie volgende aspecten: iets dat de gebruiker weet (een wachtwoord of pincode), iets wat hij of zij heeft (een token, codegenerator of lijst met eenmalige codes) of iets wat hij of zij is (biometrische kenmerken, zoals een scan van de iris of een vingerafdruk).

Veerkracht (resilience)
De mate waarmee een object, proces, of systeem (de gevolgen van) dreigingen (dynamisch) kan opvangen zonder dat hierbij direct (significante) schade ontstaat waardoor de continuering of integriteit en betrouwbaarheid van de kritische functies in gevaar worden gebracht.

Grip op ICS Security

Veiligheid (safety)
Beschermen en het vrijwaren van iemand of iets van gevaar of schade als gevolg van (niet-moedwillige kwaadwillende) gebeurtenissen, zoals falen, ongelukken of externe invloeden, door het treffen van maatregelen.

Verantwoordelijke
De (rechts)persoon of organisatie die in het kader van de Wbp formeel-juridisch gezien degene is die het doel en de middelen van de verwerking van persoonsgegevens vaststelt, dan wel aan wie de verwerking naar de in het maatschappelijk verkeer geldende maatstaven worden toegerekend.

Vertrouwelijkheid (exclusiviteit)
Een kwaliteitskenmerk van gegevens in het kader van de informatiebeveiliging. Met vertrouwelijkheid (exclusiviteit) wordt bedoeld dat een gegeven alleen te benaderen is door iemand die gerechtigd is het gegeven te benaderen. Wie gerechtigd is een gegeven te benaderen wordt vastgesteld door de eigenaar van het gegeven.

Virus
Een virus is een klein programma bedoeld om dingen te doen met een systeem waar de eigenaar niet om gevraagd heeft of die men niet wilt. Soms blijft het bij 'onschuldige' pop-up schermpjes, maar vaak zijn virussen erg gevaarlijk. Virussen zijn er in vele soorten en maten.

Vitale Infrastructuur
Producten, diensten en de onderliggende processen die, als zij uitvallen of worden verstoord, maatschappelijke ontwrichting kunnen veroorzaken. Dat kan zijn omdat er sprake is van veel slachtoffers en/of grote economische schade, dan wel omdat de uitval van lange duur is en er geen reële alternatieven voorhanden zijn, terwijl de betreffende producten en diensten maatschappelijk niet kunnen worden gemist. De vitale infrastructuur is kritisch om de territoriale, fysieke, economische en ecologische veiligheid en de sociale en politieke stabiliteit van Nederland te garanderen.

Vitale Sector
Een publiek en/of private groep van organisaties en bedrijven die producten, goederen of diensten leveren en/of beheren die als kritisch zijn benoemd voor de handhaving van de vitale belangen of vitale infrastructuur van Nederland. De vitale sectoren zijn: Energie, Drinkwatervoorziening, Telecommunicatie / ICT, Voedsel, Gezondheid, Keren en beheren oppervlaktewater, Financieel, Transport, Chemische en nucleaire industrie, Openbare Orde en Veiligheid, Rechtsorde en Openbaar Bestuur.

Warez
Warez is de verzamelnaam voor gekraakte software die via websites op het internet aangeboden wordt. Soms wordt er een serienummer meegegeven. Het betreft software waarvan het copyright geschonden wordt en is dus illegaal.

Weerstand (resistance)
De mate waarmee een object, proces of systeem bestand is tegen dreigingen door middel van getroffen preventieve maatregelen.

WiFi

Wireless Fidelity, een populaire vorm van draadloos netwerk. WiFi kent een groot bereik, namelijk tussen de 30 (binnen) en de 300 (buiten) meter. Een andere vorm van draadloos netwerk is Bluetooth.

Worm

Een programma speciaal gemaakt om zichzelf te verspreiden naar zoveel mogelijk computers. Een worm verschilt van een virus; een virus heeft namelijk een bestand nodig om zichzelf te verspreiden en een worm niet. Een worm heeft niet altijd schadelijke gevolgen voor een computer, maar kan de verbinding wel langzaam maken.

Zero-day

Een zero-day aanval misbruikt een nog onbekende of niet gemelde zwakke plek in een computerprogramma. Ze zijn nog niet bekend bij de softwareontwikkelaar of er is nog geen oplossing ('patch') beschikbaar om het gat te dichten. Zero-day exploits worden gebruikt of gedeeld door hackers voordat de softwareontwikkelaar weet heeft van de kwetsbaarheid.

Zombiecomputer

Een computer geïnfecteerd met een bot. De geïnfecteerde computer vormt onderdeel van een botnet en staat als een 'zombie' ter beschikking van een internetcrimineel.

Grip op ICS Security

www.ingramcontent.com/pod-product-compliance
Lightning Source LLC
Chambersburg PA
CBHW060402220326
41598CB00023B/2994